こころを旅する数学

直観と好奇心がひらく秘密の世界

David Bessis

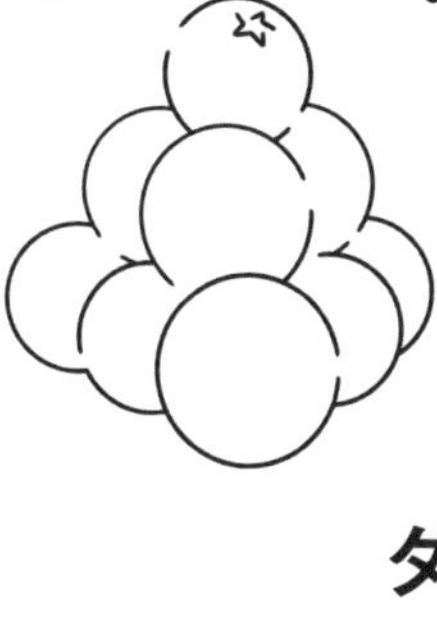

MATHEMATICA
Une aventure au cœur de nous-mêmes

ダヴィッド・ベシス

野村真依子 訳

晶文社

MATHEMATICA
Une aventure au cœur de nous-mêmes
by David Bessis

Japanese translation rights arranged with
ÉDITIONS DU SEUIL
through Japan UNI Agency, Inc., Tokyo

本作品は、アンスティチュ・フランセパリ本部の
助成金を受給しております。
Cet ouvrage a bénéficié du soutien
du Programme d'aide à la publication de l'Institut français.

INSTITUT FRANÇAIS
Liberté
Créativité
Diversité

本作品は、在日フランス大使館の
翻訳出版助成金を受給しております。

AMBASSADE
DE FRANCE
AU JAPON
Liberté
Égalité
Fraternité

装画
芦野公平

装丁
田中久子

内なる夢想家に耳を貸すことは、
それをなんとしても阻止しようする手強い障壁に逆らって、
自分自身と対話することである。

――アレクサンドル・グロタンディーク
フランスで活躍したドイツ出身の数学者（1928～2014年）

Contents

・訳注は〔〕であらわしている。
・本文にある引用文はすべて本書の訳者が訳出している。
・日本語訳がある書名は、日本語版のタイトルを入れている。

第1章　3つの秘密

この本の狙いは、読者のみなさんの世の中に対する見方を変えることにある。

出発点は私の個人的な体験だった。それは、長い年月をかけて私の内面をすっかり変え、魔法の力を授けてくれた体験である。そんな体験をしたことがあるのは私だけではないだろう。それは、最も古くから存在する、とりわけ強烈な集団的体験のひとつだからだ。ひと握りの人間によって先史時代に始められ、代々伝わり、今日でもなお私たちの文明と言語と思想に変化をもたらしつづけている体験である。

数学が自分のなかに生きていて、自分のなかで成長しているという感覚をもつ人はどれくらいいるだろうか？　私にはよくわからない。わかるのは、私を含めてそのような感覚をもつ人はごく少数派で、そんな私たちの話はまだよく知られていないということだけだ。

数学を深く理解する体験などなかなかできるものではない、とよく言われる。それを体験するには、エリートに属し、特別な才能に恵まれなければならないというのだ。だが、偉大な数学者たちはさまざまな著作のなかで、そんなことはないと書いている。彼らが何を成し遂げたのかについてはのちほど紹介するが、当の数学者たちはごくふつうの人間的なやり方で、迷いと弱さを抱えつつ、好奇心と想像力を発揮して偉業を成し遂げたと言っているのだ。

ところが、誰もそんな言葉を信じようとはしてこなかった。というのも、数学者たちがあまり簡単な言葉で語ってこなかったせいかもしれないし、彼らが、神話の力を否定しようとして侮っていたせいかもしれない。ここでいう神話とは、いまなお残る人類最大の神話のひとつ、すなわち知性をめぐる神話である。

数学は人間の世界をつくりあげる。数学は権力と支配の道具だ。しかし、数学を体験する者にとって、それは何よりも内面の体験であり、感覚的かつ精神的な探求なのである。

この体験は、学校で教えてくれる数学とはあまり関係がない。ある面から見れば、透視力や超能力のひとつの形であり、別の面から見れば、子供のころに言葉を話せるようになった神秘的なプロセスの延長ともいえる。

数学を理解するとは、子供のような頭の柔らかさに通じる秘密の道を進んでいくようなもの。その柔軟性をよみがえらせて手なづける方法を身につけることであり、それを意識的に生かそうとすることだ。この知性の道は、私たちが日々の生活でたどっている道に驚くほどよく似ている。ところが、その入り口は、私たちの習慣の背後や、恐れとためらいの背後に隠されていて見えないのだ。

みなさんがその道を見つけられるように、ぜひお手伝いしたいと思う。

説明のつかない何か

「私には特別な才能などいっさいない。ものすごく好奇心が強いだけだ」

15歳のころ、私はアインシュタインのこの言葉が大嫌いだった。トップモデルが「大切なのは内面の美しさよ」と言っているようなもので、嘘っぽいと思っていた。はっきりいって、こんなばかげた発言に耳を傾けたい人などいるだろうか?

しかしながら、本書で最も伝えたいのは、アインシュタインのこの言葉を真に受けるべし、ということなのだ。

そもそも、私たちがこの言葉をきちんと受け止めようとしないこと自体が驚きである。アインシュタインが有名なのは、救いようのないばか者だからでも、口から出まかせの嘘をつくからでもない。道行く人に尋ねてみれば、アインシュタインの相対性理論は人間の思想に重要な進歩をもたらした、と言うだろう。それなら、アインシュタインが語ったり書いたりしてきたことには注意を払う価値がありそうではないか。

ところが、アインシュタインの言葉は、自分の創造性は誰でも手に入れられるもので、自分の姿勢がほかの人とほんの少し違ったにすぎない、だからそういう創造性は誰の手にも届くところにあると言っているように聞こえる。それで、私たちは、彼が本気でそんなことを言っているわけはないと思う。哀れなあの老人は自分でも何を言っているのかわからなくなっている、それどころか、謙遜しているように見せかけて格好つけているだけではないか、というわけだ。

だが問題は、アインシュタインの言葉を真に受けようとしないうちは話が始まらないということだ。実際、彼の言葉は追求するだけの価値がある。

アインシュタインの言葉は何か裏がありそうに思われがちだが、じつのところ、難しいことは言っていない。では、その言葉が本当だとして、どうすればいいのか？　私たちにとって何の役に立つのか？　たしかに、それ以上なんの説明も、具体的な話も、実用的な助言もないのでは、そこからいったいどんな教訓を引き出せばよいのかは簡単にはわからないだろう。

それにしても、どうして誰も、アインシュタインに対して次のように答えようとしなかったのだろう？　「アルベルト、君がいま言ったことにはとても興味があるからもっと詳しく知りたいな。説明してくれないか？　具体的な秘策を知りたいし、君が本当のところどうやっているのかを教えてほしい。コーヒーでも飲みに行こう！　それとも森のなかをのんびり散歩するほうがいいかな？　話してくれよ、訊きたいことがたくさんあるんだ……」

まず彼に訊いてみたいのは、当然ながら、以下のように最も初歩的なことだ。

1．アインシュタインの好奇心はどこから来るのか？

部屋に閉じこもって理論物理学の問題をじっくり考えるほど好奇心の強い人にはめったにお目にかかったことがない。とはいえ、私の知り合いにそういう人も何人かはいて、全員が同じことを言う。部屋に閉じこもって理論物理学の問題と向き合いたいのは、もちろん科学的野心ゆえだが、それだけではなく、なんといってもそれが本当に楽しいからだと。

であれば、質問はこうなる。「アインシュタインはどうやって、物理学の研究に喜びを見出せたのか？」

2．アインシュタインはどうやって、やる気を維持したのか？

〝ものすごく〟好奇心が強いとは、つまりものごとに興味をもって一心不乱に取り組み、どんな試練にも全力で粘り強く耐えられるという意味である。アインシュタインは明らかに、ほかの人ならあきらめるところでも研究を投げ出さないような秘策を見つけたようだ。それは、どんな秘策だったのだろう？

私自身、実際に高度な数学研究を行うなかで、ひとつ重要なことに気づいた。それは、難問を解こうと部屋に閉じこもっているときに抱く望みはただひとつ、「そこから逃げ出したい」に尽きるということだ。

まさしく困難に直面し、自分の知性の限界を実感し、つまずき、何カ月も行き詰まり、自分は頭が悪すぎるから理解できないのではないかと落ち込み、どうやってその難局を切り抜ければよいか見当もつかない。それは、ただただ恐怖である。

アインシュタインはその恐怖を手なづけ、逃げ出したいという思いに耐える方法を見つけたわけだ。いったい、どんな方法だったのだろう？

３．アインシュタインが問題を解こうとして部屋に閉じこもっていたとき、実際には何が起こっていたのか？
わかりやすく言うと、「アインシュタインはその問題をどうしたのか？　どこにとっかかりを見つけたのか？　まずはどこに手をかけて、その問題をいじくり回したのか？」

こんな下品な表現を使うと非常識に思われるかもしれないが、正直になろう。私たちが知りたいのはリアルな細部なのだ。アインシュタインの頭のなかで〝現実に〟起こっていたことを知りたい。アインシュタインが〝本当のところは〟どんなふうにしていたのかを知りたい。アインシュタインのテクニック、毎回うまくいったその秘訣を知りたいのである。

私たちは、知的創造性とはどれだけ勉強や研究をしたかという量の問題ではないことを知っている。必然的にほかのもの、たとえば一種の不思議な力とか、説明のつかない何かとか、しかも学校では絶対に習わないそうした要素が絡んでいることを知っている。

アインシュタインが、偉大な科学的発見を成し遂げる方法を伝授してくれていたら、人類に対する彼の貢献は物理学の業績に留まらず、それをはるかにしのいだものとなっていただろう。格言にもあるではないか――「魚を与えるのではなく釣り方を教えよ」と。

だが現実には、誰もアインシュタインとそういう対話を行わなかった。今後行われることもない。アルベルト・アインシュタインは1955年4月18日にプリンストン大学病院で亡くなってしまっているのだから。彼の遺体を解剖した医師自身もアインシュタインの秘密をぜひとも知りたいと、遺族の同意を得ないまま彼の脳を取り出し、無数に切り分けてみたそうだ。だが、たいしたことはわからなかったという。

思い込みと偏見

ところで、この一件は、アインシュタインだけに限ったことではなく、もっとずっと範囲の広い問題なのである。何世紀も前から続いているうえ、知性と知的創造性に対する私たちの思い込みや間違った見方、さらには、そういった思い込みに縛られるせいで生じる限界にもかかわるからだ。

アインシュタインの研究を理解するうえでの最大の難関は、数学における形式主義［命題を記号で表し、証明における推論を純粋に記号の操作として捉える考え方］だ。これはアインシュタイン自身にとっても頭を抱える問題だったようで、ある日、彼は、助言を求めにきた中学生にこう打ち明けたという。「数学が苦手だからといって心配はいらない。私のほうがずっとひどかったからね」

４００年前、当時最高の数学者だった人物がある著作のなかで自分の人生を語り、その本はその後、古典的名著になった。冒頭から著者のメッセージははっきりしている。まとめると次のようになるだろう。「私はほかの人より賢いわけではない。幸運に恵まれ、誰よりもすぐれた能力を発揮できるだけの魔法を見つけただけだ。これから私がどんなふうにしたのかを説明

あとから数学が得意に「なる」など無理だ。この見方は間違っている。だが、それは重要な真実から発せられた見方でもある。数学者の魔法の力は論理ではなく直観である、という真実である。

直観こそが大事

アインシュタインは、自分の発見において直観がいかに重要だったかについてよく話していた。「私は直観とインスピレーションを信じる」と大まじめに言っていた。一方、数学者たちは、数学には2つの異なるバージョンがあることをよく知っている。

公式バージョンは数学の本に載っている。不可解な記号を使って難解な言語で書かれ、論理的かつ体系的に示される、あの数学だ。

もうひとつの秘密のバージョンのほうは、数学者の頭のなかにあって、「数学的直観」と呼ばれている。脳内表象と抽象的な感覚からなり、視覚的に捉えられることも多い。数学者はこれを「自明なこと」として感じとり、喜びを感じる。ところが、この自明なことを数学者以外の人たちと共有するとなると、大いにとまどってしまう。あれほど自明だったものが、いきなりそうでなくなるからだ。

自分の考えを言葉に書き換えるために、数学者は難解な言語と不可解な記号を考案せざるをえなかった。音楽家が楽曲を書き起こすために難解な記譜法を考案しなければならなかったのと同じである。ただし、音楽家は実践できるという点で数学者よりはるかに有利だ。わかってもらうには曲を演奏しさえすればいいからだ。相手が楽譜を解読する必要はない。

数学者が抱える大きな問題は、その手が使えないことにある。頭のなかの考えはきらきらと輝き、シンプルで力強い。それなのに、紙に書き起こしたとたんに輝きを失って貧弱になってしまう。数学者の不運は、自分の頭のなかでしか数学を〝演奏〟できないことなのだ。

子供に音楽の手ほどきをするのに、モーツァルトやマイケル・ジャクソンの楽譜を、曲をまったく聞かせないで解読させようとしたら、数学と同じように音楽も世界共通の嫌われ者になってしまうだろう。

直観は、数学の存在意義である。直観なしの数学には文字どおり何の意味もない。だからといって、数学が何ひとつ理解できないならもうどうしようもない、と結論づけてはいけない。

誤りは、数学的直観とは統計データであり、超えられない限界だと思い込むことにある。ところで、数学的対象に対して私たちが抱く直観は生まれつき備わったものではない。正しい方法さえわかれば、直観をつくりだして、それを日に日に大きく育てることができるのだ。

数学者は、公式な数学、つまり本に載っている数学がすべてを語っているわけではないことをよく知っている。本当に大切なのは、その本に書かれていることを〝理解〟できるようになること、それが〝見える〟ように、〝感じられる〟ようになることだとわかっている。そのため、日々数学者が心をくだくのは、直観を発達させ、さらに豊かで明快で強力なものにすることである。数学者にとっては、自分の著作や発表された研究成果よりも直観のほうがはるかに自分の大傑作で、生涯をかけた業績だといえるからだ。

〝見る〟〝感じる〟〝真に理解する〟と同時に、人類の99.9999%が異様なほど抽象的でまったく理解不能だと判断するものを「自明だ」と捉える並外れたテクニック、それこそが数学者のすぐれた技であり、数学者の大いなる秘密である。この技を実際に身につけた者だけが、それがどこに導いてくれるのかを知っている。

それにしても、数学者たちはどうやっているのか？　それがこの本のテーマである。

数学者の3つの秘策

1．数学の実践は身体活動である。理解できないことを理解するには、頭を働かせなければならない。音もしないし目にも見えないが、どうしても必要な活動である。それはまた直観を豊かにし、さらに力強く奥行きのある新たな脳内表象を発達させる活動だ。その活動が、私たちの能力を強化し、開花させる。数学のやり方を学ぶことは、身体の使い方を学ぶことである。歩き方や泳ぎ方、踊り方や自転車の乗り方を学ぶようなものだ。こうした動作は生まれながらにできるわけではないが、それを習得する能力は誰にでも備わっている。

２．数学が大得意になる方法はある。この方法は、学校では絶対に教えてくれない。しかも、学校で習うどんな方法にも似ておらず、従来のどんな教育の原則にも当てはまらない。それはまた、努力を求めるのではなく、簡単に目的を達成しようとする方法だ。ロッククライミングのテクニック、武術、ヨガの一種や瞑想にたとえられるかもしれない。このやり方では、恐怖を乗り越え、未知のものを前にして逃げ出したくなる衝動を抑え、反論されてもそこに喜びを見出すにはどうすればいいかを学ぶことができる。それは、自分の直観のプログラムを書き換える方法といえる。そういう意味では、単に数学が大得意になる方法ではなく、とても賢くなるための方法でもある。

３．偉大な数学者の脳も私たちの脳と同じように動いている。あらゆる身体活動と同じで、数学に対する生まれながらの能力もおそらく、すべての人に公平に分け与えられているわけではない。とはいえ、生物学的な違いが演じる役割は、一般に考えられているよりずっと小さい。

数学の能力の不公平さはとんでもなく大きく、生物学的な違いが原因だという仮説はとても成り立たない。もちろん、遺伝的にほかの人よりも神経代謝が効率よく、速く、力強く行われるために、ほかの人より数学に「2倍」向いているという人もいるかもしれない。しかし、適切なやり方を学び、しかるべき思考回路を発達させ、正しい心構えを身につければ、数学に「10億倍」の能力を発揮できるようになるのだ。

さらに、数学の能力をめぐる行き過ぎともいえる不平等には、もっと単純で信用できる別の説明もある。それは、数学が大得意になる方法はまったく教えてもらえないという説明だ。それは偶然に任されている。自力でその方法の一端でも見つけられるどうかは、本人しだい、運しだいというわけだ。たいていの場合は何も見つけられないが、それは、その方法の肝心な点が思いがけないもので、直観に反するものだからだ。その方法を探しているはずが、完全な見当違いになることも珍しくない。

偉大な数学者の脳も私たちの脳と同じように動いている。しかし、偉大な数学者は子供のころから、その生い立ちや周囲の環境とのつき合い方を通して数学が得意になる方法に親しむ機会に恵まれた。人生の偶然によって、自分では意図せず、自覚もないまま、自分自身でその方法を学んだのだ。

口づてに伝わっていくもの

多くの数学研究者が、自分は独学者だと思うと語っている。学校教育で数学が占めている地位を考えると、矛盾して聞こえる言葉だろう。

実際、彼らも学校で多くのことを習ったという意味では本当の独学ではない。ただし、最も重要なことは学校では習わなかったという意味であれば、たしかに彼らは独学者である。

私も、この矛盾した独学者のひとりだ。学校では公式な数学の基礎を学んだが、同時に、誰からも教わらずに秘密の数学の基本原理を発見したからだ。

私は、長いあいだ、自分が頭のなかで行っている目に見えない動作、つまり特殊な方法で想像力を使う習慣と自分の数学の素質との結びつきについて自覚してこなかった。

のちほど、私が子供のころに始めた想像力の練習法を紹介しよう。最初はごく単純で素朴な遊びでしかなかった。たとえば家のなかで家具の位置を覚え、目を閉じたまま歩き回るという遊びだ。その遊びは、言うまでもなく学校で習っていたこととはまったく関係がない。

その遊びも最初のうちはそんなにうまくできたわけではなく、何度も壁にぶつかっていた。スタート地点はみんなと同じだった自分が、この遊びやほかのもっと難しい遊びによって特別に強力な幾何学的直観を発達させることになるとは、私もまったく思っていなかった。

こうした直観は、私の数学キャリアを支える秘密の武器になった。私には、それまで誰にも見えなかったものが見え、誰にも解けなかった問題が解けたのだ。

その直観は年を追うごとに自分のなかで大きく成長していった。私にはそうした実感があるため、自分の数学力が先天的なものではないとはっきりわかるのだ。数学力をつけることができた頭のなかの習慣は学校で習ったものではないこともわかっている。それは何より、偶然と幸運の産物である。

ずいぶんあとになってから、ほかの数学者たちと話したり、有名な数学者の話を読んだりしたときに、自分の体験は決して特殊ではないと気づいた。

数学の本に書かれている公式な知識とは別に、数学者の秘策は口承で世代から世代へと引き継がれ、より豊かになっていく。口頭で伝えられるもののなかには、あまりまじめではないとか、もはや科学とは言えないとか、自己啓発に近すぎるといった理由で、誰も本に書こうとしないものもある。

こうした話は、単純で理解しやすい言葉で語るのがちょうどいい。それは、数学がまったくできなかろうと数学にとても強かろうと、若かろうと年寄りだろうと、文系だろうと理系だろうと、私たち全員にかかわっている。それは、私たちの強みと弱み、隠れた才能と可能性についての話であり、人類の知性、意識や言語についての話であり、私たちに共通する話だからだ。数学的体験は、音のしない秘められた内面の体験である。だがそれは、普遍的な体験であり、その真の主体は人間である。

数学者どうしが内輪で話しているときには、まわりで誰も聞いていないとわかって初めて本当の意味で語り合うことができる。

たしかに、数学は怖い。たしかに、数学は不可解に見える。たしかに、数学ができるようになるなんて絶対に無理だという気がするだろう。それでもなお、数学ができるようになる道は存在するのである。

第2章　スプーンの持ち手はどっち？

1歳になる息子のアラムはスプーンで食べる練習をしている。はっきり言って大惨事だ。2分後、アラムはピューレを耳のなかまで上手に塗りたくれるようになった。

手伝ってあげようと思い、ピューレをすくったスプーンをアラムに差し出すと、彼は手に持つべきではないほう、つまりピューレが入ったほうをつかむ。私は、反対側の柄のほうを持つんだよと説明し、お手本を見せる。それでもアラムは、なんとしてもピューレのほうをつかもうとする。よく考えれば、アラムがほしいのはピューレなのだからそれも当然だ。ただし、そんなことをしたらどうなるかはおわかりだろう。

とはいえ、アラムのことはまったく心配していない。そのうちできるようになるだろう。誰だって最後には、スプーンの持ち手がどっちなのかがわかるようになる。「スプーンは苦手なんだ。何の役に立つのかわからないしね。使ってみたけど、すぐに頭にきて放り投げたよ」などと言う人には出会ったことがない。

人間とスプーンは確かな絆で結ばれている。スプーンが嫌いな人はいないし、人を嫌うスプーンもない。スプーンは私たちが生まれて間もなく出会う本当の道具のひとつであり、生涯をともに過ごすことになる相手だ。

初めは不可解で予測できないが、すぐに親しくなり、自分の手のように無意識に使えるようになる。ある意味、スプーンはまさに自分の手のような存在だ。人間の脳はスプーンを――そしてスプーンでできるすべてのことを――自らの一部とみなす。自分の身体の延長だと考えるのだ。

スプーンの使い方を知っていれば、スプーンで食べるのは簡単だと感じる。使い方を知らなければ、スプーンで食べるのは難しいと感じる。スプーンの操り方を熟知している私たちは、使い方を学ぶ必要があったことを忘れている。学習に苦労したことなど覚えていない。

スプーンをうまく使えない赤ちゃんを見れば、その動作が複雑なことは明らかだ。スプーンを扱う動作には神経と筋肉のみごとな連携が必要である。スプーンをつかみ、ちょうどいい角度で正しく持つだけでも、かなりの神経を使う。おまけに、スプーンで何を食べるかによって正しい持ち方も変わる。

月にロケットを飛ばす方法なら50年前から知られているが、ロボットがスプーンでピューレをすくうプログラムを書く方法はつい最近わかってきたばかりだ。キウイをのせる方法などとんでもない。ピューレよりはるかに難しいのだから。

本格的な学習

スプーンは始まりにすぎない。ここから先はもっと複雑になる。私たちは靴のはき方と靴ひもの結び方を学ぶ。歯の磨き方と爪の切り方を学ぶ。自転車の乗り方とローラースケートのやり方を学ぶ。玉ねぎのむき方、コーヒーの淹れ方、プレイモービルの遊び方、ボタンのつけ方、車の運転、コーヒーメーカーのカルキの落とし方を学ぶ。たいていの場合、最初は少し難しいが、そのあとは簡単になる。

スプーンや自転車のように、道具は最後には私たち自身の延長となり、深く考えなくても扱えるようになる。私たちをつくりかえ、拡張する道具こそが私たちをつくる。道具がなければ人間はたいした存在ではない。

学習のなかでも、言語の学習が最も難しい。時間も手間も桁違いにかかる途方もない仕事だ。18カ月の子供が片言で一日じゅうしゃべっていても、何を言っているのかはほとんど理解できない。

やる気をなくしそうなものなのに、子供はあきらめない。「言語は苦手なんだ。練習する価値なんてないよ。大変すぎるじゃないか」などと言う人はいない。「うちの娘がおしゃぶりをくわえている姿はとてもかわいくてね。言葉を話すなんて、そんなつらいことを押しつけるのは胸がはりさけそうでできないよ。だから娘には話しかけないことにしたんだ」などと言う親はいないのだ。

言語は使っても使わなくてもいい道具ではない。地位の高い人や金持ちや天才だけのものではない。みんなが使うものだ。

人類の始まりの日を記憶にとどめておこうと思うなら、それは私たちの祖先がみんなで言語を使おうと決めた日だろう。モーセの十戒よりずっと前に、私たちは「言語を子供たちに伝える」という掟を守ろうと決めたのだ。

地球規模で大成功

時代は下って約１５０年前、新たに重大な決定が下された。それは、すべての人に読み書きを教えるというものだ。

世界の識字率の推移

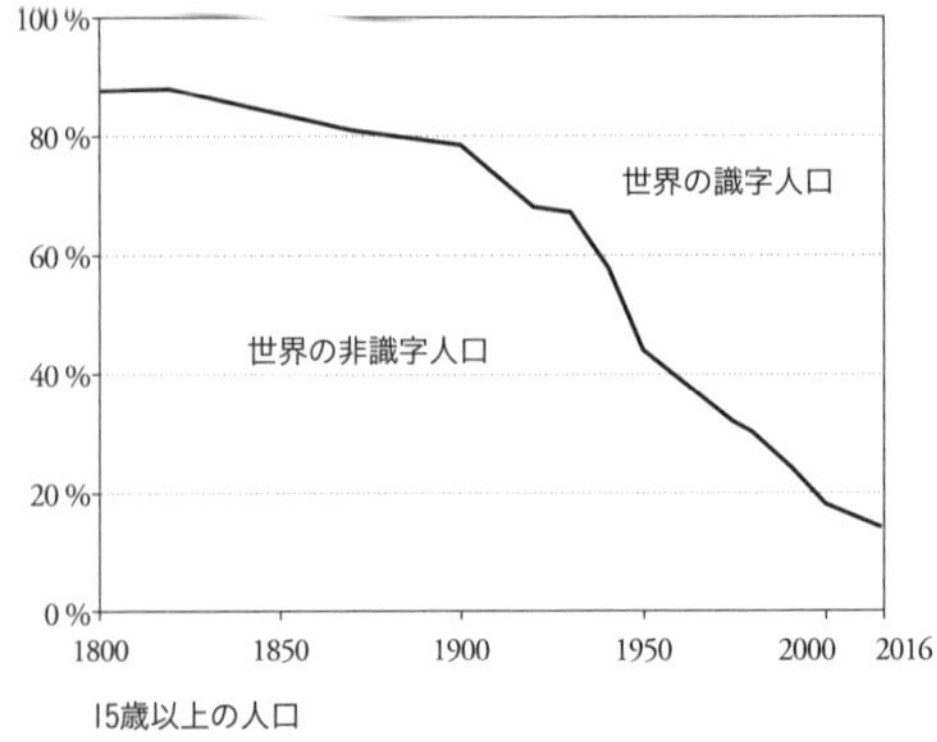

出典：OECDとユネスコのデータをもとにしたOur World in Data
（データで見る私たちの世界）（2016年）

この決定で世界のあり方が決まったため、もしこの決定がなかったらどんな世界になっていたかは、ほとんど想像できない。それ以前のように、文字を読めるのがほんの一握りの人だけだったとしたら、いったいどうなっていたのだろう？

象形文字を使っていた古代エジプトでは、文字を書く技術は魔力にも似ていた。書記たちは世襲制のカーストを構成し、世代から世代へとその秘密を継承していた。

中世ヨーロッパでは、字を書くことは神から与えられた使命だった。若い男性は修道士になって世の中から身を引き、写本を書き写すことに身を捧げた。

字の読めない中世の農民はそれをどう思っていたのだろう？　読み書きを学ぶには、自分にはない特別な才能、特殊な知能が必要だと想像していたら？　のけ者にされているのは不当だと思い、不満を感じていただろうか。あるいは単に、自分には時間もなければお金もなく、文字を読みたいとも思わないし、そもそも読むものなんて何もない、と考えていただろうか。

今日では、特別な才能がなければ読み書きはできないと考える人はいない。読み書きなんて何の役にも立たないと考える人もいない。わずかな例外を除き、信仰やイデオロギーに関係なくあらゆる体制において、初等教育は絶対的な優先事項になっている。

地球上のすべての人に読み書きを教えようという徹底したプロジェクトは驚異的な成功を収めた。もちろん文字の読めない人の数はゼロではないが、すっかり少数派になった。数世代のうちに、人類は歴史上でも類を見ない認識転換の世界的プログラムを完了したのだ。

ほんとうの惨事

地球規模で読み書きキャンペーンが始まったのと時を同じくして、もうひとつの過激な決定が下された。数学の基礎をみんなに教えることになったのだ。

今日では世界じゅうの小学校・中学校・高校で、10億人以上の児童・生徒が数学を学んでいる。

そして、これこそが真の惨事なのだ。

現在、世界じゅうの小学校・中学校・高校で5億人以上の児童・生徒が黙って苦痛に耐えている。何ひとつ理解できない気がして、投げ出したい気持ち（数学にはまったく興味がもてない）と、自分は知能が低いという屈辱感のあいだで揺れている。

米国の中高生にいちばん難しい教科を尋ねると、数学が37％でトップに来る。いちばん嫌いな教科でも数学が2位以下を大きく引き離して1位である。ところが、いちばん好きな教科を尋ねても、数学が23％でトップになる。一部の生徒にとってはいちばん易しい教科でさえある。

この奇妙な現象は広く知られている。これはどこでも見られる状況であって、私たちはそれが当然だと思うようになっている。数学が好きで簡単だと思う人がいる一方で、数学が嫌いで理解できないと思う人がいるのは当たり前だと考え、その中間の人がほとんどいないのはふつうだと考えている。

この状況が当たり前すぎるせいで、数学に対する態度は文化的なステレオタイプの一部になっている。数学が好きな〝マニア〟（もちろんニキビだらけ）、ファッションに関心を寄せるおしゃれな女子（もちろん数学はまるでダメ）、深く考えなくてもすべての問題を解ける別の女子（もちろん自閉気味）、反抗的な劣等生（もちろん数学はまるでダメ）、という具合だ。

侮辱的でくだらないステレオタイプである。私は偉大な数学者になった反抗的な劣等生を何人も知っている。女子高校生は、きれいで友達に恵まれると同時に、いとも簡単に数学の問題をひとつ残らず解くことができる資格がある。彼女にも偉大な数学者になる権利がある。

私たちは慣れきっているが、いまの状況はどう考えてもふつうではない。異常といってもいい。こんなふうであってはいけないのだ。

おかしいと気づくいちばん簡単な方法は、数学の勉強をほかの基本的な学習と比較することである。

中高生が文字を読めないことは格好いいと判断したら、おかしいと思わないだろうか？　文字をひとつひとつ解読しなくてもすらすらと読める人は、人間関係に問題があって当然だと考えるだろうか？

学年の半分がスプーンを使って正しく食べられないまま高校卒業を迎えたら、おかしいと思わないだろうか？　靴ひもが結べないとしたら、どうだろうか？

高校の数学の問題を解くことは、靴ひもを結ぶのと同じぐらい簡単であるべきであり、そうでないとしたらそれは数学教育に大きな問題があるからだ。

2つの仮説

数学が得意なグループと苦手なグループに二分される理由を説明するために、一般には2つの仮説が立てられている。

第一の仮説は、動機の問題だという説だ。数学が苦手なのは数学が嫌いだからであり、なぜ嫌いかといえば日常生活にどう役立つか理解できないから、というものだ。では、歴史なら日常生活に役立つのだろうか？　役立ちそうになくても、歴史はまったく理解できない科目にはならないし、歴史の授業でパニックに陥る者はいない。戦争や革命がどんなものか理解できないからといって泣き出す小学生など見たこともないだろう。

実際、数学が苦手な生徒は、数学が得意であれば何かに役立つ、少なくとも学校で優秀な成績を収めてよい大学に進むのに役立つことはよく理解している。彼らは間抜けではない。数学が苦手だと、高給で高く評価される職業の多くに対して道が閉ざされることをよく理解している。なぜ数学がそれほど重要なのかは理解できないかもしれないが、数学が重要なことは知っている。数学ができない子供たちは、のけ者にされたように感じ、それを理由に数学が嫌いになるわけだ。

第二の仮説はさらに残酷である。〝数学的知能〟という、人々に不平等に分配されている謎の知能タイプを想定し、生物学的に説明するものだ。その説によると、数学の才能を示す頭蓋の突起や遺伝子があり、数学が得意な人は生まれつき得意、苦手な人はただ単に運に恵まれなかったということになる。

この考え方がこれほど広まっていること自体が驚きである。私たちは、このような考え方を警戒することをすでに学んだのではなかったか？　かつて、一部の人種は生まれながらに綿花畑で働くようにできている一方、ほかの人種は生まれつき綿花畑を所有するようにできている、と信じられていた時代があった。最近では、女性は遺伝的に戦闘機を操縦する能力がないという発言もあった。いまでは、このような考え方を信じる人はいない。

まだ半信半疑の人は、次の章を読めば、自分には数学がよくできるようになるためのあらゆる知能が備わっていることがわかるだろう。

生物学的不平等は存在するが、それは私がいまさっき記述したようなものではない。その実態を理解するいちばん簡単な方法は、高校3年生に100メートル走をさせてみることだ。タイムが11秒の生徒もいれば、13秒や18秒の生徒もいるだろう。走り切るのに30秒ぐらいかかる生徒もいるかもしれない。

この差の説明としては、動機、訓練の度合い、健康管理、そしてもちろん遺伝的要因など多くの要因がある。徒競走となると、たしかに私たちは遺伝的に不平等である。とはいえ100メートル走の場合、この遺伝的要因は数秒を左右するにすぎない。

次に、一部の生徒は11秒でゴールするのに、1週間たってもクラスの半分が走り終わっていない様子を想像してみてほしい。それが、高校を卒業するときに見られる数学のレベルの差にだいたい相当する。

迷える生徒を探しに行ってみると、一部の生徒はスタートラインに座り込んでいる。彼らがいうには、100メートル走は地球上で最悪の活動なのだそうだ。彼らはそれが日常生活で何の役に立つのかもわからず、体育の教師をひどいサディストだと考えている。

誰が本気で、遺伝子が原因だと結論づけられるだろうか?

私は読者のみなさんに、唯一考えられる説明は途方もない誤解なのだとわかってもらいたい。数学が苦手な人は、誰からも明確な指示を与えてもらえなかったせいで数学が苦手なのだ。数学が身体活動だということも、数学には「学ぶこと」はなく、あるのは「やること」だということも教わらなかったからだ。

彼らがスプーンの柄のほうを持たないのは、どうすればいいのかを誰からも説明されなかったからであり、きちんと柄を持つ人を見たことがなかったからである。

数学の授業で聞く話は暗記すべき情報ではない。各々が頭のなかでひそかに行わなければならない、目に見えない動作のための指示である。

歴史や生物の授業を受けるように数学の授業を受けることは、ヨガのレッスン中に一言一句忘れまいと丁寧にメモを取ることぐらい無意味である。呼吸の練習をしたことがないのなら、メモなど何の役にも立たない。

第3章　思考の力

完璧なまん丸の円を想像してみよう。ただの丸い円だ。思い浮かぶだろうか？

現実には完璧な円など存在しない。紙に描いた円には必ず小さな欠陥がある。自転車の車輪も、アステカの太陽の石も、水面に広がる波紋も、完璧な円はひとつもない。だからといって、みなさんは私の言うことが理解できないわけではなく、まん丸な円を想像することができる。

想像できるばかりか、文字どおり円が見えるだろう。頭のなかで円を移動することも、拡大・縮小することも、なんでも好きなようにできる。

現実に存在しないものを思い浮かべ、目の前にあるものとして感じ、手に取るように頭のなかで自由に操作する能力は、私たちに備わった魔法の力のひとつだ。

数学を本当に理解するまでの道のりでいえば、これがスタート地点である。

驚くべき抽象化能力

完璧な円は数学的な抽象概念である。あなたが円に慣れ親しんでいるとしたら、それはほかのすべての人と同じように数学的抽象化の能力を生まれつき備えている証拠だ。

抽象化能力は数学にだけ発揮されるわけではない。

好むと好まざるとにかかわらず、私たちは世界を眺めて抽象化することに時間を費やしている。それが身体の生理学的特徴のひとつなのだ。肺が空気から酸素を取り出して血液に送り込む機械であるように、脳は抽象概念を引き出し、それを頭のなかで操作する機械である。

どうしてそんなことができるのだろう？　第19章でこの点を取り上げ、脳の構造がどのようにして〝自然に〟抽象概念をつくりだし、操作するのかを説明しよう。

その前に、なぜこのような奇跡が起こるのかよく理解できなくても、人には円が見えるという明白な事実は認めなければならない。

驚くべき推論能力

1本の直線は3点で円と交われるだろうか？

じっくり考えてみよう。これはひっかけ問題ではない。ただ自分で考えてほしいのだ。1本の直線が円と交わるあらゆる方法を思い描き、交点が3つになる場合があるかどうか検討しよう。

答えを言うと、1本の直線は3点で円と交わることはできない。

自明な答えだと思っただろうか？　そうだとしたら、あなたにもすべての人と同じように驚異的な数学的推論能力が備わっているということになる。

私たちは、直線や円などの抽象的な対象を思い描けるだけでなく、こうした対象に関する抽象的な問いを自分に投げかけることも、問いの答えを見つけるために対象を頭のなかで操作することもできる。

あなたにとっては明白なことを、理解できないという人がいたらどうだろう？

そういう場合、「……が見えますよね？」と言って説明を始めようとしてもうまくいかないだろう。理解できない人には、円と直線があなたほどはっきりと見えていないのだ。数学を説明するとは、相手がまだ思い浮かべられないものを思い浮かべられるように導くことだ。

人間の推論は直観的で視覚的である。頭のなかで、円と直線を登場人物とするアニメが繰り広げられているようなものだ。この種の推論はとても効果的だが、言葉にするのは難しい。言葉では、自分に見えているものの微妙さを余すところなく表現することは不可能なのである。

数学教育では視覚的直観を厳密な証明に置き換える方法を学ぶが、完璧に置き換えられることは決してない。単純な直観でも表現するには多くの言葉が必要だ。頭のなかではすべてがとても単純だが、文字になったものは専門的で複雑に思える。

驚くべき直観

あなたは、あなたの頭のなかにあるものが見える唯一の人間である。いかに大変でも、それを厳密に言葉と記号に置き換える努力をすれば、ほかの人とそれを共有することができる。この置き換えの努力は、あなたの直観が間違っていないことを確かめる唯一の方法でもある。

なにしろ、直観は間違っていることもあるのだ。

私たちはそのことをよく知っているし、それを人から指摘されるのは好きではない。相手の気分を害するいちばん確かな方法は外見をからかうことだが、相手の直観が間違っていることを証明するのもほぼ同じくらい効果的である。直観の間違いを指摘されると、一般には2つの防衛メカニズムのどちらかが働く。すなわち、自分はばかだと思い込んで劣等感を抱き、深く考えなくなるか、自分はそれでも正しく、ほかの人たちが愚かなのだと思い込む（そして深く考えなくなる）か、である。

だがじつは、3つ目のメカニズムもある。アインシュタインやデカルトに向かって、あなたの直観は間違っていると言っても、彼らは気分を害さない。自分がばかだとも思わず、ほかの人たちが愚かだとも思わない。彼らの反応は先の2つとは違うのだ。では、どう反応するのか？それが、この本のなかで繰り返しお話しする中心的なテーマのひとつである。

直観を信じ込まないようにと説いた学校の先生は、2つの誤りを犯した。それはみなさんの知能の発達にブレーキをかけた2つの大きな誤りである。

第一の誤りは誇張したことだ。先生は意味もなくみなさんの気分を害した。そう、直観は間違うこともあるが、いつも間違っているわけではなく、正しいことも多い。それに直観の精度は少しずつ高めることができる。より明確に、より精緻に思い浮かべられるよう、直観に学習させることができるのだ。数学者はみなさんと同じ地点からスタートして、強力で信頼性の高い予見的直観を構築する。数学者は、この本で教えるような単純な方法を使ってそれを実現するのだ。

学校が犯した第二の誤りは、直観の弱点を指摘したはいいが、直観にも強みがあるとは言わなかったことである。それでみなさんの頭には、直観は不完全だというメッセージが刻まれてしまった。直観が不完全だというのもたしかに重要だが、学校は、**直観が最も強力な知的資源だ**という、より重要なメッセージを伝え忘れたのだ。ある意味、直観は私たちの〝唯一の〟知的資源であるにもかかわらず。

これは口から出まかせを言っているのではない。私の目的はでたらめを語ってみなさんをぬか喜びさせることではないのだ。

こうしたことの背後には、奥の深い生物学的真理が隠されている。この点についてはのちほど説明しよう。これは誰もが何度となく経験した紛うことなき事実でもある。暗記する、確立された方法を応用する、あるいは推論を1行1行たどるなどしても、それは本当の意味での理解とはいえないことは誰もがよく知っている。私たちは、筋の通った論拠を完全に信用することはないし、〝直観的に〟理解できることのほうが安心できる。

円を思い浮かべる才能

私たちは、自分の直観が強力なことをずっと前から知っている。あえて声を大にしては言わないが、ひそかに信頼しているのはいつも自分の直観だ。

知らなかったかもしれないが、最大級の科学革命と、最も難解だとされる数学の背後にはいつも直観があり、その直観はどれもあなたのそれと同じくらい単純なのだ。

アインシュタインが相対性理論を思いついたのは脳内の映像のおかげだが、その映像は、直線が円と3点では交われないことを説明する映像と比べてもそれほど複雑ではない。

アインシュタインが信じるという直観は、ふつうの人の直観とはまったく異なるような、天から授かった特別な直観のことではない。アインシュタインがそのような直観を念頭に置いていたら、自分には「特別な才能はいっさいない」とは言わないだろう。

とまどうだろうが、この事実は受け入れなければならない。アインシュタインがいうのは単純な直観、誰にでも備わり、往々にして子供じみたものと思われ、学校では無視するようにと教わる直観である。

アインシュタインはものごとを思い描く能力のことを言っているだけだ。これは誰もが生まれつき備えている才能である。たいしたものではないかもしれないが、十分に驚異的な才能であり、いずれにしても誰もそれ以上のものは授からない。

もしあなたがアインシュタインのように自分の子供じみた想像力を活用する術を身につけ、当代随一の物理学者になっていたら、同じように偉大な科学的発見は好奇心のなせる業にすぎないと言うだろう（そして誰もその言葉を本気にしないだろう）。

あなたは、相対性理論は思いつかなかったにしても、すでに驚嘆に値することを成し遂げている。

あなたは頭のなかに円を思い浮かべることができる。

それを頭のなかで操作することができる。

1本の直線は円と3点で交わることはできない、と視覚的に納得することができる。

このすべてを、目を閉じたまま、手足を動かさずにできる。

文字どおり、思考力によって成し遂げられるのだ。

知られているかぎりでは、この生物学的な偉業を達成できるのは人間だけである。カバが同じようにできるとしても、私たちにはわからない。

あなたがこの偉業を達成できるなら、安心していい。それはつまり、数学が大得意になる遺伝的な資質と知能を備えているということだ。生物学的にいえばそれで十分である。ほかの要素は遺伝的なものではないし、それも必要なら手に入る。真摯、忍耐、勇気、欲求のことだ。

明確なイメージをつくりあげる

偉大な思いつきは常に直観的で単純である。〝笑ってしまうほど〟単純といってもいい。私たちが本当に理解できるのは明白なことだけだ。逆にいうと、明白でなければ、本当には理解できていない。

この普遍的な法則は人間的な法則である。この法則によれば、科学は人間によって発明され、人間は誰もが本質的な部分では同じモデルに従ってつくられている。

偉大な発見をするのは、ただ単に理解しようとする人である。彼らはそれが明白だと思いたいだけで、理解できなければ理解できたふりはしない。正しい道、正しい脳内イメージ、正しい思い浮かべ方を、彼らにとってそれが明白になるまで探しつづける。

幸い、この方法では明白なことしか発見できない。彼らにとって明白だったことは、誰にとっても明白になりうるはずだ。

だから怖気づく理由はまったくない。

このことは知的創造のあらゆる分野に当てはまるが、数学ではとくに顕著だ。数学的知識は、実験データにもとづくものでもなければ百科全書的な知識の蓄積でもない。なんといっても、数学の本には明白なこと以外は何ひとつ書かれていないのだ。

矛盾しているようだが、明白なことを明白だと思えるためには、まずそれを可能にする脳内表象を構築しなければならない。いったん構築された脳内イメージは瞬時に苦もなく思い浮かべることができるが、構築には多大な時間と努力が必要だ。

あなたはすでに無意識のうちに、円というものの十分に正しい脳内イメージを構築している。円についてできたことをほかの対象についても繰り返してほかの脳内イメージを構築し、その脳内イメージを組み合わせてさらに多くの脳内イメージを構築しなければならないというわけだ。

構築済みのイメージをもって生まれる人はいない。イメージを瞬時に構築できる人もいない。構築プロセスには思ったよりはるかに長い時間がかかる。誰でもためらいや試行錯誤、間違った道筋ややり直しを経て構築していくからだ。実際、それは生涯にわたるプロセスである。数学に取り組むかどうかに関係なく、私たちの世界観と脳内イメージは進化しつづける。

ここから数学者の口伝えの伝統が始まる。超人になるための魔法の手段ではなく、すぐれた脳内イメージを構築できるようにするかなり単純な原則のことだ。

本書の目的は、みなさんが自分なりの世界観を構築する方法を取り戻すこと。それ以上でも以下でもない。

健康を保つためには、運動をして、野菜と果物を食べ、薬物を避け、十分な睡眠をとるのがいいとわかっている。だが、力強く明確な脳内イメージの構築に役立つ基本原則となると、いくつ挙げられるだろうか？

私たちは、論理的に考えるべきだと教え込まれながら、心のなかでは自分の直観だけを信じようとひそかに誓う。そのとき、「脳内イメージの構築」なんて言葉は頭に浮かびもしない。みなさんはこれまで、「自分の直観は正しいときも間違っているときもあるが、直観の精度を上げる方法はないからしかたない」という誤った思い込みを抱えたまま難局を切り抜けてきた。

それで新しい学びを得られたなんて、まさに奇跡である。

とはいえ、次の章で取り上げるように、みなさんは確固たる数学的直観を発達させる方法をすでに知っている。自分では数学が苦手だと思っているかもしれないが、人類の歴史の99％の年月にわたって天才だけのものだと思われていた数学的概念を、完璧に自分のものにしているのだ。

あなたはすでに、力強い脳内イメージを構築し、毎日活用しているのだから。

第4章　本当の魔法

10億から1を引くといくらになる？

深く考える必要もなく、頭のなかに9億9999万9999という答えが浮かぶだろう。口に出して言うより思い浮かべるほうが簡単なくらいだ。

みなさんには自明だと思えるが、誰にとってもそうではない。古代ローマの人々にとってはまったく自明ではなかった。

古典ラテン語には「10億（milliard）」にあたる言葉はなかった（「100万（million）」もなかった）。10億という概念を伝えるいちばん簡単な方法は「1000×1000×1000」の答えとして表現することだ。ユリウス・カエサル時代のローマ人は、頭痛に見舞われることもあったかもしれないが、ここまではどうにか理解できたに違いない。だが、みなさんが10億から1

を引いた答えを〝即座に〟思い浮かべられると言ったら、彼らはまったくついて来られなかっただろう。

「なんて博識な人なんだ」と思われたかもしれない。

試しに9億9999万9999をローマ数字で書こうとすると、大きな不都合が生じる。ローマ数字しか知らない人にとって、9億9999万9999は日常生活からかけ離れた大きすぎる数である。書こうとしても書けない数であり、恐ろしくてめまいがしそうな、まともに見られない数である。それを難なく瞬時に正確に思い浮かべられる人がいるなんて、どうかしている。

ローマ人の例は少しも極端ではない。彼らの数の理解はこれでもかなり進んでいたほうだ。一部のオーストラリア先住民は、伝統的に体の一部をもとにして数を数えていた。1から5までを指で数え、それから腕を上っていく。6が手首、7が前腕、8が肘、9が上腕だ。10、つまり肩まで来たらさらに上り、12は耳たぶという具合である。

それぞれの数に体の一部が対応しなければならないとしたら、10億まで数える勇気があるだろうか?

ほかの狩猟採集民が使っていた数え方はさらに単純である。1、2、3、4、5とそれ以外全部、つまり〝たくさん〟しか知らない人々もいた。アマゾンに暮らすヤノマミ族の言語には、なのだ。
「1」を指す言葉と「2」を指す言葉はあるが、「3」を指す言葉はない。3はすでにたくさん
世界をこのように捉える者にとって、25と26のあいだに差があること、それを正確に表現で
きることを知るというのは、強烈なスピリチュアル体験に違いない。それは数学を専攻する学
生が、無限といっても大きさに違いがあること、その違いを詳しく言えることを学ぶ際の体験
に匹敵する。

天才？見せかけ？

古代ローマの人であればＸＸＶとＸＸＶＩの差はすぐにわかるだろう。しかしそのローマ
人も、大きな数に対する私たちの反応の速さを見たら、計算の天才かと思うだろう。
こう言うと、「計算の天才だなんて……」と苦笑したくなるかもしれない。それはあなたが、
自分のしていることが見せかけにすぎないと知っているからだ。自分は計算の天才なんかでは
ない、と。
だが、そう言い切れるだろうか？
計算の天才を、魔法の力を備えた突然変異体として思い描くなら――そしてその変異体が、

一般に知られている計算法を用いて超高速で計算できるコンピュータを頭のなかに持っていると考えるなら——それは誤りだ。

実際のところ、計算の天才とは魔法使いやサンタクロースのようなもので、本当に存在するわけではない。

サンタクロースを見たと思っても、それは決して本物のサンタクロースではなく、サンタクロースの仮装をした人である。

魔法使いを見たと思っても、それは決して本物の魔法使いではなく、〝手品師〟、つまり魔法を使うふりができる人である。

同様に、計算の天才を見たと思っても、それは決して本物の計算の天才ではない。ふつうの人にとっては複雑で想像を絶するようなプロセスでも、簡単で明白にすら思えるような数字の見方ができる人である。

つまり、誰でも基本的には暗算が苦手なのだが、計算を劇的に単純化する直観的な方法が使え、結果を「思い浮かべられる」場合は話が別だということである。

アラビア数字をもとにした十進法の表記は、ある種の計算結果を明白なものとして思い浮かべるための「秘訣」である。計算の天才とそうではない人のいちばんの違いは、計算の天才のほうが幅広い秘訣を身につけていて、それを使い慣れているということだ。

バビロニア人の数の見方

十進法で数を表記するシステムは当たり前のこととして知られていて、学習が必要だったことなど誰も覚えていない。スプーンと同じく、自分の体の延長のように、深く考えなくても使える。「9億9999万9999」という数字が目に入ったとき、数がそのまま見えているのだと思い、「道具を介して数が見えている」とは考えない。

とはいえ、十進法は人類の純粋な発明である。単なる表記法ではなく、じつは整数が——どんなに大きくても——具体的で明確な対象となるという意識への入り口でもある。ここを通過すると、整数の無限性はそれ自体が自明の理となる。

それまで考えられもしなかったものが突然、自明の理となる。これがまさに、数学が脳にもたらす効果である。めくるめく心地、強烈な喜びだ。

子供のころ、10まで数えられるようになって、次に20まで、そして100まで数えられるようになったときは誇らしかっただろう。数え方を知っていると幼稚園や保育園で格好をつけられた。もっと格好をつけるために、もっと大きな数字を知りたいと思ったかもしれない。

実際そのときまで、私たちの数に対する意識は、2や5までしか数えられず、次の数である

〝たくさん〟がいちばん大きな数だと信じ込んでいた狩猟採集民の意識と大差なかった。

ところがある日、私たちはいちばん大きな数というものはないことを理解した。ほかの道を通っても同じ結論にたどり着けたかもしれないが、十進法は近道になった。みなさんは、それぞれの数に別の数が続くことを知っている。数の連続を、メーターの回転のようなものとして思い描くことができ、そのメーターの回転が無限に続きうることを知っている。限界はなく、メーターの回転を止めるような特別な数はないのだ。

人類の歴史の99%において、数のメーターが頭のなかで回るのを思い描けた人はいなかった。あなたの頭のなかで回る数のメーターは、先史時代から中世にかけて、私たちが共有している数のイメージをつくりあげた偉大な数学者たちの業績の集大成である。

このイメージは〝自然〟なものではない。生まれたときにすでに体に刻まれていたわけではないのだ。こうなったのは自由意志による部分もあり、数の表記にほかのシステムを選び、数を違った形で思い浮かべることも可能だった。

4000年以上前、バビロニア人は「60進法」を考案した。10ではなく60をもとにして数を表記していたのだ。バビロニアの数学は当時最も進んでいた。時間、分、秒について私たちが抱く脳内イメージは、いまでもバビロニア人の数の見方に大きな影響を受けている。

逆に自然なのは、抽象的な数学を取り込む能力とそれを本当に理解する能力、つまりこうした数学が本当の意味で自分の一部になるように脳を変化させる能力である。

９億９９９９万９９９９という数字を目にしたとき、あなたは「数が見える」と思うだろう。だが実際は、抽象的で複雑な数学的概念を解読しているのだ。それも、とくに意識することなく一瞬で、よどみなく。整数は私たちの母語ではない。私たちはバイリンガルというわけだ。数学的概念の学習がうまくいくことはこの現象に似ている。この例がばかばかしく思えるなら、それはあなたが本当に理解したからである。

「無能のための数学」？

駆けだしの若き数学者たちは、人をだましているような気分になることが少なくない。私にも覚えがある。私の場合、何もかもがその感情を裏づけるように思えた。論文に含めた結果はあまりにも明白で、いかさまと言ってもいいくらいだった。私の定理はいつも単純で、その証明はどれも本当に難しいものではなかった。

まわりには、私にはさっぱりわからない難解な数学に取り組む人がたくさんいた。本質に迫る難解な論文は、私にはまるで読みこなせなかった。私が読めたとしたら、それがほかの論文より簡単だからだった。

本当の数学、難解な数学に取り組みたかったのに、私が理解できたものといえば易しい数学、無能のための数学だった。

こんなことを語るのもまぬけだが、それが錯覚にすぎないと気づくまでには何年もかかった。実際は、地平線が私とともに移動していたのだ。地平線はいつも私と同じ高さにあった。

本当の魔法は存在しない。魔法を覚えたとたん、それは魔法ではなくなる。悲しいかもしれないが、そのことに慣れなくてはならない。

自分に理解できる数学は簡単すぎると思ったら、それは簡単だから理解できるのではなく、理解できるから簡単なのだ。

第5章　頭のなかは目に見えない

偉大な数学者とは、たとえば数え方が5までしかない文化に生まれながら、ある日その先に進めることに気づくような人である。

誰もいきなり数の無限性を思いつくわけではない。初めのうちは、数学的な発想はぼんやりとして不完全である。6まで、もしかしたら7まで行けるかもしれないという感覚はあるが、6と7を表現する言葉を知らないので口に出しては言えない。もっと先まで行けるような気さえするが、その感覚は頼りなく、完全には信じられないし、うまくいかない理由があるに違いないと思ってしまう。

これは、言語の壁にぶち当たるときに起こることだ。

自分が感じ取ったものを表現するには、新しい言葉を考案するか、すでにある言葉をいままでは異なる方法で使わなければならない。頼りない印象に言葉を当てはめられると、そこでやっと思考が根を下ろす。必要不可欠だが時間のかかる作業である。言葉とは、簡単に生まれるものでも、すぐに思いつくものでもないのだ。

発見の第一段階はスピリチュアルな体験である。言語を介さずに考えていると世界が明るくなり、啓示を得る。それまで隠れていたものが見えるようになるのだが、新しすぎてまだ名前はない。

このめくるめくような感覚は、誰もがよく知っているだろう。すでに感じたことがあるのだ。思い出してみよう。初めてこの感覚に触れた日——それはあなたにとって最初の数学的大発見の日だった。

まだ言葉も話せない赤ちゃんだったころ、この図のようなおもちゃで遊んだことがないだろうか？

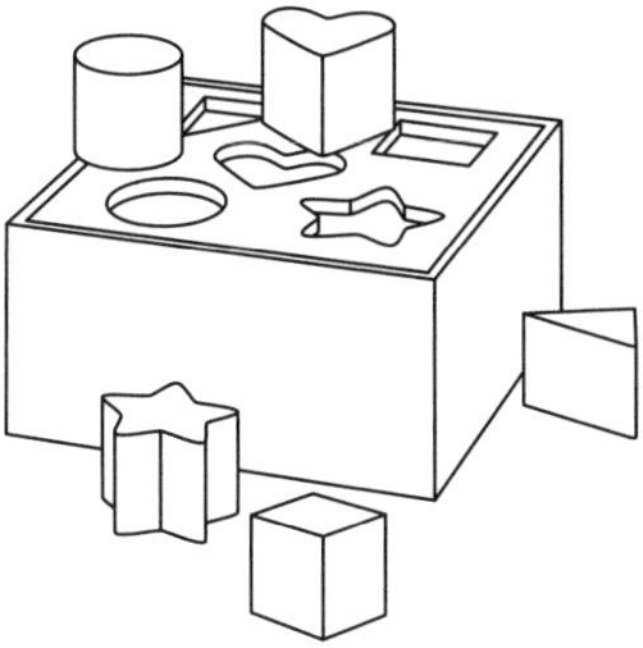

たぶん両親がお手本として、ブロックをひとつ取り、ある穴に入れて見せてくれただろう。あなたも同じようにしたいと思い、ブロックをひとつ取って穴に入れようとする。ところがうまく入らない。力いっぱい押し込もうとするも、ブロックは入らなかった。

あなたが苛立つと、両親はこう言う。無理やり入れようとしてもだめなんだよ。よく見てごらん。丸いブロックは丸い穴に、四角いブロックは四角い穴に入れようね。ほら、簡単でしょう?

しかし、あなたには両親の説明がまったく理解できない。理解できるわけがない。「丸い」「四角い」といった言葉はあなたにとって何の意味もなさないのだから。欠けていたのはボキャブラリー以前に、形そのものだった。あなたは形を思い浮かべることができない。丸も四角も、あなたにとっては目に見えない存在だった。

わかったのは、両親はブロックを穴に入れられたのに、自分は同じようにできなかったということだけだ。両親とまったく同じ動作をしたはずなのに。両親の場合はこの動作でうまくいき、あなたはうまくいかなかった。

同じ光景は何十回となく繰り返され、何カ月も続く。あなたは人生最大の失望を覚える。両親は魔法が使えるのに自分は使えないなんて、不公平で残酷だ。あなたは何度も怒りを爆発させることになった。

それでも、あなたは決してあきらめず、何度もこの屈辱的な謎に向き合う。屈辱はともかく、理解したかった。秘密を解き明かしたかったのだ。

そしてある日、ついに理解した。手に取ったブロックに何かほかとは違う特徴があること、穴のひとつにこのブロックと同じ特徴があることに気づいたのだ。このブロックを入れるべきは、まさにその穴だった。

そのことに気づくのに努力はまったくいらなかった。いつもと同じ動作、その前日もうまくいかなかった動作を繰り返していただけだ。それが突然、自明の理として目の前に現れたのだ。ひらめいた、としか言いようがない。

私たちが形の概念を発見するのは、人生のこの時期である。手にしたこのブロックとその穴だけの話ではない。形の概念はすべてのブロックとすべての穴に通用した。それぞれのブロックに対応する穴が、つまり名も実体もない何かをブロックと共有する穴があった。今度は毎回うまくいった。それが魔法の動作に隠された秘密だったのだ。

あなたはひとりで自分のために形の概念を発見した。それは言語によってもたらされたような、自分の外に最初から存在していた知識ではなかった。あなたは自力で形を見られるようになったのだ。形が見えないあいだは、それがどのようなものか誰もあなたに説明できなかった。

トを表現する言葉は、あとになってから、形の認識に〝当てはめる〟形で学んだ。

そのときを境に、形はいつでも見えるようになった。とても簡単だ。丸、四角、三角、星、ハート。簡単すぎるくらいだ。もう、形が見えない状態がどんなものか想像もつかない。

大いなる愛の物語

これを利用して状況を説明しよう。

ブロックを穴に入れる秘訣を理解できて、あなたはとても幸せだった。このうえなく誇らしく、顔には満面の笑みを浮かべていた。

両親も誇らしく、自分のことのように幸せだった。両親がこのおもちゃを贈ったのは、その喜びをわが子に味わってもらうためだったのだから。

両親は、自覚はなかったかもしれないが数学が大好きだった。そのおもちゃをあなたに贈ることで、数学への愛を伝えたかったのだ。そしてその願いは叶った。あなたに子供がいたら、やはり同じおもちゃをわが子に贈りたいと思うだろう。

学校がかかわってくる前に、ためらいと評価に対する恐怖とが頭をもたげる前に、私たちは数学がもたらす大きな喜びを知った。人類と数学の関係は、長きにわたる深い愛の物語なのだ。あなたの第一歩は希望に満ちていた。形の発見は本当に数学的大発見だったのだ。これはたとえではない。まじめに言っているのだ。

だがその大発見は、自分以外の人にとってはまったく役に立たないものだった。すでによく知られた概念を再発見しただけだからである。それでも、当時の知識レベルからすれば、目をみはるような発見だったことに変わりはない。

あの日、あなたが感じたことは、何かを発見した数学者がまさに感じることである。数学的発見も同じくらい単純で奥が深く、明白なのだ。

デカルト以前は、誰も幾何学図形を方程式で書き表せるとは知らなかった。デカルトは1637年の論文『幾何学』で、代数学と幾何学という、それまで完全に分離したものと認識されていた数学の２つの分野の橋渡しをした。そしてこの発見をきっかけに、いまや児童・生徒の全員にとって自明の理となった「デカルト座標」という近代的な概念が確立された。平面上の１点を横座標と縦座標によって指定できるようになったわけだ。デカルト以前は誰もデカルト座標を思い浮かべられなかったなど、いまでは想像できない。丸と四角が見えなかった時代を想像するのと同じくらい現実離れしている。

数学的概念を理解することは、それまで見えなかったものの見方を学ぶことである。それが自明だと思えるようになることであり、意識の状態が一段高くなることだ。

まわりに目を向ければ、ごく自然に形、大きさ、素材感、色が見分けられる。それ以外にも多くのものごとが見えるようになる。ほかの構造、ほかの形、対象どうしを結ぶほかの関係などだ。たとえいまは見えなくても、こうした形と構造はいずれ自明の理になるだろう。

それは、そこまで遠い存在ではない。

それは、さほど苦労しなくても見える。

それは、〝文字どおり〟目の前にある。

イルカのビリーと仲間たち

ブロックを正しい穴に入れるのは、スプーンで食べるほど難しくはない。だが、ブロックを正しい穴に入れることを学習するのは、スプーンで食べることを学習するよりもずっと難しい。スプーンの場合は動作をまねれば学習できた。ブロックのおもちゃの場合、動作をまねて学習しようとしてもうまくいかなかった。根本的な要素が欠けていたからだ。ブロックの形を認識し、正しい穴を探し当てることは、両親が〝頭のなかで〟実行していた目には見えない動作であって、当時の私たちにはそれを直接まねる手段がなかったのである。

私たちの学習の大部分は模倣を通じて行われる、ということを心に留めておこう。模倣本能は誰にでも備わっている。この本能はすべての哺乳類に共通するだけでなく、ほかの種類の動物にも見られる。

模倣による学習の物語で私が好きなのは、ビリーと仲間たちの物語だ。ビリーはオーストラリアのアデレードに面したポートリバー湾にいた雌のイルカである。幼いころ、ビリーは迷って群れからはぐれ、港に迷い込んだ。疲れ切ったビリーは救出され、健康を取り戻すまでのあいだ、水族館で飼育された。

もとからこの水族館で飼育されていたイルカは、アクロバティックな技を人間に仕込まれていた。その演技を見たビリーは、自ら技をまねしはじめたのだ。

お気に入りの動きは「テールウォーク」だった。水中を仰向けに泳いで勢いをつけてから垂直に飛び出す動きだ。その勢いで、イルカは尾で立って水面を後ろ向きに歩いているかのように見える。それがテールウォークと呼ばれるゆえんだ。これは技術的に難しく、肉体的にも過酷な動きだが、仲間の前で格好をつける以外に実用性はまったくない。

ビリーは3週間後に元の湾に戻されたが、そこでも「テールウォーク」を続けた。それはこの演技が野生のイルカで観察された史上初の例だった。だがいちばん興味深いのは、その後に起こったことである。ビリーの群れに属するほかの雌も同じ行動を取りはじめたのだ。アデレードのイルカたちのあいだで、「テールウォーク」

が〝流行〟する事態となったというわけだ。

この点で、私たちはまさにイルカと同じである。私たちには他者を見て学ぶ能力に加えて、他者を模倣しようとする欲動もある。人間は本能に突き動かされてお互いを模倣しようとするのだ。

私たちは模倣を通して靴ひもの結び方、トースターの使い方、自転車の乗り方を学ぶ。当然ながら一度ではできるようにならないが、ほかの人を見ることで少なくともイメージがつかめる。私たちはスプーンやトースターや自転車が何の役に立つのかを〝だいたい〟理解し、どのようにして使うのかを〝だいたい〟把握する。

ところが、数学は目に見えない動作を前提としているため、模倣を通して学習することができないのだ。

フォスベリーのテクニック

数学的発見をするには、前もってどう行動すべきかわからないまま、うまくいく確信もないまま、まず、頭のなかの動作を自分で新しく考案し、頭のなかで新しいイメージをつくりださなければならない。

本当に新しい動作を考案することなど一生のうちでもめったにないため、資料の裏づけがある歴史的な例はなかなか見つからない。マイケル・ジャクソンの「ムーンウォーク」でさえ本人が考え出したわけではなく、誰かのまねをして身につけたのである。このステップの起源は少なくとも１９３０年代にさかのぼり、考案した天才の名は知られていない。

一方、ディック・フォスベリーは本当の意味で新しい動作を考案した。走り高跳びの跳躍法、「背面跳び」である。その名を取って「フォスベリー・フロップ」とも呼ばれるテクニックだ。

フォスベリー以前の２つの主なテクニックは、はさみ跳び（両足を前に出して体を後傾させる跳躍法）とベリーロール（肩を前に出して体を前傾させる跳躍法）だった。

肩を前に出して体を後傾させる背面跳びは、直観的には奇妙に見えるかもしれない。状況が不明でマットが見えなければ、まるで自殺しようとしているみたいではないか？　人間の体の自然な動きには思えない。わざわざ後ろ向きに頭から身を投げるには、「この動作を試すのはどう考えても危険すぎる」と教えてくれる逃走本能のスイッチを切らなければならない。

フォスベリーは誰かのまねをしたわけではない。16歳だった1963年からこの跳躍法を構想し、何年もかけて完成させた。

フォスベリーとしては、誰かを模倣してうまくいけばそのほうがよかった。模倣が恥ずかしいとは思っていなかったし、うぬぼれ屋でもなかった。斬新さや独創性は求めていなかったのだ。彼は模倣が最も効果的な学習法だと知っていたため、当然ながらまずみんなと同じように跳躍しようとした。

フォスベリーの出発点は、高校のときにチームでいちばん下手だったことである。公式な跳躍法は打開策にならなかったため、実験を開始し、より巧みに、より効果的に跳ぶ方法を模索した。「目的は勝つことじゃなくて、とにかく負けないことだった」

背面跳びの強みは、重心をバーより下に維持しながら、バーに体を巻きつけるようにしてそれを越えられることだ。体の各部位は次々にバーの上を越えていくが、〝平均すれば〟体は常にバーより下に保たれる。この方法だと、同じ推進力でもはるかに高いバーを越えられるというわけだ。

フォスベリーはこうした科学的側面をよく理解しており、大学では、彼の関心は工学に向かった。しかし彼の跳躍法は、計算を通してではなく、自分の体によく耳を傾け、バーをこれまでより簡単に越えられる動作に集中するという内観によって、時間をかけて見つけたものだ。意志を重視し、考え抜くというアプローチが功を奏したのだ。

ある日フォスベリーは、助走のコース取りと体の位置を変えることで自己最高記録を15センチメートル更新した。それが高校で行われた試合における初めての本当の快挙だった。このとき、彼は自分のアプローチが有望だと確信した。だが、コーチたちはそれを信じず、何年ものあいだ、フォスベリーにきちんとした跳び方を覚えるよう説得を続けた。フォスベリー自身、反論する口実があったわけではなかったため、自分のテクニックはたしかに最良ではないだろうが、〝自分にとっては〟最良なのだ、と答えるにとどめていた。

背面跳びのおかげで、フォスベリーは1968年のメキシコ・オリンピックで金メダルを獲得する。21歳だった。初期のインタビューを聞くと、本人はその発見の重大さをまだ理解していなかったことがわかる。「今後、多くの子供たちが私の方法で跳ぼうとすると思うが、結果は保証できないし、誰にも私のスタイルは勧めない」と言っているのだ。

それでも誰もがフォスベリーをまねた。早くも1972年に開催された次のオリンピックで背面跳びは標準になった。以来40年以上、走り高跳びの世界記録が塗り替えられるときは、必ずフォスベリーの跳躍法が貢献している。

手あたりしだいに再現する

フォスベリーのアプローチで最も衝撃的な点は、この本のあちこちで数学者の研究手法を語った部分にも繰り返し登場する。

発見はいつも理解したいという単純で素朴な思いから始まる。新たな動作を考案するのは新しいもの好きだからではなく、それまでのやり方ではうまくいかないからだ。手がかりもなく、導いてくれる人もいないのであれば、自分自身の体に耳を傾けるようにしなければならない。いままでとは異なる方法で自分の体を感じることに慣れなければならないのだ。解決策を見つけるとは、それまで考えられなかったものごとを考えられるようにすることである。人間の認知能力を高めるようなものだ。

数学の特異な点は、単に理解するだけでも発見そのものと同じくらい難しいことだ。理解する段階になっても、内観が重要な役割を演じるからである。目に見えない動作を再現するには、自分自身の声に耳を傾け、〝自分自身のうちに〟〝自分自身のために〟その動作を改めて思いつかなければならない。

この難しさを理解するために、目に見えない走り高跳びを想像してみよう。会場には証人もカメラも何もなく、跳躍法についてはいっさい記録されず、選手がバーを越えたかどうかだけが電子機器によって確認され、判定が下されるような場合だ。

フォスベリーはどうやって自分の体験を語れただろうか？

誰もが、フォスベリーは誰よりも高く跳べるように遺伝子レベルでプログラムされているのだと信じ込んだだろう。本人が「私は生物学的にほかの人よりすぐれているわけではない。そもそも新しい方法を見つけるまでは、私の運動能力ではほかの人たちと肩を並べられなかった」と言ったとしても、誰も信じなかったに違いない。

フォスベリーは本を書いて自分の内で感じ取れたままに跳躍法を説明したかもしれないが、それにふさわしい言葉はどうやって見つけるのか？　初めて撮影された自分の跳躍を見て、フォスベリーは自分でも驚いたと述べている。画面に映る動きが物理的に可能で、しかも自分がしたことと本当に一致するとは信じられなかったそうだ。

背面跳びを自分の目で見たことのない人にとって、フォスベリーの跳び方を体得する難しさは、その跳び方を自分で思いつく難しさと変わらない。詳しい指示があったとしても困難を極めるだろう。「仰向けになって頭から身を投げる」なんて、本気だろうか？　助走のコース取りとバーに近づくにつれての重心の移動について、なぜ何ページも前置きがいるのか？　どうしてこの専門用語を使うのか？　本当に必要なのだろうか？　動作を学習することは、言葉を超えて理解するということだ。自分の体でそれを感じ、自然で直観的なものと思えるようになることである。

目には見えない動作

数学が謎めいていて難しいのは、他人がどうやっているかが見えないからである。黒板や紙に書かれたものは見えるが、他人が頭のなかで前もって成し遂げたことと、何によって彼らがそれを考えて書き表せるようになったかは、目には見えない。

数学自体は単純だが、数学を自分のものにするための頭のなかの動作は捉えにくく、直観に反する。しかもこの動作は目に見えない。他人の頭のなかの動作はまねできないのだ。それを説明するには言葉を使うしかないが、言葉では常に本質的な部分、つまり体のなかで本当に感じているものが抜け落ちる。

だからひとりひとりが自分のために、手あたりしだいに動作をつくり直さなくてはならない。

数学の教師をからかうのは簡単だが、教師の立場に自分の身を置いてみよう。

あなたなら、靴を見たことのない人にどうやって靴ひもの結び方を説明するだろうか？　それもコミュニケーション手段が電話だけだったら？　このような場面を少しでも想像してみれば、どんなに難しいかわかるだろう。あまりにも難しすぎて、考えただけで呼吸困難になりそうだ。

数学教育のこのような現実は、誰もが数学の授業で遭遇する具体的な難しさとなって現れる。数学者は、この点を数学が苦手な人と共有している。数学者は、まったくついていけない人がどう感じるかを知っているのだ。

こうした体験は数学者にとって日常茶飯事だ。研究会議に参加しても、最初の５分で話についていけなくなるかもしれないことはわかっている。そうなれば、それ以上話を聞きつづけても無駄なこと、辛くて屈辱的なだけであることを知っている。聞こえてくる言葉は自分にとって何の意味もなさないからだ。

しかし数学者は、話についていけない状態は理解のプロセスにおける通常のステップだと知っている。だから傷つくことはない。まして理解できたふりをすることもない。メモを取ろうともしないだろう。ただ聞くのを止めるだけだ。

本当に理解したかったら、別の行動をとるだろう。

第6章　トースターの取扱説明書

私はコレクターではないので、ものを収集することに喜びを感じたりはしない。本についても同じで、これまでの人生で何度か本棚の中身を大々的に処分し、蔵書の大半を人にあげたり売ったりした。手元に残したのはとくに大切な本だけである。

数学に関する私の蔵書は少なく、100冊もない。自宅に100冊の数学本を所有している人は多くないが、数学者のなかには100冊どころではなく大量の本を所有している人もいる。勉学やキャリアを積み重ねるにつれて私の蔵書は増えた。知り合いの著者から贈られた本もある。それでも、これまでの年月を経て100冊に満たないならそれほど多くないほうだ。

必要になった本の大部分は借りたり、電子版を閲覧したりした。購入したのは本当に気に入った本、本当に自分のものにしたい本、または本当に美しいと思った本だけである。

お気に入りの1冊、手放すことを迫られたら心が痛むだろう数少ない1冊は、ソーンダース・マックレーンの『圏論の基礎』〔丸善出版、2012年〕である。

この本が目に留まるたびに、私は心のなかでほほ笑む。圏論はマックレーンとサミュエル・アイレンベルグが1940年代に考え出した数学的構造に対する革命的な見方と考え方で、1970年代に書かれたこの本はいまでもその「圏論」の基本文献である。

私はこの本を20年前、博士論文を提出した直後に、イェール大学の助教としてもらった初めての月給で購入した。人生でこれほど印象に残った本はほとんどない。みごとで、輝かしく、刺激的で、群を抜いてよく書けていると思う。

一度も読んだことはないのだが。

「数学の本は絶対に読むな」

博士論文に着手したころ、たとえ自分が公式に「数学が大得意」な部類に入り、すでに新たな数学の研究に従事してはいても、私は相変わらず既存の知識に怖気づいていた。研究論文を開くたびに、最初の数行でつまずいた。私には基礎が欠けていたのである。元の論文の参照先にその基礎を求めたが、参照文献がそれより読みやすいわけではなかった。それで参照文献の参照文献をたどった。

参照文献、参照文献の参照文献、参照文献の参照文献の参照文献……きりがない。こうして1950年代の数学までさかのぼったあげく、それがすでに私には理解不能なことに気づいた。その数世代のちの私は、私には理解できない膨大な書籍とさらに膨大な研究論文の下に埋もれていたのだ。どうやって自分に独自の何かが考え出せるなどと期待できただろう？

ある日、私の研究テーマに役に立つ——とはいえ中心的ではない——主題に関する近刊が話題に上った。この本は明快でよく書けていると誰もが言うので、私も読みたいと思った。だが、1週間たっても私は3ページ目までたどり着けなかった。自信をなくした私は、友人のラファエル・ルキエに助けを求めた。ラファエルは私と同じ研究室に所属する非凡な若手数学者だった。

彼の返答は私の記憶に深く刻まれている。「しょうがないなあ、ダヴィッド！　誰も君に、数学の本は絶対に読むな、数学の本なんて読めるものじゃない、と言わなかったのか？」

あえて読まない

誰もそこまではっきりとは言わなかった。

たしかにラファエルの言い方は大げさで、数学の本を読むことは可能だ。ただ、それは自然に反することで、数学が大得意であっても驚異的な努力が必要になる。本当の数学の本（多くの人が手にしているような、ただの〝数学についての〟本ではなく）を読むことは、そのような本を書くのと同じくらい難しいのだ。

これにはきちんと理由がある。数学の本を開くと、そこにはまだ意味が理解できない言葉が並んでいる。ときには、その本でしか通用しない意味もある。本を読むには書いてある言葉を理解する必要がある。そのためには、それぞれの言葉や言葉どうしの組み合わせについて、自分の内に正しい脳内イメージを構築する必要があるだろう。これには並外れた努力が要求される。著者が本を書くために払った努力と同じくらいの努力といってよい。そのくらいの努力をすれば、著者と同じくらい主題をよく理解できるだろう。

あなたが本当にそういう本を読みたいと思っていて、時間があり、本を適切に選ぶのであれば、その努力をする価値はあるかもしれない。何カ月か熱心に取り組む覚悟をもって読みはじめてみよう。それはあなたを変身させる通過儀礼のような試練だ。私がこれまでの人生で本当に読めた数学の本は3、4冊にすぎないが、その数冊のために努力を払った甲斐はあったと思う。その経験は、魔法の薬を飲んだかのように、かつてない力を私に与えてくれた。その力はいまでも私の役に立っている。とはいえ、薬を飲み込むのはひと苦労だった。

ラファエルの言い方は大げさだったとしても、彼はたしかに正しかった。数学の本は人が読むようにはできていない。

ラファエルはただ、本を手に取る方法が私と違った。文字どおり、手をつけた場所が同じではなかったのだ。彼は私が初めて出会った、数学を怖がったことのない人だった。自分がまったく知らない主題について書かれた500ページの本を真ん中から開くことも、彼にとっては別に問題ではなかった。

ラファエルは開いた本を、バランスを取って腕にのせ、綴じ目の上部を指先で押さえた。こうすると空いた手でページをすばやくめくることができた。技法としてはかなり単純である。決して最初から始めず、見たいところから始めるのだ。これは本を読む方法ではなく、読まない方法である。

じつのところ、数学の本を手に取るときは、必ず何か思うところがある。どこかで出会った概念を理解したいとか、ある記述が正しいかどうかを確かめたいとか、それを証明する方法の見当をつけたいとかいったものだ。本当に興味があるのは138ページの定義7・4か、227ページの定理11・5か、あるいはその証明の一部だけかもしれないのだ。

ラファエルが教えてくれたのは、138ページや227ページに直行し、その時点で最も興味がある4、5行を探すということだった。その数行が依拠すると思われる大量の前置きには

〝いっさい目を向けずに〟である。

それが最もとまどう点だ。数学の本は論理的に構成されているとみなされるので、138ページや227ページを理解するには、〝理論的には〟その前の部分をすべて理解していなくてはならないはずだ。したがって、最初から順番に読むことが考えられる唯一の読書方法である。

ところが実際には、そんなふうに読むなど無理なのだ。

興味のある4、5行にはきっと謎の言葉がある。そのせいで理解できなければ、定義までさかのぼりたいと思うだろう。それならそれでいいし、必死になって理解しようと努めてもいい。

だが現実には、私たちは好き勝手にする。本をめくっているのが10秒だろうと、1時間だろうと、3カ月だろうと、たいした問題ではない。基本的な原則は、無理に順番どおりに読もうとせず、自分自身の欲求と興味に従って読むことだ。

本は私たちの役に立つためにあるのであって、その逆ではない。数学の本を「ふつうの」本のように読もうしたら、本のペースにのせられたら、本が私たちの手を取って物語を聞かせてくれるのを待っていたら、決してうまくいかないだろう。私たちは物語を聞かせてもらうために本を手に取るのではない。私たちはそんなに忍耐強くないし、はっきり言ってそんなことに興味はない。私たちが本を手にするのは、具体的な問いを抱えているからであり、理解できないことがあってそれを理解したいからである。

いずれにしても、本が私たちに話題を押しつけることがあってはいけない。質問をするのは〝私たち〟のほうなのだ。

とはいえ現実に目をつぶってはならない。興味のある4、5行を理解することは、とくにそれが本の真ん中にある場合はかなり大変だろう。理解するのに何時間もかかるかもしれない。数学の本の1ページ1ページは理解するのがとても難しい。簡単だという触れ込みの――だが実際は退屈な――前置きも、本題より理解しやすいわけではない。

結局、興味のあるページは〝私たちにとって〟最も難しくない可能性が高い。何といっても興味があるからだ。興味さえあれば理解するのは簡単だ！　それに、興味があるページなら、必然的に自分がすでに理解している何かに関連している。そうでなければ興味などもたないだろう。

欲求に従うことは、その欲求を本気で叶えるチャンスをつかむ唯一の手段である。行儀よく最初から読みはじめると、2ページ目で読む気をなくすかもしれない。

数学者ウィリアム・サーストン

誰も最初から読まない本は、数学の本以外にもある。みなさんはトースターの取扱説明書を読んだことがあるだろうか？

まずないだろう。トースターを箱から出したあと、無意識に開いたかもしれないが、本気で読んだことはないはずだ。もちろんトースターに問題が生じたときは別で、その場合は前置きを飛ばして〝まさにその時点で〟興味のあるページに直行したのではないだろうか。

数学の文献をトースターの取扱説明書にたとえるのはふざけて聞こえるかもしれないが、じつは本質を突いた見方である。これはウィリアム・サーストンが言ったことだ。

ウィリアム・サーストンは１９４６年に生まれ、２０１２年に死去した。現代の最も魅力的な数学者に数えられる。幾何学における、奥が深く並外れて独創的なその業績は、２００３年にグリゴリー・ペレルマンが達成した有名なポアンカレ予想の証明につながる重要な一歩となった。

こうした業績が評価され、サーストンは１９８２年にフィールズ賞を受賞した。フィールズ賞はアーベル賞と並んで数学で最も栄誉ある賞だ。

サーストンは20世紀最大の幾何学者に違いないが、それだけではない。その独特の思想、精神の自由さ、人間性、留まるところを知らない好奇心を一言、二言で要約するのは容易ではない。私が知るかぎり、イッセイ・ミヤケのオートクチュール・コレクションの創作に協力した一流の数学者はほかにいない。

1994年、サーストンは『アメリカ数学会紀要(Bulletin of the American Mathematical Society)』に「数学の証明と進歩について」という20ページほどの文章を発表した。数学者としての動機と研究成果につながる頭のなかのプロセスを内側から説明したものである。

サーストンはなかでも、自分がよく知っている分野の研究論文を読むときは、絶対に本気では読まないと述べている。「行間の思考」に集中するのだという。

その思考がどのようなものかはっきりすると、サーストンにとって形式主義と文章の細部は急に意味のない表面的なものに見えてくる。「私にとっては、著者が実際に書いた内容を理解しようとするより、すべてを書き直すほうが簡単」なのだそうだ。

サーストンはこう述べた。「16ページの取扱説明書が付属した新しいトースターみたいなものだ。トースターが何かわかっているなら、そして新しいトースターが過去に出会ったトースターに似ているなら、まず取扱説明書をすみずみまで読むのではなく、コンセントに差し込んできちんと動くかどうか確かめるだけでいい」

このたとえはさらに掘り下げる価値がある。

サーストンによれば、トースターが何かをすでに知っているなら取扱説明書は役に立たない。しかし、トースターとは何か見当がつかない場合、取扱説明書は本当に役立つだろうか？たしかに、なかに手を入れてはいけないことや、浴室で使ってはいけないことはわかるだろう。だが「ご使用前に必ずお読みください」という注意書きが添えられた取扱説明書は、トースターの最大の謎「これは何に使うのか」を解くにあたっては何の役にも立たない。

私の手元にトースターの取扱説明書はなかったが、掃除機の説明書は見つかった。64ページあるが、掃除機で何ができるのかは一言も書かれていない。別の言い方をすると、公式な文献だけに頼った場合、掃除機は扱いがきわめて難しい道具なのだ。〝掃除機が得意な〟人（掃除機で何ができるのかを偶然に発見したような人）がわずかにいて、残り全員は〝掃除機が苦手〟だろう。そして私たちは、その状況を宿命として受け入れるしかない。

掃除機に隠された意味は取扱説明書には書かれていない。それは口伝えの伝統によって受け継がれてきた秘密である。

掃除機にも数学理論にも当てはまるこの学習の根本的な法則は、いまだに顧みられず、軽んじられている。

人間の言語ではない言語

数学の文献は人間にわかる言語では書かれていない。だから読むのがこれほど難しいのだ。数学における公用語は、私たちがふだん話す言語のようには機能せず、そのため完璧なバイリンガルになれる人はいない。この人工の言語は、私たちが話す言語の弱さをごまかすための純粋な発明品だといえる。長い歴史における最大級の発明に違いない。

そのいちばんの特徴は、私たちが言葉を定義する方法をまったく異なるアプローチに置き換えることである。

日常生活では、自分が使う言葉をきっちり定義することはない。言葉は例から学ぶ。バナナとは何かを説明するいちばんの方法は、バナナを見せることだ。このアプローチはかなり効果的だが、どうにもならない欠点もある。ひとつが、頭のなかにしか存在しないものは「これ」と指さすことができないことだ。

本質的な部分に着目すると、数学は、指させないものについて正確に話す試みのうち、人類唯一の成功例だといえる。このことは本書の中心的なテーマのひとつなので、今後も何度か話題になるだろう。

数学の文献で最も重要な部分は定理でも証明でもなく、定義である。数学の言語は、言葉が本当の意味で〝定義された〟おもちゃのブロックのように機能する。つまりあらかじめ定義されたほかの言葉をもとに構築されるわけだ。指させないものを扱う際のすぐれたやり方である。

このアプローチを使うと、言葉の意味は完全に定義に集約される。言葉は、その定義が述べる以外の意味をいっさいもたない抽象的な鋳型にすぎなくなる。「鼻が長い」がゾウの定義に含まれるなら、鼻を切断されたゾウはその時点でゾウではなくなる。

この形式主義は、あまりに融通が利かないせいで滑稽に思えることもある。私たちはこんなふうには考えたくないし、そもそもその能力もない。ロボットとコンピュータはこうした論理で機能するが、私たちはロボットでもコンピュータでもないのだ。

これが、目に見えないものを正確に語るために払う代償である。形式主義は根本的におかしなものに思えるかもしれないが、ロボットやコンピュータの操作方法を覚えたのと同じように、その操作法を学ぶことはできる。ロボットやコンピュータにいらいらしたり、あきれたりすることはあるものの、それでも私たちは最終的にその性質に慣れ、日常的にさまざまな機器を使っている。

頭のなかのヨガ

数学を理解することは、ふつうの言語で使う言葉のように、形式主義によって定義された〝中身のない殻だけの〟言葉の扱いを学ぶことである。こうした言葉を直観的で具体的な意味で満たす方法を学ぶことだ。言葉が指すものを、それがあたかも目の前にあるかのように〝見る方法を学ぶ〟ことである。そのために必要になる特殊な技術についてはこの先の章で説明しよう。「見る」は必ずしもいちばんふさわしい言葉ではない。具体的なものがすべて目に見えるわけではないからだ。甘い味、物質の手触り、リズム、歌、なじみのある匂い、時間が経過する感覚も、具体的な経験である。

想像上の身体感覚を抽象的な概念に結びつける能力を「共感覚」という。人によっては文字がカラーで見える。1週間の曜日を自分のまわりの空間に位置する存在として捉える人もいる。共感覚はある種の精神疾患に関連するめずらしい現象だと広く信じられているが、実際は人の認知にもとづく普遍的な現象である。共感覚があるかどうかを判定するちょっとしたテストをやってみよう。「チョコレート」という文字の並びを見て、音、色、味を感じ取れるだろうか？「9億9999万9999」という記号の並びを見て、何か〝大きな〟ものがあるという印象を受けるだろうか？

共感覚を意識し、それを体系的に伸ばそうとすることはあまりないが、それは私たちの文化では必要とされていないからだ。

数学的アプローチは、共感覚能力をコントロールできるようになるために頭のなかで行うヨガのようなものである。

私の話を聞いても驚く人はいないだろう。何も目新しいことはないからだ。紙に描かれた線ではなく９億９９９９万９９９９という数がみなさんに〝見える〟ようになったのは、頭のなかのヨガをマスターしたおかげである。

子供のころにできたことは、いまでもできる。

ウィリアム・サーストンは、この「見る」技術の最大の指導者のひとりである。第10章ではサーストンに見えるようになったものをいくつか取り上げる。冗談かと思えるほど変わったものばかりだ。

サーストンから学べることはたくさんある。

人間によって、人間のために

ここで、トーストンをめぐるサーストンのコメントが大きな意味をもつ。人間が数学の文献に立ち向かうとき、重要なのは、ロボットがするように最初の行から最後の行まで読むことではない。「行間の思考」を捉えること、つまり使われている言葉と描写されている状況に直観的な意味を与えることだ。

数学の文献は、ロボットによってロボットのために書かれたのではない。人間によって、人間のために書かれている。文献に意味を与える私たちの能力がなければ、つまり「行間の思考」がなければ、数学の文献は存在していないだろう。音楽がなければ楽譜がないのとまったく同じ理屈だ。

この人間的な理解を共有するいちばんの方法は、人間どうしの直接のコミュニケーションである。〝数学をめぐる〟このコミュニケーションは〝人間の言語で〟行われる。サーストンが述べるように、室内に2人きりのときほどこの方法が効果的なことはない。

「人から人へ何かを伝える際は、数学の公用語を超えたコミュニケーション手段が使われる。身ぶり手ぶりを用い、図やグラフを描き、音をたて、ボディランゲージを用いる」

サーストンの指摘によれば、新しく重要な定理が証明されたとき、その主題の専門家どうしの私的な会話のなかであれば解法を「数分で」説明できることも珍しくないが、同じ結果を複数の専門家たちの前で発表する場合は「1時間」かかると思わなければならない。そして、結果を書いて伝えるには「15~20ページ」の論文が必要で、その論文を理解するとなると専門家でも「数時間または数日間」かかる。

数分が数日になるとは、かかる時間が500倍に増えるということだが、実際はもっとひどい。人は読む気を失うからだ。

心で理解する

数学の理解というものは、手を相手の頭の上に置くことで伝わる魔法の流体ではないが、かなり似てはいる。数学的概念を理解したければ、いちばんの近道はその概念を本当に理解している人とざっくばらんに議論することである。

数学者はそのことをよく知っている。数学者が抱えるいちばんの問題は、彼ら自身、数学を理解するのが難しいと考えていることだ。つまり、数学が苦手な人とまったく同じ問題を抱えているわけだが、数学者の場合は解決策を知っている。

私が博士課程の学生だったころ、数学の理解が進んだのは本を読んだからではなかった。私がキャリアを積み重ねるなかで達成してきたことは、ラファエルとの会話によるところが大きい。ラファエルほどすぐれた、そしてラファエルほど時間にこだわらない人とあれほど多くの時間を過ごせたことは大きな幸運だった。

ラファエルの説明が厳密だったことは一度もない。間違っていたこともある。それでも彼の説明はいつでも単純で人間的だった。意味をもたらし、意欲をかき立ててくれた。ラファエルはある定理が〝本当に意味する〟ところを説明してくれた。ある考えがどうやって生まれたか、どのようにしてそれを「心で」理解しなければいけないかを教えてくれたのだ。

何かを「心で」理解するとは、自分で直観的に納得し、それが正しい理由、そのなかで覚えておくべき〝教訓〟を言葉で表せるようになることである。数学が論理の問題でしかなかったら、このような点は重要ではないだろう。論理的推論から引き出す教訓はいっさいないからだ。

手ぶりを交えつつ「心で」説明すると、自然にあいまいな領域が残る。このような説明では、トースターが何に役立つのか、パンをどのように入れたらいいのかは語られるが、トースターの部品リストは決して提示されない。もし本当に部品リストに興味があるなら、138ページの定義7・4を読めばいいのだ。

数学界の社会構造と数学者の生き方は、彼らにとって直接の会話がいかに大切かを反映している。天文学者に望遠鏡があり、物理学者に加速器があるように、数学者にも重要な専門的ツールがある。そのツールが旅行だ。

数学者が旅行をすると、ほかの方法とは比べ物にならないほど効率的に新しい見識を広められる。数学者の旅行は往々にして長い。おしゃべりをし、コーヒーを飲み、黒板になぐり書きし、翌日になれば、目が覚めて思いついた疑問をぶつけて議論の続きを行うだけの時間がなくてはならない。斎藤恭司《さいとうきょうじ》という日本の数学者は、私の論文の「行間の思考」を理解したいと言って、たびたび京都に招いてくれた。おかげで私のほうも、彼の論文の「行間の思考」に対する理解が深まった。このような旅行は数学者人生の一部である。

得意と苦手を隔てるもの

生徒たちが無言で苦しむ教室にも、数学を簡単な言葉で説明できる数学の得意な生徒がきっといるだろう。なぜ、生徒たちは数学者のように会話をしないのだろう？

こうした状況の裏には、数学が苦手なのはもともとの素質が劣っているから、という思い込みがある。数学が苦手な生徒は、適切な質問をすることを恐れている。適切な質問とは、一見簡単に思えるがじつは根本的な質問のことだ。

教師のほうにも責任がある。教師は、数学は形式的なやり方だけに限定されるという間違ったイメージを植えつけることがある。私たちはみな、〝数学が得意な生徒〟と〝数学が苦手な生徒〟を隔てる途方もない溝の反対側には、〝すぐれた数学教師〟と〝だめな数学教師〟を隔てる途方もない溝があることを知っている。

例を挙げて説明してみよう。数学の世界では、トースターはバラバラの部品としてやってくる。各自が部品を自分の頭のなかで組み立てなければならない。だめな数学教師とは、トースターを組み立てる198のステップを唱えておしまいにする教師である。すぐれた数学教師とは、トースターとは何かを、力を尽くして説明する教師である。そういう教師は常に生徒たちの目を見る。生徒が理解したかどうかはそのまなざしを見ればわかるからだ。一方はロボットに向けて授業をし、他方は人間に向けて授業をするわけだ。

トースターを組み立てる198のステップを、トースターの存在理由すら理解していない人に押しつけるなど、あまりに横暴だ。お話を聞かせずに子供を育てるようなものだ。

とはいえ、だめな数学教師が生徒をいじめていると言うつもりはない。人間的な理解を数学教育の中心に置いていないのは、彼ら自身が受けた教育がよくなかったせいかもしれない。もしかしたら、彼らも頭のなかでトースターが見えないのかもしれない。あるいはその反対かもしれない。頭のなかでトースターがはっきり見える人は、それが誰にでも見えるわけではないことを忘れがちになる。

「ある人にとって明快なことは、ほかの人にとっては恐ろしいことに思える」とサーストンは書いている。

脳内イメージを共有するのは難しいこと、その性質が徹底的に主観的で捉えどころがないこと、私たちの言語ではそのイメージを正確に表現できないこと、私たちの直観は間違えやすいこと。以上が形式主義の考案につながった理由である。

サーストンにとってもほかの数学者にとっても、数学は言語以前の感覚的で肉体的な経験である。この経験を可能にするしくみの中心にあるのが形式主義だ。数学の本は解読不可能だが、それでも必要である。数学の本は、真の数学を、それも本当に重要な唯一の数学、つまり私たちの頭のなかにある秘密の数学を、文字によって共有できるようにする道具である。

だが、ひとつの重大な謎が残る。

人はなぜ、解読不能で読者に冷たい、トースターの取扱説明書と同じくらい無味乾燥な本を書こうという気になるのだろうか？　動機は何だろうか？　数学的創造はどのような精神状態で行われるのだろうか？

これが次の章のテーマだ。

第7章　幼い子供のように

「親愛なるセール、各種の論文と手紙を送ってくれてありがとう。こちらは相変わらずだ。ホモロジー代数のやっかいな原稿は書き終えたよ」

このような書き出しで始まるのは、アレクサンドル・グロタンディークがジャン＝ピエール・セールに宛てて書いた1956年11月13日づけの手紙である。平然とした調子に驚くだろうが、セールとグロタンディークが誰で、何について話しているのかを知ったらもっと驚くだろう。

ジャン＝ピエール・セールは20世紀最大の数学者に数えられる。経歴は受けた栄誉で測るものではないが、すべての栄誉を手にしたとなれば、やはりただごとではない。セールは1954年、史上最年少の27歳でフィールズ賞を受賞した。この最年少記録に並ぶ者はいまだにいない。フィールズ賞は40歳未満の数学者が対象の賞であり、同等の賞で数学者としてのキャ

リア全体に報いるものは、長いあいだひとつも存在しなかった。そのため、２００３年にアーベル賞が創設されたのだが、その年に選考委員会が担う責任は重かった。存命のすべての数学者のなかから、最初に受賞するにふさわしい人を選ばなければならなかったのだ。そして委員会が選んだのがセールだった。

グロタンディークは偉大な数学者どころではない。２０１４年に死去するはるか前に伝説となった人物である。

グロタンディークは、奥の深い成果や目をみはる定理を超える貢献をした、稀有な――歴史全体でもひと握りの――数学者のひとりである。数学の争点を理解するために彼が考案した方法があまりに斬新で豊饒だったため、数学の性質そのものが変わったといえるほどだ。

この点でグロタンディークは20世紀で最も偉大な数学者とみなされる——少なくとも、彼が生み出した方法が通用するあいだは。

「ホモロジー代数学のやっかいな原稿」とは、1957年に日本の学術誌、『東北数学雑誌』に掲載された「ホモロジー代数のいくつかの点について（Sur quelques points d'algèbre homologique)」という論文のことである。

グロタンディークは、この論文をきっかけとして、のちに彼に名声をもたらすテーマに本格的に取り組むようになる。当時、彼はセールの影響を受けて代数幾何学の研究を始めたばかりだった。2人の若手数学者が数学を介して育んだ友情は、歴史上でも例がないほど実り多いものとなった。グロタンディークはのちに代数幾何学との出会いについて、「突然、あり余る豊かさに恵まれた『約束の地』のような場所に来た」気がしたと述べている。

この約束の地を書き表すのに、グロタンディークは15年の歳月を費やすことになる。書くことは彼の方法論の中心にあった。「数学に取り組むとは、何よりも〝書く〟ことである」と言うまでになるのだ。

執筆にかける多大な情熱のために、セールに宛てた手紙はどこまでも謎めいたものになった。この「やっかいな原稿」はこの約束の地におけるグロタンディークの最初の旅行記にすぎず、1年以上前から取り組んでいた論文を書き終えたというのに、そこまでの感慨はなかったようだ。それで手紙に「こちらは相変わらずだ」などと書いている。

グロタンディークはこの一言で歴史的な論文が完成したところだと告げた。冗談だろうか？　そうではないだろう。セールは２０１８年のインタビューで、グロタンディークがほかの人と異なる点のひとつは「決定的にユーモアが欠けていること」だと話した。「彼がジョークを言うのを聞いたことはない。数学に関しても、冗談が通じなかった」

この矛盾して見える状況の背後には、数学研究の性質をめぐる本質的な真理が隠されている。グロタンディークの超然として冷静な態度は理解できないように思えるかもしれないが、彼の知的アプローチについてさらに知れば、このすべてが一貫していることに気づくだろう。

お粗末な冗談

アインシュタインが誰なのかを知らない人はいないが、グロタンディークを知る人はそれほど多くない。

このふたりを比べるのは非常識なことではない。アインシュタインは、物理学者が空間と時間について抱く考えを一変させた。グロタンディークは、数学者が空間の概念について抱く考えを一変させた。彼は点の概念すらつくりかえ、真理の概念に対して幾何学的視点を提示するまでに至ったのだ。

一部の数学者は、アインシュタインとの比較は不公平だとさえ考える。彼らによれば、アインシュタインの仕事は美しくエレガントで、輝かしくみごとだ。非常にすぐれた人の仕事である。一方でグロタンディークの仕事は、並外れていて常軌を逸し、崇高で途方もない。人間の仕事ではありえないのだという。グロタンディークの見解は理解しやすいとはいえないが、少しでも理解すると、そんな発想が浮かぶなんて信じられないと思うのだ。

ジャン＝ピエール・セール自身もグロタンディークの業績については、自分が同じことをしようとしても「とてつもない力が必要だ」から無理だっただろう、と言ってはばからない。グロタンディークについて話すセールは彼の「頭脳の力」に触れ、その超人的な力をこう描写する。「物理的にも知的にも並外れていた。これほどの力をもつ人には会ったことがない。非常に高い知能を備える人は知っているが、グロタンディークの場合は動物的な力だ」

グロタンディーク自身はこれに同意せず、自分がほかの人より才能に恵まれているとは思っていない。彼の抜きんでた独創性は頭脳から生まれるわけではないのだ。

「この能力は、決して並外れた〝才能〟、つまり（いわゆる）抜きんでた頭脳の力の特権ではない。［中略］このような才能は、（私のように）生まれつきその才能に恵まれていない者にとってはたしかに貴重で、うらやむべきものだ」

グロタンディークはまったく別の説明もしている。「研究者の独創性と想像力の質を決めるのは、ものごとの声に耳を傾ける注意力の質だ」

第1章の冒頭における私たちの出発点、アインシュタインの言葉そのものに再会したのかと思ってしまう。「私には特別な才能などいっさいない。ものすごく好奇心が強いだけだ」のことである。

しかし、グロタンディークはさらにその先へ進む。彼は、誰も自分の言葉を信じようとしないことを知っている。このような発言は決して本気にされないからだ。

「こういう発言をすれば、自分は愚かだと確信している最も愚かな人から、自分は一般人よりはるかにすぐれていると確信している最も賢い人まで、あらゆる人からとまどいと了解が入り混じったような微笑みを返される。いささかお粗末な冗談ですね、とでも言うように」

アインシュタインはユーモアに富むことで有名だった。だがグロタンディークについては安心できる。彼は決して冗談を言わないのだ。

残念ながら、アインシュタインとの例の対話は実現しなかった。独創性の秘訣を聞き出せるような対話、私たちの問いに答え、〝本当のところはどのようにしているのか〟の詳細に踏み込むような対話のことである。

グロタンディークのほうは、この主題について1000ページを超える文章を書き、数学に取り組んでいる際に自分の頭のなかで起こっていることを詳しく描写した。頭のなかで適切なイメージを浮かべられなければ、いくら単純でも数学の文献は少しも読めないと白状し、また、学会発表もいつも速く進みすぎるからついていけないと白状している。だが同時に、何も理解できないという感覚をうまくやり過ごす方法も説明する。とりわけ、そのような状況で正確にはどこに喜びを見出せるのかを詳しく説明してくれている。

この驚くべき物語のタイトルは『収穫と蒔いた種と』〔邦訳は現代数学社、1989年〕である。原稿は長いあいだ未刊のままで、35年以上にわたって非公式に流通していたが、フランスでは2021年にようやくある出版社が刊行を決めた。

謎めいた思考

「私の仕事を導き、支配するもの、仕事の真髄であり存在理由であるものは、数学的なものごとの実体を理解しようとする過程で形づくられる脳内イメージである」

「数学の文献についてはそれが取るに足らないものであれ単純化されたものであれ、数学的なものごとをめぐる自分の体験という形でその文献に〝意味〟を与えられないかぎり、つまりその文献が私の内に脳内イメージ、あるいはその文献に命を吹き込む直観をもたらさないかぎり、文献を読むことができなかった」

以上は、ここで引用するほかの文章と同様、『収穫と蒔いた種と』から引用した。グロタンディークの話は予言的な響きをもつ長いモノローグで、魅力的ではあるが読んでいて面食らう。ぜひ読むように、とは勧められない。先に本気で忠告しておく必要がある。それは奇怪で長くて難解な、まばゆくも混乱した文章で、メタファーとアレゴリーにあふれ、ページ下部に散りばめられた註と参照にはさらに註と参照がついている。数百ページにわたって個人的な恨みと根拠のない非難に脱線し、正直いって読めたものではない。

これは、その道に通じた人だけが読む文章で、そのような人でも最後まで読むのは苦労する。それでも、『収穫と蒔いた種と』は数学的体験について書かれたなかで最も驚異的な証言だということで意見は一致している。数学者の友人の多くと同様、私も同書のなかにまばゆいほど明快で的確な一節をいくつも見つけた。

一度ならず、読むのを中断してこう思ったものだ。「彼の言うとおりだ。まさにそう。秘密というのは本当にこうなんだ。頭のなかではまさにこんなことが起こっている。本当に、この頭のなかのごく簡単な動作、単純に見えるが誰も実践しようとしない動作を行うことで、人は数学が大得意になるんだ。これほど重要な内容を読んだのは初めてだな。グロタンディークが語る内容をみんなに説明できるようにならなければ」

とはいえ、グロタンディークの思考がそのままの状態ではあまりにも謎めいていて、専門家の狭い輪の外では聞くに堪えないことはわかっている。

結局はアインシュタインの問題と少し似ている。私たちには、率直かつ直接に話し合う可能性、単純な質問ができる可能性はない。たしかにグロタンディークはアインシュタインよりも前進した。驚くべき詳細を伝えてくれたが、彼の証言を解読するには、それを私たちの具体的な経験に結びつける必要がある。『収穫と蒔いた種と』は洞察に富むが不可解な文章で、著者は極端に孤立した人物であるうえ、書かれた時代も早すぎた。当時はこのメッセージを受け取る準備がまだできていなかったのだ。

私が読んで個人的に印象に残った部分、私自身の経験に響いた部分をみなさんと共有する前に、グロタンディークの人生とその並外れた人間性について、もう少し詳しく話しておこう。

数学者グロタンディーク

アレクサンドル・グロタンディークは1928年にベルリンで生まれた。両親はアナキストとして活動し、ナチスを逃れて亡命を余儀なくされる。1933年、5歳で母からハンブルクのルター派牧師、ヴィルヘルム・ヘイドルンの一家に託された。

この日まで、グロタンディークは両親のアナキズムに影響されたかなり独特な教育を受けていたようだ。養母のダグマー・ヘイドルンは、引き取ったときの彼は野生児で汚く、行動に何のためらいも見られなかったと書き記している。生母のハンカ・グロタンディークは息子を託す際、決して学校に行かせず、髪の毛を切らないようにと頼んでいた。

ヘイドルン夫妻は、グロタンディークの髪の毛を切って学校に行かせた。それは彼の生涯で唯一平和で「まともな」時代だったかもしれない。ヘイドルン家とは生涯にわたって特別なつながりを保つことになる。

１９３９年４月、（ユダヤ人の父をもつ）グロタンディークの身の安全を案じたヘイドルン夫妻は彼をパリ行きの列車に乗せ、同地に亡命していた両親に合流させた。直後に捕らえられた父親は、１９４２

年にアウシュヴィッツで亡くなる。1940年以降、グロタンディークと母は南フランスの歓迎されない亡命者のための収容所で暮らした。

グロタンディークに数学への関心が芽生えてからは、ハリウッド映画のお決まりのストーリーにも似た展開となった。戦後のフランスで、無国籍者の母と息子は家政婦の仕事と、ぶどうの収穫作業から得る収入で細々と暮らしている。若き学生は教師のひとりに見出され、推薦状を書いてもらう。1948年、20歳でパリに赴き、当時の偉大な数学者の何人かに出会う。

そのうちのひとりが自分の最新の研究論文を差し出して読むように言う。その末尾には、未解決の重要な問題14問がリストになっていた。意欲的な学生が博士論文に適した主題を選ぶためのリストみたいなものである。問題をひとつ選び、3年かけてじっくり考え、指導教官の手を借り、問題が半分解けて皆が満足する、というのがよくあるパターンだ。グロタンディークは問題にひとりで取り組み、数カ月後にふたたびやってくる。14問すべての解答とともに。

1970年までに、グロタンディークは無名の亡命者から、世界的な学問を極めた、最も偉大で最も力のある研究者へと変貌をとげる。その力強い仕事ぶりには驚くばかりだ。彼を中心としてある研究機関が創設され、1966年にはフィールズ賞を受賞するが、彼の功績においては些末なエピソードにすぎない。グロタンディークとその教え子たちは、代数幾何学の再構築という現実離れした途方もない作業にとりかかった。その遺産は、今日の数学の少なからぬ部分に役立っている。

ところが1970年、42歳のグロタンディークは研究者としてのキャリアを突然中断する。彼を中心として創設された研究機関を辞職し、政治活動と急進的な環境保護活動に身を捧げる人生の新たな時期に足を踏み入れるのだ。

『収穫と蒔いた種と』が執筆されるのは、この断絶から14年後の1980年代半ばである。自らの重要なメッセージを一般大衆に向けて記そうと考えたのだ。だが2010年の手紙で、それが完全にはうまくいかなかったことを認める。「自分の数学者人生に対するこの考察と証言は、たしかに読みづらいが、私にとっては大きな意味がある」

1991年から死去する2014年まで、グロタンディークは世間から身を引く。ピレネー山脈の麓、アリエージュ県のラセール村に隠遁し、瞑想をしつつ、極端に孤独で禁欲的な生活を送る。タンポポのスープだけを食べて生きようとさえ試みている。

グロタンディークは決して書くことをやめなかった。死後には数学、哲学、神秘主義に関する膨大な文章が残された。そのなかには、3万ページにわたる「悪の問題」を扱った考察らしきものが含まれる。

数学的体験と狂気の体験が似通っているという点について、見て見ぬふりはできない。この主題は第17章で取り上げよう。

内なる子供の独創性

「発見は子供の特技である。ここで言いたいのは幼い子供のことだ。間違える、ばかに見える、まじめに見えない、みんなと同じようにしない、といったことをまだ恐れない子供だ。このような子供は、見つめている対象が期待を裏切るものであっても怖がらない」

『収穫と蒔いた種と』のこのくだりは、すでに100回は聞いた陳腐な表現と同じように響き、しかも明らかに間違っている。幼い子供は偉大な学者ではない。たとえそれが本当でも、何になるというのだろう？　私たちが幼い子供に戻ることはもうないのだ。

しかし、グロタンディークはメタファーを使って表現している。「私たちの内に」いる子供、「かつての私たちとつながっていた」子供のことを言いたいのだ。同書の冒頭で、彼は思いがけない言葉を用いて読者に直接こう語りかける。「私が話したい相手は、あなたの内にひとりでいられる存在、つまり子供であって、ほかの誰でもない」

グロタンディークは、自分の並外れた独創性は、自身の内にいる子供との親密さから生じるものだと考えていた。「理由はまだ探ろうとしていないが、私のなかには何か無垢なものが生き残っている」

彼はこれを「孤独の才能」、「子供の遊びに熱中して、ひとりでものごとに耳を傾ける」能力と描写する。

「探して見つける、つまり問うて耳を傾けることは、世界で最も単純で自発的な行為であり、世界中の誰もこの点で特別扱いはされていない。誰もが生まれながらに授かっている〝才能〟である」

グロタンディークとその奇怪さ、風変わりなやり方、妙なこだわりはさておき、ここはがんばって掘り下げなければならない。それを話してくれるのはもう彼しかいないのだ。

『収穫と蒔いた種と』はヨガの手引書に似ており、ある意味ではヨガの手引書そのものである。同書はメタファーや個人的なエピソードを背景に、身体を維持する独自の方法、細かい心理的態度、言語と真理の問題に対する変わったかかわりを記述する。

グロタンディークは独自の瞑想法を考案した偉大なヨガの行者である。手法の中心は徹底的な好奇心と評価への無関心、つまり〝幼い子供の姿勢〟と呼べるものを追い求めることだ。

どんな数学者もこうした手法を開発するが、それを意識することはまれで、説明できることもめったにない。ところが、グロタンディークはその手法の取扱説明書を与えてくれる。

この心理的な姿勢が彼の仕事のやり方の中心を占めることは間違いない。内容を大雑把にいうと次のようになる。

あてずっぽうに始めてみる

まるで理解できない主題について書かれた数学の本を開くことは、旅客機の操縦席や原子力発電所の制御盤の前に座るのに似ている。目の前にはたくさんのボタンやダイヤルがあるが、それに触ると何が起こるのかは皆目見当がつかないし、ばかなことはしでかしたくない。理解できればとは思うが、理解できない。当然の反応はおとなしく座っていること、とりわけ何にも触らないことだ。触るならその前に調査・検討しなければならない。

しかし、2歳の子供を操縦席に座らせたら、別の反応を示すだろう。赤いボタンと光っているボタンから始めてあらゆるボタンに触るのだ。

グロタンディークが勧めるのは、2歳の子供のようにふるまうことだ。何かを理解したいなら、幼い子供がするように、ややこしく考えずにチャンスを試す。子供は理解できてから手を出そうなどとは考えない。深く考えず、あてずっぽうに始める。

「私は、数学でもほかのことでも何かを知りたいと思ったら、それについて尋ねる。自分の質問はくだらないかもしれない、どんなふうに見えるだろうかなどと心配したりせず、質問をじっくり吟味したりもせずに尋ねる」

「質問は主張の形をとることが多い。じつは探りを入れるための主張なのだが。私は自分の主張をだいたい信じている」

「とくに探求を始めたばかりのころは、主張が思い切り間違っていることも多い――といっても、納得できるためにはそうしなければならなかったのだが」

それにしても、〝ものごとについて尋ねる〟〝質問する〟〝探りを入れる〟という表現で彼は何を言いたいのか？　それを理解しなくてはならない。

同書全体を通して、グロタンディークは数学の研究を具体的な身体活動の連続として描写する。しかし〝ものごとについて尋ねる〟とは正確にはどういうことだろうか？　私がものごとについて尋ねたい場合、どう手をつければよいのか？　よく見るとこの表現は謎めいており、やはりグロタンディークが使うよく似た表現、〝ものごとの声に耳を傾ける〟と同じくらいよくわからない。

この文脈でいえば、「数学的なものごと」とは何か？　どこでそういうものごとに遭遇できるのか？　どういうかかわり方をすればよいのか？

グロタンディークは、そうしたことについてはいっさい説明していない。数学的なものごとと対話することに慣れているあまり、彼自身そのやり方を学ばなければならなかったことを忘れているからだろう。

数学的なものごとは、数学者でない人が数学的〝概念〟または数学的〝抽象概念〟と呼ぶものである。数、集合、空間、さまざまな幾何学的図形、あるいは別の抽象的構造などのことだ。数学者はこれを幾何学的〝対象〟と呼びたがる。こうしたものごとを手で触れられる具体的な対象として思い描くと理解しやすくなるからである。

「ものごとについて尋ねる」、「ものごとの声に耳を傾ける」とは、夢を思い出そうとするときのように、ものごとを思い描き、そこから生まれる脳内イメージを吟味し、安定した明確なものにし、その細部をさらに明らかにしようとするという意味だ。

間違えることの喜び

このアプローチは具体的な用語に置き換える必要がある。『収穫と蒔いた種と』の言語はイメージや比喩に満ちているため、不明瞭なのはわざとではないかと思ってしまう。

だが、この印象は誤りである。グロタンディークは明快であろうと努力している。謎めいた言葉づかいは、実際的な問題を解決するのに役立っている。同書では、頭のなかで行う動作と私たちが操作する脳内イメージが語られるが、私たちの言語には適切な言葉がない。こうした動作とイメージを簡潔に語るための用語はいっさい存在しないのだ。それに私たちにはそれを語る権利がある、とわざわざ教えてくれた人はいなかった。

幼い子供の姿勢はアレゴリーではなく、精神的態度そのものである。

この基本原則は単純だが革命的である。ほとんど誰もこのように考えないのは、それがあまりにも単純で、直観に反するからである。だが、まさにこのような考え方が、まったくの初心者や数学が苦手だと自認する人たちを含む数学のあらゆる学習レベルにおいて、すべてを変える可能性を秘めている。

新たな数学的概念を見つけても、それを想像するのは難しい。それは抽象概念、紙に書かれた言葉の連なり、教師が話す言葉という形で現れるが、こうした言葉の連なりは私たちにとって何の意味ももたない。聞いても何も思い浮かばないのだ。

一般に学生は、まだ理解していない数学的対象を思い描くのはいけないことだと感じるものだ。思い浮かべる前にもっとよく知らなければ、と思う。それまでのあいだは解読することにとどめるが、何も理解できないので頭が痛くなる。それでも、がんばれば最も重要な情報を集めることができるし、その情報を覚えようとすれば最終的には理解できるようになるかもしれない、と考える。だが、この方法では絶対にうまくいかない。

グロタンディークは別のやり方をとる。彼は見えないものごとに関する情報を蓄積しても何にもならないことを知っている。その代わり、すぐにものごとを思い描いてもいいことにする。

当然できないだろうとわかっていても、思い描く方法がひどく間違っているとわかっていてもかまわない。

グロタンディークは間違いを少しも恐れない。自分が間違えることを確信しているし、それどころか間違えることをまさに求めているのだ。

グロタンディークは、幼い子供がどんないたずらをしようかと嬉々として探すように、積極的に誤りを追求する。数学的世界の発見において、何か奇妙なことや興味をそそること、不明なことや満足できないこと、つじつまが合わないことや気に入らないことを見つけるたびに、その方向に掘り下げていく。

自分の世界観のなかで何かがしっくりこないと、自分の内に不快感がつのる。掘り下げるのはその不快感の源を見つけるためだ。それが不快感を鎮める唯一の方法だからである。誤りを見つけることが喜びと安らぎの源なのだ。

「誤りの発見は決定的な瞬間であり、数学の研究であれ自己発見の取り組みであれ、誰にとってもあらゆる発見の取り組みにおける創造的な瞬間である。探求の対象に対する知識が突然改まる瞬間なのだ」

グロタンディークの誤りに関する記述は、学術の領域を大きく超えて普遍的な広がりをもつ。次のフレーズを見たら、学校の正面扉の上に刻みたいと思うのではないだろうか。

「誤りを恐れることと真理を恐れることは同一である。間違えることを恐れる者は発見できない。間違えることを恐れるときにこそ、自分の内にある誤りが岩のように確固たるものになる」

ほとんど知られていないが、数学における主な壁は心理的なものである。これは最初だけでなく、高度な専門レベルまでの長い道のり全体を通していえることだ。子供時代を終えると、誰でもばかに見られることを恐れ、誤りを恥ずかしいと思うようになる。自分がほとんど何も理解できないという事実を、自分自身の目を含めて偽ることを覚える。数学の力を伸ばすには、この偽るという反応が起こらないようにしなければならないが、それはとても難しい。

同じくだらない質問を１００回続けてするなど、まだ自由にくだらない質問ができた年頃には、数学が苦手な子供はいなかった。偉大な数学者は、この子供らしい無邪気さを取り戻すための特別な手法を考え出して利用する。それが不可欠なのだと誰もがいう。この点については第13章で改めて取り上げよう。

脳はやわらかく変化する

グロタンディークがいう「私たちの内にある誤り」は、論理とは何の関係もない。計算間違いでも推論の誤りでもない。彼がいう誤りとは、直観の誤り、ビジョンの誤りである。つまりものごとからつくりあげるイメージが正しくないのだ。

この本全体を通して見ていくように、数学的理解の重点はものごとの表現方法を少しずつ修正できるようになること、より明快で正確、かつ現実と一致したものにすることである。

右脳と左脳は働きが異なるという話がある。それによると、左脳は論理的推論と計算に特化し、右脳は連想や直観にもとづく推論に長けているという。

あきれた話だ。人体に対する根拠のないこのような解釈は1960年代に生まれたもので、その後は信用されていない。事実、右脳と左脳はよく似ており、非常に深いレベルでの機能は連想と直観にもとづく。論理的に世界を理解できる臓器は存在しない。そのような臓器をあてにして数学の力を伸ばそうとするなら、いつまでたっても実現しないだろう。

人間のすばらしい学習・発明能力の源は脳の可塑性にある。脳の可塑性とは、文字どおりにも比喩的にも脳と思考の構造そのものであるイメージと感覚の組み合わせによって、組織をたえず再構成する無意識の能力である。

生涯における重要な学習には、いつでも脳の可塑性がかかわっている。そこでは誤りが根本的な役割を演じる。誤りが柔らかさの原動力なのだ。見る、歩く、スプーンを使う、靴ひもを結ぶ、話す、読む、書く、といった動作の学習は、どれも脳を再構成することである。これは一度でできるものではない。子供は試して失敗しないかぎり、歩けるようにはならない。立っていられるようになるためには、転ぶ必要がある。誤りを積み重ねることによって、しだいに平衡感覚を発達させるのだ。

あらゆる精神運動の学習と同様、新たな数学的概念の学習は直観の再構成を経て行われ、そのためには試行錯誤が必要となる。グロタンディークがいう誤りの役割を歩行の文脈に置き換えると、意味がはっきりする。

「転倒を恐れることと歩行を恐れることは同一である。転んでけがをすることを恐れる者は歩けるようにならない。座り込んでいるときにこそ、最初のしくじりが精神運動障害になる」

論理の役割

脳内イメージの世界では、物理の法則は通用しない。つじつまが合わないものも含め、何を想像してもけがはしない。私たちの内にある誤りは、無意識のうちに岩のように確固たるものになる。

私たちが直観を利用するふだんのやり方と数学的アプローチが異なるのは、まさにこの部分である。数学者は私たちの内にある誤りを見つける方法を考え出した。この方法は書くことを、厳密にいえば形式主義を中心に構築された数学の公用語を使用して書くことをもとにしている。

論理は思考の役には立たないが、どこで思考が間違っているかを見つけるのには役立つ。

グロタンディークが理解したい対象について尋ねるために「探りを入れる」場合、答えをくれるのは書くことである。

「書く前は明快ではなく、気持ちが悪いあいまいな部分があるのに、たいていは書いてみれば一日で間違いだとわかる」

「これで、無知をひとつ分減らしてやり直すことができ、問いと主張の〝的外れ〟ぶりが多少ましになるかもしれない」

実験を終えた〝あとに〟論文を執筆する生物学者とは異なり、数学者は研究の〝真っ最中に〟執筆する。書くことこそが研究だからである。この点についてグロタンディークは次のように述べる。

「書くことの役割は研究結果を記録することではなく、研究プロセスそのものである」

「私は、いつも手間を惜しまずに、このイメージとそこから得られる理解を、数学の言語を使って、できるだけ細かいところまで明確にしようとしてきた」

「表現されていないものを表現し、まだ不明瞭なものを明確にするというこの継続的な努力には、おそらく数学研究に（おそらくすべての知的創造活動にも）特有の活力がある」

数学について書くことは、生きた（しかし不明瞭で不安定で非言語的な）直観を、明確で安定した（しかし化石同然に死んだ）文章に書き換える仕事である。

あるいは、直観が最初から明確で正しければ、それを書き換えるだけの作業かもしれないが、直観が最初から明確で正しいことは絶対にない。初めは不明瞭で間違っているうえ、いつまで経っても多少不明瞭で間違ったままである。書く作業を進めるに従い、直観は少しずつ明確で正しいものになるが、このプロセスは漸進的で時間がかかる。

数学的創造は、（ものごとが見えるようになる）想像の努力と（見えたものを言葉にする）言語化の努力を絶え間なく行ったり来たりすることである。

このプロセスによって私たちの直観と言語は同時に修正される。見ることを学ぶと同時に話すことを学ぶ。新たなものごとを見る方法を学び、それに名前をつけるための言語を考案する。グロタンディークによれば、したがってこの新たな言語は「触れることのできないもの、やの見かけ上は何もない状態を超えたところで凝縮させる必要がある」。

この仕事の結果は2つの形をとる。第一の形は目に見えない。その仕事をした人の世界の理解と意識状態の修正である。そして第二の形は数学の文献だ。

グロタンディークは、この第二の形、つまり「言語の側面」が目に見えて共有できる唯一の結果だと知っている。とはいえ、それが彼のアプローチの動機ではない。グロタンディークにとって、「数学的なものごとの理解の本質は、この側面にあるのではない」。

書く努力を払うことで、グロタンディークは自身の直観を発達させることができる。見解が明確になったら、自分の論文をまるでトースターの取扱説明書でもあるかのように超然として眺めるのだ。

なぜ平然としていたのか

次の章では、数学の言語のこれほど特殊な働きが、どのようにして頭の中身を明確にするすばらしい道具になるのかを説明しよう。

だが、その前にこの章を終えるにあたって、出発点となった謎に立ち戻っておきたい。１９５６年11月13日づけで、当時28歳の若きグロタンディークが「やっかいな原稿」を書き終えたとセールに告げた手紙が、なぜあんなに平然とした調子だったのか、という謎だ。

それより17カ月前の１９５５年６月、グロタンディークはセールに手紙を書いて初期の覚書を披露した。そのころは発見の最初の段階にあったため、手紙の調子は熱を帯びている。グロタンディークは探りを入れ、大きな誤りを犯し、すばやく進む。当時の彼はまだ覚書の一部を、「ふざけたことを言っているかもしれない」「産み落とされる前の卵」と呼んでいる。

翌年、グロタンディークは卵を抱く。卵が孵るのを眺め、そこから出てきた奇妙な生き物にえさを与える。原稿が長くなり、形が整うにつれて、セールとグロタンディークが論文について語る調子はいっそう平然としたものになっていき、しまいには原稿に「ディプロドクス」というあだ名をつけるまでになる。

壮大な構想は整った。発見の喜び、つまりついに理解できたという喜びはすでに薄れつつある。驚きもあまりない。それはもはや、仕上げと技術的な細部の作業、数学の公用語のお役所的ともいえる要件に合わせる作業でしかない。

執筆の最終段階の数カ月、書くことは苦難になる。グロタンディークは誰が自分のやっかいなディプロドクスを発表してくれるだろうかと心配する。彼は「洪水のような論文でもうんざりしなさそう」だからという理由で日本の学術誌『東北数学雑誌』を選んだ。

1956年11月13日の手紙で、グロタンディークは謝罪すらしている。彼はモンスターを生み出したが、ほかに選択肢がなかったのだ。「それは私にとって、大いに粘った結果としてものごとがどう機能するかを理解する唯一の方法だ」

第８章　イメージを明確にすること

私たちが決して本気で読まない本の仲間には、数学の本とトースターの取扱説明書だけでなく辞書があることも忘れてはならない。

私は子供のころ辞書に夢中だった。辞書は、ひとつひとつの言葉をほかの言葉を使って定義することを約束する。だが、この約束は守られるのだろうか？　辞書は本当に言語の発見への扉を開くのに役立つだろうか？　ゼロから言葉を学びたいときはどのページから始めればよいのか？

〝バナナ〟が何かを知らなかったら、辞書はそれが「バナナの木になる食用の細長い果実。初めは緑色だが熟すと黄色くなって黒い斑点が現れ、果肉は粉っぽい食感になる」と教えてくれるだろう。だが、〝バナナの木〟とはなんだろう？　それは「バショウ科の単子葉植物で高木性の草本。その果実がバナナである」と定義される。

間違ってはいないが、食指が動かない。定義は異様にひねくれていて複雑で、何よりも循環定義になっている。バナナは、果実としてバナナをつけるバナナの木の果実なのだ。それなら、難解な専門用語を省いてバナナはバナナであるとストレートにいっても（それがいちばん伝えたいメッセージなら）同じことだ。

凝った文章を使っても、バナナを知らない人にそれが何かを説明することはできない。私たちがバナナについて思うことを率直に反映する、最も単純で正直な定義は、やはり子供に言う「食べてごらん、おいしいよ！」という説明だ。

辞書には循環定義があふれている。

〝熱さ〟とは何か？「熱いものの性質、熱い物体が生み出す感覚」。〝熱い〟とは？「温度がふつうを上回ること、温度が高いこと」。〝温度〟とは？「物体や環境の熱さや冷たさの程度」

〝真理〟とは何か？「本当であるものの特質」。〝本当〟は？「真理に一致すること」。

論理面では、辞書は自転車操業《ポンジ・スキーム》である。バナナや熱さや真理が何なのかを学ぶうえで本当に辞書をあてにしていたら、辞書のいんちきはずいぶん前に告発されていただろう。

しかし、私たちはそんなことはしていない。私たちのアプローチは論理的ではなく、定義をもとに言葉を学ぶわけではないのだ。言語は段階的に浸透し、徐々に明快になっていくことで理解できる。人間の脳には、名前のわからないものを思い浮かべ、意味が理解できなくても言葉を認識し、その言葉と見えているものを徐々に結びつけていく能力がある。

私たちは文字どおりゼロから出発する。辞書から出発するのではない。私たちは実生活から、つまり他者と分かち合う共通の経験から出発するのだ。

新たなイメージをつくる

数学の定義は、ほんの少し違うとはいえ辞書の定義に似ている。どちらも本当の意味で定義するのだ。

辞書とは異なり、数学の文献はすでに存在する言葉どうしを結びつけるだけには留まらず、対象も指させるものや同じ経験を共有するものに限定されない。

数学的定義は注釈でも説明でもない。新たな脳内イメージを組み立てるための手引書であり、そのイメージを指すものとして選んだ新しい言葉の出生証書である（実際には、すでに存在する言葉に新たな意味を与えて再利用することも多い。この場合、新たな意味はふだんの言語における元の意味とは直接関係がないこともある）。

この意味で、数学的定義には創造力がある。ものごとを存在させる力があるのだ。ここまで大げさに言うと滑稽に聞こえるかもしれないが、それでもこの点が重要である。自分には見える何かがほかの人にはまだ見えない場合、それを相手と共有するには、相手の頭のなかにそれを登場させる必要がある。

アプローチは単純である。相手にすでに見えるものから出発して、新たなものを頭のなかで〝構築〟し、それが徐々に見えるようになる方法を説明するのだ。

靴ひもの結び方を説明できるか

理論的には、誰でも数学の文献を読めるはずである。辞書とは異なり、数学の文献に循環定義は含まれていない。暗黙の知識はいっさい必要なく、そこに書かれていない知識が必要になるたびに、読者はまだ知らない言葉の定義が見つかる先行文献を参照するよう指示される。指示が明快で、かつすべての詳細が与えられれば、すんなり理解できるはずだ。

しかし実際は、数学の文献を執筆しようとすると最初の数行で巨大な問題に突き当たる。言葉で脳内イメージを説明するのは恐ろしく難しいのだ。

「私の考え方をほかの人に伝えられる何かに置き換えようとすると、その膨張率は途方もないことがある」と、サーストンは指摘する。

結果は往々にしてわかりにくい。サーストンが「途方もない膨張率」というのは、2、3倍の長さになるという意味ではない。自分には自明だと思える内容を文字で書き表すと、自分の頭のなかの要約より10倍、１００倍、１０００倍長くなりうるという意味である。しかも、決して書く気にならない山ほどの細部が必ず残されている。

サーストンが描写する現象は高度な研究に限ったことではない。ごく単純な脳内イメージでも、それを忠実に置き換えようとするなり現れる現象である。

ひとつのイメージは１０００語に相当し、頭のなかだけに存在するイメージについても残念ながら同じことである。

この点を理解するための最初の練習として、おなじみの例をもう一度取り上げてみよう。みなさんは、靴ひもを結ぶ動作を思い浮かべるのにどのくらいの時間がかかるだろうか？　2秒？　3秒だろうか？　今度は紙と鉛筆を使って、まったくの初心者でも指示に従えば同じ結果にたどり着けるように、動作の内容を正確に描写してみよう。最も難しい練習では言葉しか使えない。だが、図を使った簡単な練習でさえかなり難しい。

この難しさを認識すると、基本的な、しかも大きな心の支えとなってくれる事実が理解できる。数学の文献は恐ろしく複雑に見えるかもしれないが、じつはごく単純な見解しか示していないということだ。

数学の文献を怖がる理由はまったくない。サーストンがいう〝行間〟は、読むことが可能なだけでなく、文章そのものよりもはるかに容易に理解できる。しかし、この単純な理解に進む前に（あなたが適切な脳内イメージをもっていない場合はとくに）、試行錯誤が必要になるだろう。

イメージを明確にする技術

靴ひもの結び方を説明するための言葉が見つけられなかったり、あるいはそもそも試したいと思わなかったり、途中で投げ出したりしても、別に驚くにはあたらない。数学を書き表す、つまりほかの人が捉えて再現できるように自分の脳内イメージを明快かつ精緻に書き換える技術は、きわめて高度な技術である。

この置き換えが難しいのは、脳内イメージが自分で思うよりもずっと不明瞭だからだ。きちんと結ばれた靴ひもがひとりでにほどけたりしないのはなぜだろうか？　わからないとしたら、それは靴ひもがどう結ばれているかが本当にはわかっていないからだ。

グロタンディークが説明するように、数学を書き表す仕事は、実際には考えの明確化と言語の精緻化という二重の作業である。それは精神運動の微妙な協調を図ることであり、究めるには何年間もかけて訓練しなければならない。だが幸い、この訓練には誰でも取りかかることができ、必要な手段が得られれば生涯にわたって上達できる。

数学を書き表す方法を学ぶことは、イメージを明確にする方法を学ぶことだ。この技術を学ばないのはもったいない。

数学を書き表すと、数学がこれほど奇妙な形式主義に則って、さながらロボットのための言語で書かれている理由も理解できる。実際、こういうふうにしか書けないのだ。

それを確認するために、おなじみの例をもうひとつ取り上げよう。小さいころに発見した形の概念である。試しに、あなたが形の概念を発見した文字どおり最初の人になった世界を想像してみよう。星型と四角を区別し、ブロックを正しい穴に入れる方法をどうやって言葉で説明すればいいだろうか?

忍耐ゲーム

この想像上の世界では視覚文化が乏しいため、〝形のゲーム〟は〝忍耐ゲーム〟と呼ばれる。何時間も行きあたりばったりに試行錯誤する以外、解決法がないからである。

幾何学的言語は存在しない。つまり「丸」「四角」「三角」といった言葉はまだない。「ハート」という言葉はあるが、胸部で鼓動するものを指すだけだ。あなたがこの言葉を忍耐ゲームのピースのひとつを指すために使っても、誰にも理解してもらえない。「星」という言葉についても同じだ。星は空に輝いているが、忍耐ゲームとのつながりは誰にもわからない。問題は星の角が5つなのか6つなのか、7つなのか8つなのかどころではない。そもそも星に〝角〟があるという考えはどこから出てくるのか？　どういう意味なのだろうか？

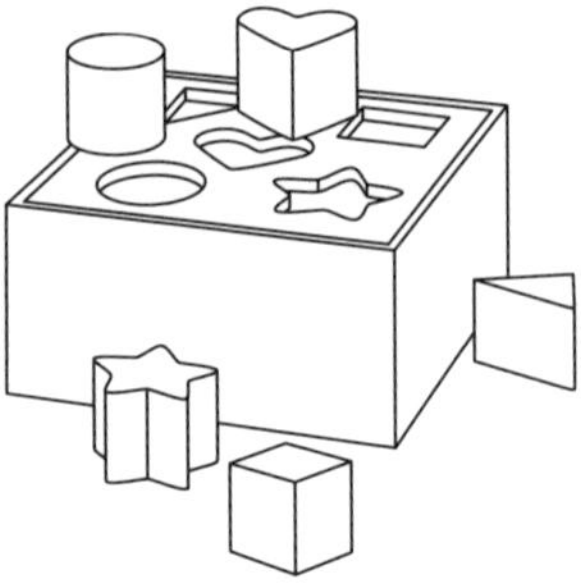

あなたの世界の見方、内なる言語では、星に角があるという考え方を受け入れ、忍耐ゲームのブロックのひとつに五角星を認める。それはそれでいい。ただし、その考えはあなたの頭のなかにしか存在しない。

ほかの人たちは目が見えないわけではない。生物学的にはあなたと同じ形を見ることが可能だが、その方法はまだ学んでいない。彼らの脳が受け取る元の視覚情報は私たちと同じだが、それを構造化する方法が異なるのだ。

「ほら、このブロックは星の形をしているでしょう。そっちには同じ星型の穴がある。だからこのブロックを正しい向きにしてその穴に合わせたら、そのままひとりでに入っていくよ」

こんな説明をしてもうまくいかない。彼らには目の前の星型が見えないからだ。生きている世界はあなたと同じだが、経験は異なる。あなたが試行錯誤もせずゲームに成功するのを見たら、彼らは大はしゃぎだろう。あなたがまるで魔術師に見えるからだ。

「触覚の理論」

この異世界の住人は、幾何学の代わりに触覚を発達させた。小学生は全員、〝触覚の理論〟を習う。ものの表面を指で触り、質感を認識する方法を学ぶのだ。彼らは硬い、柔らかい、滑らか、でこぼこ、溝がある、繊維状、ざらざら、もろい、小孔がある、などの質感をよく知っている。

質感の身体感覚を理解している彼らには、〝凹〟が何か、〝凸〟が何かがわかる。たいしたことではないが、出発点としては申し分ない。

世界に対する数学的なかかわり方がもつ力は、新しい言葉に明確な意味を与え、言語を拡張できることである。すでに見えているものをもとにすれば、まだ見えないながら定義を通して操作できる新しいものが構築できる。新しい言葉を操作した末に、最終的にその新しいものが本当に理解されることを期待するわけだ。

視覚に頼ることなく三角や星や四角を話題にするには、触覚を表す用語をもとにしてこうした形の定義を再構築すればよい。「ほら見て、これが星だよ」と言いながら指さしてもうまくいかない。このように共通の体験に頼れないために、書くという作業は困難を極め、わかりづらく複雑な文章ができあがる。とはいえ、どうにかする方法はある。

結果はきっと次のようなものになるだろう。ただし、ここから3ページは公式な数学によく似たスタイルで書かれているので要注意だ。はっきり言って非常に読みづらい。

初心者のための忍耐ゲーム攻略法

ブロック（または穴）の縁を指でなぞると、凹凸が次々に現れる。この凹凸の連続に名前をつけ、それをブロック（または穴）の〝サイン〟と呼ぼう。たとえば、あるブロック（私たちが〝三角〟と呼ぶもの。ただしこの世界には三角という言葉はまだ存在しない）のサインは、

「凸凸凸」

となり、ある穴（このブロックが入る穴）のサインは、

「凹凹凹」

となる。

数学的定義の例にもれず、「サイン」という言葉は適当に選んだものだ。ほかの言葉を選んでもよかったが、それで何か変わるわけではない。私が与える意味はその定義に集約され、ふだんの言語で使われる意味と直接のつながりはないからだ。とはいえ選択肢はあるのだから、読んでわかりやすい言葉、つまりふだんの意味が数学的意味の理解を助けるような言葉を選んでも同じことだ。サインといえばブロックや穴を特定できるもの、という気がするため、「サイン」はこの場合にふさわしい言葉だと思う。この言葉がピンとこないのであれば、ほかの言葉に置き換えるのも自由だ。

一方、私が与えた定義ではちょっとした技術的問題が生じる。指がどこからスタートするかによって、同じ対象物が複数の異なるサインをもつことがあるのだ。だから厳密には、「サイン」ではなく「サインのひとつ」と言わなくてはならない。たとえば、あるブロック（私たちが「星」

と呼ぶもの）のサインのひとつは、

「凸凹凸凹凸凹凸凹凸凹」

となる。しかし、指をほかの地点からスタートさせると、次のようなサインもありうる。

「凹凸凹凸凹凸凹凸凹凸」

重要なのは、唯一のサインではなく〝回転〟するサインだ。「回転」とは、最初の言葉を取って最後にもってくる操作で、これをあるサインの〝基礎回転〟と呼ぶ。たとえば、

「凹凸凸凸」

を出発点として基礎回転を行うと、

「凸凸凸凹」

になる。

基礎回転の連続によって一方から他方に変われる場合、2つのサインは「回転同値」であると言う。たとえば、次の4つのサインは回転同値である。

「凹凸凸凸」

「凸凸凸凹」

「凸凸凹凸」

「凸凹凸凸」

たしかに、これらは基礎回転を適用することで一方から他方へと変化する。4番目のサインに基礎回転を適用すると、最初のサインに戻る。

「定義。形とは回転させたサインの同値類である」

この定義を理解するには、「同値類」の概念を知る必要がある。これは古典的な数学的概念で、その定義はどんな集合論の本にでも載っている。実際のところ先ほどの定義は、サイン全体がひとつの形を定義し、2つのサインが回転同値の場合に限り、その2つのサインが同じ形を定義する、という意味になる。右記の4つのサインは回転するサインの同値類の例である。

これがおもしろいと思えば、まだまだ言葉はつくりだせる。それぞれのサインを使って三角、丸、四角を定義することができるのだ。たとえば、〝三角〟は次のサインをもつ形として定義できるだろう。

「凸凸凸」

同じように、「凸凹」のモチーフをn回繰り返して得られるサインをもつ形は〝n角星〟と呼ぶことにできる。五角星という具体的な例では、サインは次のようになる。

「凸凹凸凹凸凹凸凹凸凹」

〝ハート〟は、定義によれば一角星である。

サインと形の言語を使えば、何時間も試行錯誤せずに忍耐ゲームに成功する方法を書き表すことができる。

「定義。あるサインの鏡像は、そのサインの『凹』という言葉を『凸』という言葉で、また『凸』という言葉を『凹』という言葉で一貫して置き換えることによって得られる言葉の連続である」

こうして「凸凸凸」の鏡像は「凹凹凹」になり、逆もまたしかりである。2つのサインが回転同値である場合、その鏡像も回転同値となるため、鏡像の概念は形にも拡張される。忍耐ゲームの理論の主な結果は、次のとおりである。

「定理。各ブロックBについて、Bの形の鏡像であるような形をもつただひとつの穴Tが存在し、そのTはBが入れるただひとつの穴である」

別の言い方をすると、あるブロックがどの穴に入るかを知る方法は次のようになる。
1．形を判断するためにブロックを指でなぞる
2．鏡像を見つけるまでそれぞれの穴を指でなぞる
3．鏡像が見つかったら、正しい穴が見つかったとわかる。ブロックはその中に入る

9億9999万9999

数学的定義と同じく、私たちの形の定義も根拠がなく実体を欠く印象を与える。

とはいえ、よい面も忘れないようにしたい。私たちは、視覚体験に頼ることなく、触覚体験の用語を使って形について話すという偉業を成し遂げたところだ。別の言い方をすれば、「星の形をしている」ということを目の見えない人でも理解できる言語で表現する手段を見つけたのだ。

悪い面は、私たちの定義が陰気なことである。この定義では視覚体験の美しさと豊かさがいっさい考慮されていない。私たちにとって形が象徴するもの、その奥の深さや普遍性、私たちが形を気に入り、自明なものと感じるあらゆる理由に比べると、私たちの定義は情けないほど貧弱である。

これでおしまいだと思ってはいけない。むしろ始まったばかりである。本当の意味で形たるもののまとまりを解体しようとするなら、私たちの定義は無限に考えられる出発点のうちのひとつにすぎない。取り組みをさらに進めてはいけない理由はない。星の場合、程度の差はあれ、尖っていたり、細長かったり、ゆがんでいたりする。そうした特徴をもっと精緻に捉えるために、もっと繊細な言語を考案することもできるのだ。

しかし用語を拡張し、細部や詳細を加えても、問題は解決しない。

私たちが抱える問題はよほど重大である。見えることは言葉の問題ではない。見えるというのは、深く考える必要もなく得ている感覚的、直観的な体験である。

ある形を〝回転するサインの「同値類」〟だと言い、星を〝「凸凹」というモチーフをn回繰り返すことで得られるサインをもつ形〟だと言うことは、創意に富んでいるかもしれないが、それで私たちが完全に満足することはまずないだろう。私たちはロボットではないし、誰も役所の書式の言語みたいな言語を使って世界を理解したいとはまったく思っていない。私たちの望みは、深く考えなくても「見える」ことだ。

数学の公用語で書かれた文献を解読したいと思うのは、目の見えない人が、星が見えないいま星の形式的定義を解読しようとするようなものだ。定義に直観的な意味を与えられないかぎり、そしてその定義が「本当に言いたい」ことが理解できないかぎり、文献に必死に向き合ったところで――いずれにしても最初は――わけがわからない。

数学的理解の要は、正確にいえば、形式的定義にもとづいて自分の内に新たな脳内イメージをつくりだす手段を見つけることだ。これは、こうした定義を直観的なものにし、内容を「感じる」ためである。

たとえば、〝星〟を〝「凸凹」というモチーフをn回繰り返すことで得られるサインをもつ形〟と定義する数学の文献があるとする。その本を理解するとはつまり、この複雑な定義を忘れ、「星」という言葉を単に聞いただけで指示どおりに星たるものを直接感じられるようになるということである。

数学の本当の喜びとは、それまでは一度も見えなかったのに、突然頭のなかに星が見えたときに覚える喜びだ。

数学者の秘技が目指すのは、この直観的理解を容易にし、加速することである。この技法は〝見る方法を学ぶ〟ための言語にもとづいている。のちほどその例をいくつか挙げよう。

それがとても本当だと思えないことはわかる。このような偉業が自分に達成できるとは信じられないだろう。だが、これは本当なのだ。みなさんには、抽象的な定義から出発して直観的にそれが指すものを感じる能力がある。しかも、すでにそれを達成している。

10億から1を引いて指示どおりに頭のなかに出現させられる数を、抽象的な数学的概念の複雑な集合以外の形で記述して説明した人はいない。

9億9999万9999という十進法の表記、この数がみなさんの目の前の紙面に物理的に存在するという印象を与える表記は、結局は長い形式的定義の要約でしかない。それはこの数を一連の足し算と掛け算の計算結果として特徴づけるものだが、それを次のように思い描こうとしたら頭が痛くなるだろう。

「9たす9かける10たす9かける10かける10たす9かける10かける10かける10たす9かける10かける10かける10かける10たす9かける10かける10かける10かける10かける10たす9かける10かける10かける10かける10かける10かける10たす9かける10かける10かける10かける10かける10かける10かける10かける

10かける10かける10たす9かける10かける10かける10かける10かける10かける10かける10かける10かける10」

紙に書くと、この数は抽象的で論理的で冷たい集合になるが、頭のなかでは単純で具体的で明確な対象である。

第９章　何かがおかしい

学校に通っていたころ、私はペンの持ち方が正しくない、だから字がきちんと書けないのだとよく言われた。

私が数学を学ぼうと決めたのは、数学を頭のなかで正しく〝持つ〟方法を教えてもらえると思ったからである。私は自分なりのやり方で持ち、どちらかといえばうまくいっていたが、自分のやり方が正しいという確信はまったくもてなかった。

勉強と研究を積み重ねてきたなかで最も驚いたのは、まるでこのテーマが重大ではないか、時間をかける価値がないかのように、この点について正式な教育をまったく受けなかったことだ。

私は世間知らずだったに違いないが、数学の最大の問題はなんらかの定理が正しいかどうかを知ることではなく、数学がある者にとってはこれほど簡単で、ほかの者にとってはこれほど難しい理由を理解することだと思っていた。それで、バカロレアを終えて数学を本格的に学びはじめた1年目、数学的概念を頭のなかで操作する正しい方法が最初の授業のテーマだろうと期待していた。まずはやり方を説明するのが当然だろう、と。

だが、最初の授業のテーマはまったく違うものだった。公式な数学が出発点とみなすのは、頭のなかで行われる目に見えない動作ではなく、形式論理学と集合論である。期待していた説明は次の授業でも、その次の授業でも聞けなかった。私はそのうちに期待しなくなった。それでも、数週間後に任意次元のベクトル空間が取り上げられると、かつて抱いた問いが改めて浮上した。この問いが本当に頭を離れなくなったのはこのときからである。

1次元ベクトル空間は直線である。2次元ベクトル空間は平面である。3次元ベクトル空間は私たちが生きる「3次元」空間である。あるいは、私たちが自分たちの生きる場と信じがちな空間、といったほうがいいかもしれない。どういう点でその認識が正しくないかはアインシュタインが説明している。

3次元で終わる理由はない。形式主義を用いればその先を続けることができる。4次元、5次元、6次元などの空間がどういうものかを定義できるのだ。もっといえば、24次元、19万6883次元、nが任意の整数であるn次元の幾何学も可能だ。

こうした空間は研究所の好奇心の産物ではない。私たちを取り巻く世界を理解するための根本的かつ不可欠な概念である。１００年来、科学とテクノロジーの中心を占めているため、整数と同じように基本的な用語に含まれていることも多い。

みなさんが任意の次元で考える方法を学んだことがないのであれば、人生の大いなる喜びのひとつを逃している。一度も海を見たことがなかったり、チョコレートを食べたことがなかったりするのと同じだ。

空間のなかで見る

2次元や3次元の幾何学の場合は、話している内容をごく単純な方法で示せる。図を描くことだ。

たとえば3次元空間では、20個の正三角形を組み合わせて次のような20面のサイコロをつくることができる。

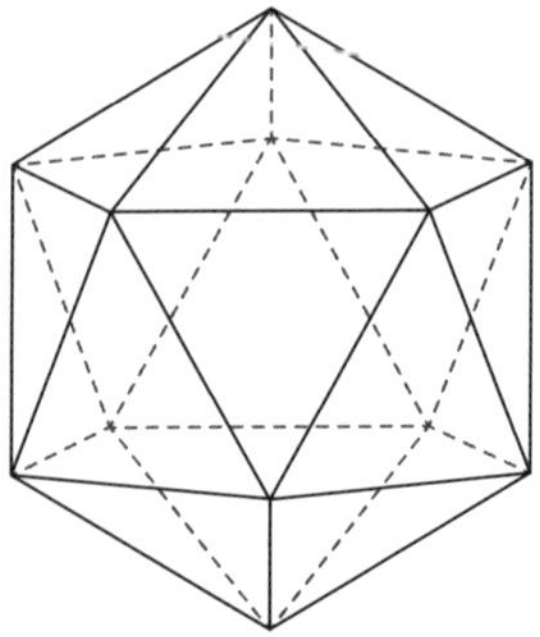

古代から知られているこの特殊な物体は、「正20面体」という。図を見ると、20面体が宙に浮いているような印象を受ける。しかし、それは本当に目の前にあるものとは違う。みなさんが見ているのは2次元の紙面に描かれた20面体の「像」である。もっと正確に言えば、この像は「投影図」と呼ばれるものだ。（3次元で）想像された20面体の（2次元における）影である。

人間の脳は、2次元の投影図から簡単に3次元のものを再構築することができる。

休暇旅行の写真を眺めれば、3次元で展開される光景を本当に見ているような気がする。そうするのに特別な努力はいらないし、疲れもしなければ、観念的な問題も生じない。この光景は2次元で展開されているのだ、などとは決して考えない。3次元で見えると思っているものは実体のない空想で、想像力を駆使して頭のなかで再構築されたものにすぎないと考えることもない。写真で見ているつもりのものは実は幻影だ、と思うこともないのだ。

人間の脳には、像として見えていないものも見える。20面体の投影図を眺めれば、20面体が見えるだけでなく、多少の集中力がいるとしても頭のなかでそれを回転させることもできる。図はまったく動かない。それでも、あなたには私がいう「20面体を回転させる」の意味がよくわかる。

たとえば、垂直軸を中心に20面体を5分の1回転させれば、最初と同じ20面体が現れる。この回転不変性は20面体のよく知られた特性のひとつである。

私が正20面体を正三角形20個の組み合わせとだけ定義し、視覚的に想像する手段を与えなかったら、あなたはこの回転不変性を理解するのにもっと苦労しただろう。しかし、それも図があればはるかに容易だ。

数学的定義を脳内イメージに置き換えることは、理解の助けになる。視覚的直観によって、脳内イメージがなければまったく明快ではない数学的特性が明快になる。一方で数学的対象を想像できなければ、それは本当には理解できていないような気がする。この印象には根拠がある。

目で見ない幾何学

4次元の幾何学を初めて耳にしたら、〝第4〟の次元とはいったい何だろうと考えるものだ。時間だろうか？　それともほかの何か？

正解は、第4の次元はまさに第4に求められるものだ、となる。

2次元の幾何学、つまり平面では、ある点は一般に「横座標」と「縦座標」、あるいは「x座標」と「y座標」と呼ばれる2つの座標によって決まる。これらの座標は、それを使って示したいものをそのとおりに示す。

・地図では、一般にxは経度、yは緯度である。
・建物の正面壁を描くとき、一般にxは幅、yは高さである。
・ウサギの個体数の変化を示すとき、一般にxは時間、yはウサギの数である。

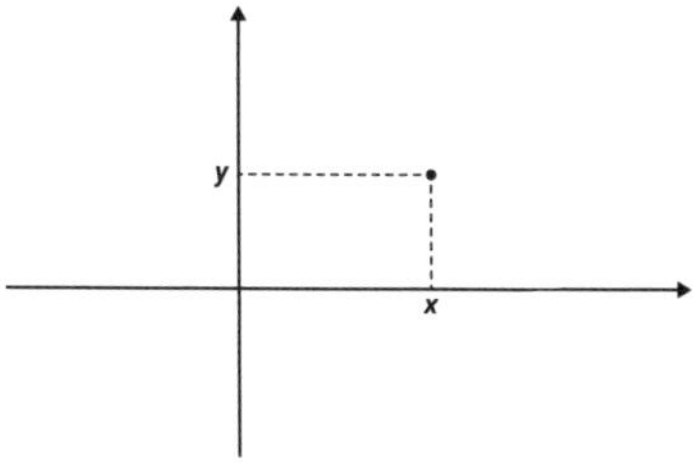

同様に10次元空間では、ある点は一般にx_1、……x_{10}と名づけられる10の座標で決まる。これらの座標によって示したいものがあれば、そのとおりにできる。

ウサギの侵略の地理的進展を示したい場合は、4次元で考える必要がある。「経度」、「緯度」、「時間」、「ウサギの個体群密度」という4つの座標が必要になるからだ。

4次元の幾何学は抽象概念だという言い方は正しい。だが、これは単純で自然な抽象概念である。みなさんの脳は4次元の考え方を受け入れ、しかもそれを具体的なものと捉えることができる。脳が現実には具体的ではないあらゆるものを受け入れ、具体的なものと捉えるのと同じことだ。「ウサギの侵略の地理的進展」は抽象概念である。それが具体的だと考えるなら、それはみなさんの脳の奥で、4次元は本当に存在し、4次元は具体的であるという考え方を受け入れる準備がすでに整っているからである。

一般通念とは異なり、数学が理解しづらいのは抽象化のせいではない。抽象化は普遍的な思考法である。私たちが使う言葉はすべて抽象概念である。話したり文をつくったりするのは、抽象概念を操作し組み合わせることである。4次元幾何学は2次元幾何学より抽象的だというわけではない。4次元幾何学の問題は抽象化とは何の関係もない。問題は視覚化するのと図を描くのが難しいという点にある。

高次元の幾何学の授業は、目の見えない人に向いた幾何学の授業である。

これは前章の触覚の理論に似ている。意味はきわめて明確ながら視覚的解釈が自明でない幾何学の用語を定義するにあたり、視覚的直観に頼る代わりに、言語と数学的形式主義を使用するのだ。すべては座標についての公式で表現できる。たとえば、2点の座標をもとに、2点間の距離を定義する公式がある。

初めは、私たちの脳はこの新しい用語に慣れていない。その用語に視覚的直観による意味を割り当てる術も知らない。そのため4次元幾何学は、図形と直接の視覚的直観が中心的な役割を果たす2次元幾何学と同じ方法では学べない。

たとえば、4次元幾何学に3次元の20面体に匹敵するものがある。均整のとれた、20面体よりもさらに美しい600面のサイコロである。あるいはむしろ、この物体は600の「ハイパー面」をもつ「ハイパーサイコロ」だと言ったほうがよいかもしれない。このハイパー面は「正四面体」(底面が三角形の正角錐)という3次元の物体である。したがって、それぞれのハイパー面に正三角形の面が4つあり、この各面の縦にまた別のハイパー面がくっついている。合計で600のハイパー面、1200の面、720の稜(三角形の辺)、120の頂点がある。

思い浮かべにくいだろうか?

図が役立つなら、これがその図である。

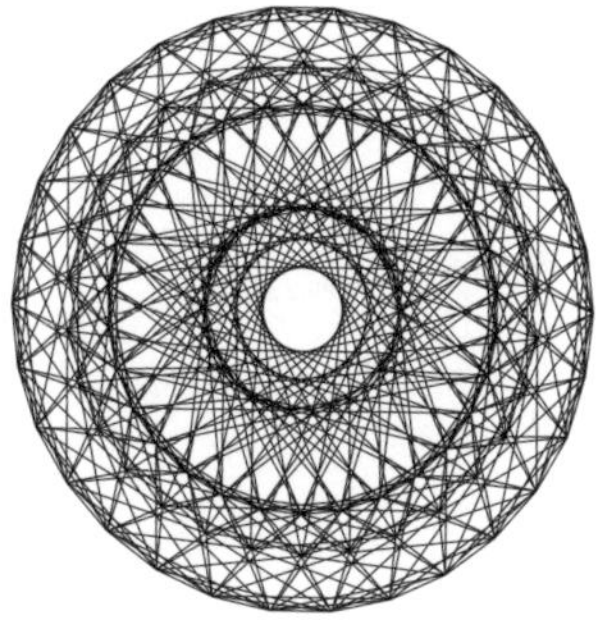

これは、4次元の物体の2次元における影である（むしろ〝影のひとつ〟と言ったほうがよいだろうか。物体の影はその物体の向きと光の向きに左右されるからである）。

みなさんは図を眺めて、いっさいの努力なしに「ハイパー20面体」が目の前に、4次元空間に浮かんでいるのが見えたらいいのにと思うだろう。

私もそれが目の前に浮かんで見えたらいいのにと思う。多次元の厚みを感じられたら、一目見て理解できたら、全体の形を把握できたらいいのにと思う。だが、そんなことは起こらない。私の脳は、瞬時に努力もせずに、2次元の影から4次元の物体の脳内イメージを構築することはできない。ハイパー20面体の物理的存在を感じ取る方法は学んだが、それは図を使わない別の方法によってである。

本当に間違っているイメージ

数学を学びはじめてすぐに、私は自分がみんなと変わらないことに気がついた。私にも、2次元や3次元と同じ方法で高次元の幾何学的対象を見る方法はわからなかった。

しかし、それより目立たない、もっと思いがけない別の現象にも気がついた。

この現象は少しも華々しいものではない。背景の喧騒にまぎれて展開され、気づかずにすぎてしまいそうな現象だ。そもそも、私が注意を払わなかっただけで以前から起こっていたのかもしれない。

いずれにしても、18歳の年、数学を専攻して数カ月というときに授業で高次元幾何学が取り上げられたときにはっきりとそれを意識した。教わった抽象概念のいくつかが、多少なりとも視覚的な性質をもったきわめてあいまいな印象を私の内に呼び起こしたのだ。

この印象はそれほど強烈ではなく、その意味はあまりはっきりしていなかった。不明瞭で束の間の脳内イメージだった。そこにあったかと思えば、別のときにはなかった。私はそれをどう考えたらいいのかよくわからなかった。そのイメージは不安定であやふやで捉えどころがなかった。素朴で、さらに悪いことに間違っていた。

まるで、私の脳が2次元と3次元の脳内イメージを改造して、高次元幾何学を思い浮かべようとしているかのようだ。結果は笑ってしまうほど的外れだった。そのイメージの間違いは、手描きの円は完璧な円でないから少し間違っているという程度のものではなかった。〝救いようがないほど〟間違っていたのだ。

当時の私はルイ＝ル＝グラン高校［パリの名門公立高校］のグランゼコール準備クラスに在籍していた。そこで、公理、定義、命題、定理、証明、記号、公式がひととおり揃ったまじめな数学、公式な数学を習った。このすべてを論理的かつ体系的に教わり、厳密かつ正確に数学を書き表す方法を学んだ。

あえて誰にも言わなかったが、学習中の私は自分の素朴な直観に相変わらずしがみついていた。ちっともうまくいかず、結果はなんとも奇妙なものになった。

頭のなかの図は、幼稚園のころの自分のお絵描きに似ていた。体の一部を描き忘れていることにも気づかないまま、頭に手足を直接つなげた人物の絵だ。あるいは、そこそこ重要な体の一部を忘れていることには気づいたものの、その欠けた部分に名前をつけられないまま当惑し混乱していたのかもしれない。何かがおかしいことはわかっていたが、それが何なのかは言葉にできなかった。

ある日、私は先生に、僕の絵には何かが足りないよね、と言った。先生は、そんなことないよ、とても上手に描けているよ、と答えた。そのとき、先生は僕のことをばかにしているんだ、とはっきり感じた覚えがある。

私はぜったいに同じ経験を繰り返したくなくて、手を挙げて、頭のなかのイメージが間違っているのでうまくいきません、と言う気にはならなかった。みんなの前で恥をかくのはごめんだった。それで私が取った行動は、この間違った脳内イメージを追い払うべき邪魔な思考として扱うことだった。

ルイ＝ル＝グラン高校のグランゼコール準備クラスで好成績を収める秘訣が、4歳の子供のように考え、頭のなかでぐちゃぐちゃのお絵かきをすることだったら、誰でもそれを知っていただろう。

それは大人になる時期だった。私は、これまでのようにイメージに頼った単純な方法でものごとを思い描くのではなく、まじめで複雑な言葉を使って論理的かつ体系的に考える方法を学ばなくてはならなかった。

ある程度の太さがある管

当時の私は、まだ論理が思考に役立つと思っていた。自分では論理的に考えられなかったが、それは私のほうに問題があるせいだと思っていた。数学を学べばこの問題は解決できるだろう、その第一段階が素朴で間違った脳内イメージを追い払うことだ、と信じていたのだ。

ところが、こうした間違ったイメージの真ん中に、追い払おうとしていた邪魔な思考のただなかに、驚いたことにほかのものほど間違っていないイメージがひとつ見つかった。

ベクトル空間を学ぶときには、〝次元〟〝線形写像〟〝階数〟〝核〟といった概念も同時に学ぶ。一般に、ベクトル空間は文字で表し、線形写像はこれらの文字を結ぶ矢印で表す。しかし、私がベクトル空間をある程度の大きさ（次元に応じた）がある容器として、線形写像をある程度の太さ（階数に応じて）がある管として見ることにしたところ、これらの概念に関するすべての練習問題が明白になったのだった。

とはいえ、たいしたことではなかった。テーマはほかにもたくさんあり、私が解けない練習問題もまだまだあった。それでもこのテーマについては、練習問題が解けただけでなく、10億−1＝9億9999万9999と同じくらい自明になった。あまりにも自明だったので、それを出題できること自体どうかしているし、それを解けない人がいるなんて考えられないと思っていたほどだ。

この管のイメージによってことは単純になったが、これはどこから出てきたのか？　これでよかったのか？　ほかの人の頭のなかでは何が起こっていたのか？　ほかの人は数学的概念を思い描くためにどうやっていたのか？

私は、クラスメートの頭のなかで起こっていることが垣間見えないかと、当惑しながら彼らの顔をうかがった覚えがある。

ショックなことに、まったく見当もつかなかった。

自分のなかで数学が生きている

問題は、頭のなかで何をしなさい、とは誰も説明してくれないことだ。教育の受け方には根本的に異なる2つの方法があり、この2つのアプローチが相容れないことはわかっていた。

第一のアプローチは数学を知識として扱うことである。数学的命題はあくまでも情報なのであって、それを把握し再現できるようにしなければならない。定義を学び、定理を学び、証明を学ばなければならない。

第二のアプローチは学習を拒否することである。感覚的体験として数学に取り組むのだ。数学的命題の唯一の機能は、脳内イメージを生み出すことであり、この脳内イメージだけが理解を可能にする。適切な脳内イメージが得られたら、すべては自明になるというわけだ。

2つのアプローチが相容れないのは、前提とする頭のなかの動作がまったく異なるからである。暗記する、理解できない内容をそのまま受け入れるという動作は、第一のアプローチにしか存在しない。第二のアプローチでは、理解できない内容を警戒心と不信感をもって眺める。「へえ？　それが正しいとされている？　まさか！　どうして？　なぜわかるんだ？」という具合だ。

私はそれまで無意識に第二のアプローチに従ってきた。それでどちらかといえばうまくいっていた。小学校では、円とは何かを説明されてすぐに頭のなかでそれが見え、こうして私は〝数学が得意〟になった。実際のところ学校は、すでにある程度明確に見えるものごとに言葉を当てはめるのに役立っただけだった。

しかし、私はこの道の終わりまで来ていた。学校では、私がさっぱり理解できない、そして私の直観では思い描けない、まじめで深遠な内容を聞かされるようになった。私の知的能力はそこまでだったのだ。このある程度の太さがある管のイメージは、最後の有効な直観だったのかもしれない。しかも、運がよかったに違いない。これほど素朴なイメージに何を期待できただろうか？

私は自分の直観に頼れなくなり、行き詰まった。もはや選択肢はなかった。学習を始めるときがきたのだ。

だが、私は学習が何を意味するのかをよく吟味した。数学を知識として扱うことは、数学が自分の内で生きている感覚を捨てるという意味だった。数学を好きでいることをあきらめ、理解する喜びをあきらめることだった。

〝n〟につまずく

正直に言うと、数学で本当に苦労したのはそれが初めてではなかった。中学に入ってすぐ、数字を文字で示さなければならなかったときにも難儀していた。「nを整数とする」というあれだ。〝n〟が整数なら、なぜそれがどの数か言わないのか？　なぜこのような隠し立てをするのか？　私は自分が完全に的を外しているような、さっぱり理解できないような、知能が足りないような気がしていた。

幸いにも、当時のその状況は長続きしなかった。とくに努力もせず、単なる時間の効果で、文字を使って、つまり数がわからない数字を使って推論するという考え方を最後には受け入れた。まさにそこに意義があるということが納得できたのだ。文字を使った推論は、すべての数字を使った推論を一度で行う方法である。有限数の言葉を使って無数の推論をすることだ。

だが、今回の私にはもう時間がなかった。毎週、10の新しい概念を消化しなければならず、それを頭のなかでどう整理してよいかさっぱりわからなかった。

まさにこのような状況で、18歳の誕生日の数週間前に、私は研究者人生で、そしておそらく生涯で、最も根本的な決断を下した。くだらない考えと邪魔な思考を追い払うのではなく、それを受け入れることにしたのだ。それに耳を傾け、本気で向き合うことにした。

もちろん、そうした考えを真に受けるということではない。それが間違っていることはよくわかっていたし、明白ですらあった。ただ、間違いが明白でも、私にはそれがどの点で間違っていると〝正確に〟言うことはできなかった。

今日、この知的な学習方法を一言に要約すれば、「私は自分の直観と論理の矛盾に耳を傾けはじめた」となる。第11章でこれが具体的にはどういうことかを、わかりやすい例を挙げて説明しよう。

振り返っても、このような決断をただひとり手探りで、誰からもそれがよい方法かどうか教えてもらえないまま下さなければならなかったのはおかしいと思う。

数学の授業で隣の席に座っていた友人のグザビエに話してみようと思ったこともある。問題は、私の関心が公式な数学や私たちが受けていた教育からあまりにもずれていたため、わかりやすく伝えられないことだった。当時の私はこの問題について話すための適切な言葉を知らなかった。私がそれをきちんと話せるようになるまでには何十年もかかったのだ。

私にとってこの方法がうまくいくと思える根拠はいっさいなく、それに、うまくいくと本気で期待してもいなかった。それは我ながら幼稚な実験で、すぐに断念せざるをえないだろうと思っていた。こんなことをしたのは好奇心に駆られて試してみたかったからであり、どの時点で立ち行かなくなるかを理解するためだった。それが正しい方法なら、誰かがすでにそうだと教えてくれているはずだと思ったのだ。

それなのに、この方法でうまくいくことがすぐにわかった。自分のくだらない思いつきについてよく考えるほど、くだらなさは薄れた。邪魔な思考に集中するほど、それは鮮明になった。私の自分の直観と論理の矛盾に耳を傾けるほど、それを言葉に置き換えられるようになった。私の直観が完璧だったことは一度もないが、私がまったく努力しなくても、たえず進歩していった。

数週間で、私の勉強法は一変した。私は授業を、自分の直観を検証するための道具として利用するようになった。私は教師が言おうとしていることを予想してみた。だいたいは外れたが、それによって自分の直観のうちすでに正しい部分を特定できた。自分が理解している内容は非常によく理解できていたため、それをもとにしてほかのことに集中することができた。

理解できないことは、なぜ理解できないのかが理解できるまで反芻した。そして最終的には理解できるようになった。

大きな声を聴いてはいけない

教師が数学というものの人間的な現実を教えようとしないなら、独学しか道はない。

数学は直観のなせる業だと言うだけでは不十分だ。この直観は誰でも利用できると説明し、どうすれば直観を育てられるかを伝える必要もある。数学的直観は特別なもので、一部の選ばれた人だけが授かっているとかいう神話ほど、人を怖気づかせるものはない。

数学的直観は私たちが日常的に使っている直観と同じものだが、言語や論理との対決によって発達し強固になっている。直観は、天からの授かりものだという思い込みを捨て、それを体系的に発達させる手段が得られれば、発達し強固になるのだ。私はよく、数学への取り組みは庭仕事と同じだと思っていた。雑草を抜き、植物を植え、形を整え、水をやる。何も伸びないような気がしていても、最後には伸びていたことに気づく。

空間についての共通認識から出発して、直観的に任意の次元で考えられるまでにその認識を拡大することができる、とはなかなか信じられないだろう。だが、それはできるのだ。

数学的知能に対する私たちの誤解、盲信、ためらいの裏には、脳の可塑性とそれを司る法則の力に対する根深い無理解が隠されている。これが次の章のテーマだ。

数学教育がこのような自己開発の要に取り組もうとしないのは、私にとっていまだに謎である。まるで教師がそのような話題は不適切だと感じているかのようだ。あえて自身の直観を単純な言葉で描写し、自分の脳内イメージがいかに素朴かを打ち明ける人はまずいない。

ところが、一部の偉大な数学者はそれを意外なほど平然とやってみせる。たとえばピエール・

ドリーニュの例は際立っている。

ピエール・ドリーニュは並外れた数学者で、グロタンディークのいちばん有名な弟子である。グロタンディークはドリーニュについて、「彼は私よりすぐれている」と言ったことがあるくらいだ。ドリーニュは1978年に（有名なヴェイユ予想の解決に対して）フィールズ賞を、2013年にアーベル賞を受賞した。

アーベル賞受賞に際して行われた2013年のインタビューで、ドリーニュはその驚異的な直観と高次元の抽象的な構造を深く理解する能力について問われた。次に挙げるのは、彼の発言の抜粋である。

「何が正しくて何が間違っているかを見抜けることは重要だ」

「私は証明された命題は覚えていない。それより頭のなかにイメージを集めておこうとしている。単なるイメージではない。イメージはどれも間違っているが、間違い方は異なり、私にはどの方法で間違っているかがわかる」

「イメージはごく単純だ。単に、平面のなかの円と、動いてそれに触れる直線のようなものを頭のなかに描くこともある」

「イメージはどれもごく単純なものだが、一緒にして置かれている」

数学的直観は何の変哲もなく単純でくだらないため、ごみ箱に捨ててしまわないよう自分を深く信用していなければならない。もう小さな子供ではなくなったとき、人は何よりもまず直観の口を封じたいと思ってしまう。私は、くだらない思いつきと邪魔な思考を追い払わなければと思い込んだときに、あやうくそうするところだった。

自分には理解できない、と耳元でささやく臆病な声が数学的直観だ。自分はだめなんだ、と言う耳障りな大声と混同してはならない。小さな声はみなさんを導こうとする。その声には細心の注意を払って耳を傾けなければならない。気を配るべきは小さな声だ。生涯にわたって守らなければならない声なのだ。

第10章　直観的に見る方法

私が高次元の幾何学的対象について考える場合、その視覚的なイメージはかなりはっきりしている。ただし、物理的世界の対象とは見え方が異なり、しっかりと見えるのはいくつかの面や部分、自分が興味のある細部だけである。残りはよく見えないが、その存在は自分の体全体で漠然と感じる。

4次元や5次元では、3次元と同じように対象が見えることはありえないといわれている。ところが、ウィリアム・サーストンにはそれができた。めったにない驚異的な能力だといえる。その能力は数学界でも否応なしに称賛を集め、サーストンは伝説的な人物と目されるようになる。

このような能力を前にしてひるむのは当然だ。これこそ、偉大な数学者は自分とは違って生

物学的にすぐれた脳に恵まれている証拠だと思いたくなる。だが、サーストンの個人的な経歴を知れば、〝並外れた才能〟説は成り立たないことがわかる。彼の経歴は、生まれつき5次元で世界が見える並外れた才能を授かった異星人のものではないのだ。

むしろ逆である。サーストンは障害をもって生まれ、そのせいで幼少期には世界を3次元で見ることができなかった。

サーストンは生まれつき強度の斜視を患っていた。両目の視野が重ならず、ある物体を見ようとしても両目で同時に見られない。それで左右の目の像が統合できず、奥行きと立体感を直接に知覚できなかったのだ。

幸いにもサーストンの母は寛大かつ強い意志の持ち主で、幼いサーストンが障害を克服するのを助けるために多大な愛とエネルギーを注いだ。長期に及ぶリハビリの一環として、2歳の息子に何時間もかけて色やモチーフにあふれた訓練用の絵本を見せたものだ。

サーストンが生涯寄り添うことになる幾何学と性愛にも似た関係を育んだのはこの時期である。空間、素材、質感、形への愛は彼の業績全体の根底を占め、原稿に添えられたすばらしいデッサンに透けて見える。

小学校に入学すると、サーストンは毎日、目で見る能力を強化しようと決心した。人生のごく早い段階で、無意識のうちに並外れた数学者になったのだ。

サーストンがほかの子供たちより見ることの学習に多くの時間を費やしたと思うなら、それは誤りである。私たちは目を開けている1秒1秒に——自分のまわりで動く世界を眺め、その世界を移動していく1秒1秒に——目で見る能力を進化させている。見ることの学習は幼少期における（しかも幼少期に限らない）重要な活動のひとつである。とはいえ、大多数の子供にその意識はない。この活動は継続的にバックグラウンドで行われ、とくに意図する必要も、努力して集中する必要もないからである。

しかし、サーストンにそのような贅沢は許されなかった。自然のままに任せるわけにはいかなかったのだ。彼にとって、世界を見ることは決して本能に従った活動ではなかったため、見ることの学習は意識して取り組むプロジェクトだった。生涯をかけたプロジェクトだったとさえいえるだろう。

フォスベリーはほかの人と同じように跳べなかったため、自分なりの跳躍法を考案しなければならなかった。サーストンはほかの人と同じように見えなかったため、自分なりの見方を考案しなければならなかった。フォスベリーは、独自の跳躍法のおかげでほかの人より高く跳べた。そしてサーストンは、よく見えるようにと意識して努力を重ねたおかげで、はるか先まで、はるかにくっきりと見えるようになり、ものごとの核心に迫ることができるようになった。

私たちは世界がそのまま3次元で見えると思っているが、実際は両目から提供される2次元の映像を無意識のうちに組み合わせているだけだ。このような空間の認識方法は不完全である。絶対的な認識ではなく、自分が眺めている場所からの部分的・相対的な認識であって、その場所からの遠近感によって対象は変形する。おまけに、自分が眺めている場所からは、世界のほぼ大部分が隠れていて見えない。

サーストンには、このように本来の方法で3次元を捉える道は閉ざされていた。そこで自分なりの方法で思考を駆使することによって、3次元を独自に把握できるよう努力した。サーストンに才能があったとしたら、それは忍耐と決断の才能である。あるいは、自分を大切にし、信頼する才能かもしれない。

数学に取り組む作業はひらめきと思いつきの連続ではない。第一に、想像するという同じ練習を繰り返すリハビリ活動である。

身体が変化するには時間がかかるため、進歩はゆっくりである。無理強いしても体を傷めるだけで意味がない。必要なのは、同じリズムで練習を繰り返し、冷静さを保ち、進歩が実感できなくても止めないことだけだ。発音矯正や運動療法に通うようなもので、違うのはたったひとりで頭のなかで行う点だ。

4次元、5次元で見る⁉

サーストンは意識的に、かつ丹念に世界を想像する能力を発達させた。訓練を重ね、2次元の映像を頭のなかで縫い合わせる努力をした結果、ついに世界を3次元で見られるようになった。

しかし、これほど実りある取り組みなら、ここで止める必要はない。サーストンは同じテクニックでさらに先へ進めることに気づいた。そこで、3次元の映像を組み合わせて4次元で見る術を身につけ、4次元の映像を組み合わせて5次元で見る術を身につけた。

サーストンはこのアプローチによって、3次元の場合でさえ、それまで誰にも見えなかったものが見えるようになった。1982年に発表された「幾何化予想」は、まさに3次元を扱ったものだ。数学でいう予想とは、正しいと思われるがまだ証明できない数学的命題である。予想を立てるとは、理由を説明できないまま、ある何かが正しいと感じ取ることなのだ。本質的に予言めいた直観的な行為である。

サーストンの予想は従来の数学に風穴を開けることになった。なんといってもあのポアンカレ予想を包含している。ポアンカレ予想は1904年に提出されたものの長いあいだ未解決だったため、2000年に「7つのミレニアム問題」という、最も難解で深遠とされる7つの数学の謎のひとつに掲げられた。それぞれの難問には100万ドルの懸賞がかけられている。

2003年、グリゴリー・ペレルマンはサーストンの予想の証明に成功した。これでポアンカレ予想問題も解決したことになる。ペレルマンと100万ドルについては第17章で改めて取り上げよう。

「見える」とは何か

しかし、サーストンがいう4次元と5次元で見えるとは、どういう意味だったのだろう？　正確には何が見えていたのか？　「見える」という動詞をどういう意味に理解するべきなのか？

これらの問いに答えるいちばんいい方法は、同じ問いを自分に向けてみることだ。私たちには、正確には何が見えるのか？　私たちは「見える」という言葉で何を意味するのか？

自分に何かが「見える」という場合、私たちは意味を拡大解釈しがちである。目の前を見ると、まるで自分の目が意識に向かって直接開いた魔法の窓で、そのまま現実に通じているかのように、世界と直接的にかかわれるかのような幻想を抱くのだ。それが動詞「見える」に与えたい意味であれば、私たちは「本当に見えているのではなく、見えていると信じているにすぎない」という結果を覚悟して引き受けなくてはならない。

みなさんに見えるものは決してそのままの現実ではなく、世界のひとつの解釈である。別の言い方をすれば、直接意識することのない未処理の視覚信号をもとに、記憶と想像によって再構築したものだ。生まれた日にものがまだ見えなかったのは、目がまだ機能していなかったからではなく、視神経から送られる生の情報に意味づけする術を脳が学習していなかったからである。

いまではこの同じ再構築能力を使って存在しないものごとを想像し、それが見えるような気になっている。見えることと、見えると想像することはそれほど違わない。みなさんには、目の前に馬と同じぐらい大きなアリがいる様子が想像できる。巨大なアリを目のあたりにし、描写し、それについて詳しく語ることができる。ただし、ほかの人にはみなさんの頭のなかにいる巨大なアリを直に見る手段はないが。

色の場合も同じである。赤は赤ならではの感覚を引き起こすが、みなさんの頭のなかにある赤の感覚は正確にはどんなものだろうか？　自分の感覚が他人の感覚と一致するかどうかは、どうすればわかるのか？　そもそもこの質問には意味がないかもしれない。

物理学者ドルトンの色覚異常

視覚から得る感覚を説明して伝えるのは難しい。そのため、男性の約８％（および女性の０・６％）に色覚異常があり、色の生物学的知覚は人によって異なることが発見されたのは、１７９２年の秋になってからだった。

どうしてこれほど重大かつわかりやすい事実が、祖先が色に関心を寄せるようになった太古の昔から何万年も見過ごされてきたのだろうか？

物質は原子からなるという近代的な考えをもたらした偉大な物理学者、ジョン・ドルトンは、自分自身の体験から色覚異常を発見した。発見は１７９４年に、彼自身の驚きがにじむ「色覚に関する異常な事実」という衝撃的なタイトルで科学通信に発表された。

ドルトンは、まるで左利きと右利きの存在を初めて発見したかのように驚いたようだ。しかしその文章を読むと、この誤解が長いあいだ解けなかったわけが理解できる。

近代科学の視点に立てば話はかなり単純だ。色を知覚できるのは、網膜に「錐体細胞」という色を感じる細胞が存在するからである。人間の目にはふつう、3種類の錐体細胞があり、それぞれが青、緑、赤の光を感知する。確かに私たちはさまざまな色彩の微妙な差を見分けられるが、それも青、緑、赤の相対的な割合によってのみ区別している（この単純な理由により、画面では各ピクセルにこの基本の3色が組み合わされている）。ドルトンには遺伝的変異があり、2種類の錐体細胞しかなかった。緑を感知する錐体細胞がなかったため、一部の色彩の差が感じ取れなかったのである。たとえばドルトンには青とピンクが見分けにくかった。しかしドルトンが成長した世界では誰もそんなことがありうるとは思っていなかった。ドルトンはほかの人が口にする色の名前をどうにかすべて覚え、それがどのような色か見当をつけ、それが自分にも本当に見えているのだと納得した。世界は色つきで見えており、自分には何かが足りないとは思いもしなかったのだ。

色覚異常を説明する言葉が考案される以前にドルトンの視点から語られた話は、不条理演劇に似ている。

ドルトンはまず、生まれてこの方、色の名前はどれも不適切な気がしていた、と告白する。ときどき「ピンク」と「赤」が混同されるのはおかしいと思っていたのだ。彼にとってピンクは青に近い色で、赤とはかけ離れていたからである。だが、そのことをわざわざ誰かに言ったことはなかった。

1790年、ドルトンは植物学に興味をもちはじめた。花の色を見分けるのには苦労したが、それほど深く傷つくことはなく、必要なときは助けてもらえた。ただ、花の色がピンクか青かを尋ねたときは、相手の顔に「ばかにしているのか」と言いたそうな表情が浮かんだ。ドルトンにはその理由がわからなかったが、追求したことはなかった。じつのところ、色をめぐる会話がいつも微妙に噛み合っていないことには気づいていた。ドルトンが1792年秋に驚異的な特徴を備えたゼラニウムを発見しなければ、誤解はいつまでも解けなかっただろう。

そのゼラニウムはピンク色のはずだった。それなのに、日の光が当たると空色に見えた。とはいえ、ドルトンにとってこの2色はごく近い色だったので、そのこと自体は別におかしくはない。ところが、ドルトンがその花にろうそくの光を照らしてみたところ、今度はまっ赤になった。ピンクとはまるで関係のない色である。

すっかり仰天したドルトンは、奇跡のゼラニウム鑑賞に友人たちを招いた。だが、「別におもしろくもなんともない」と友人たちに言われて当惑する。唯一、ゼラニウムの奇妙さを理解したように見えたのはドルトン自身の兄だった。これが、色の知覚に関する実験研究の出発点である。この研究によって、ドルトンは色覚異常とその遺伝的特質を明らかにすることができた。

この「奇妙な」話には3つの教訓がある。

第一に、実際に知覚しているものと、見ていると思いこんでいるものとのあいだには大きなずれがある。ドルトンは色の名前がおかしいと思っていたが、だからといってそれが色の名前を受け入れ、自分なりに解釈する妨げにはならなかった。ドルトンは独自のカラーチャートを構築したのだ。当然、色覚障害のない人のカラーチャートとは違っていたが、ふつうより貧弱だったわけではない。顕著なのは、ピンクと赤を隔てる微妙な差に対する感度の高さである。目の見えない人が鋭い触覚と聴覚を発達させるように、ドルトンはこの2色の差を色覚が正常な人よりも鋭敏に感じ取っていた（この点については数ページ後に改めて取り上げよう）。

第二の教訓は科学的発見のプロセスに関するものだ。ドルトンの強みは並外れた推論力ではなく、何かがおかしいことを感じ、解明されるまで問題を投げ出さない能力である。科学的大発見となる以前の色覚異常は、ある奇妙な印象でしかなかった。何万年ものあいだ、色覚異常のある何十億人もの人は同じ奇妙な印象を抱きながらも、それが何なのか言葉で言い表せないでいたわけだ。

それが第三の教訓である。私たちは自分と同じものが見えていない人と、その事実に気づかないまま長期にわたって共存することができる。理由はごく単純、他人の頭のなかは見えないし、文字どおり、他人に見えているものは自分には見えないからだ。

青はピンクに近い、とドルトンが思っても、色覚が正常な人は真に受けない。サーストンが5次元で見えるといっても、サーストン以外の人にはなかなか信じられない。

色覚異常者があなたをばかにしているのではないと納得したかったら（あるいはあなたが色覚異常者で、色覚が正常な人があなたをからかっているのではないと納得したかったら）、石原式色覚検査表を使うのが手っ取り早い。この検査表はさまざまな色の斑点で構成される画像をもとにしたもので、ある斑点の色を同じと知覚するか異なると知覚するかによって、画像のなかに見えるものが違ってくる。検査用カードの1枚は、色覚異常者には数字の21がはっきりと読み取れるのに対し、ほかの人には数字の74がはっきりと読み取れる。

想像力を調べる石原式検査表はない。誰かが5次元を視覚的に把握できることを直に確かめる手段はないのだ。

本当のところサーストンに何が見えていたのかはわからないが、その数学の業績を前にすれば、私に見えない多くのものが見えていたことは間違いない。サーストンの文章の書き方を見ると、自分に見えているものを私たちに教えようとしていることがうかがえる。彼は、それを直接見せたくてもできないことがわかっていたので、数学に取り組んだのだ。

すばやく直観すること

『ニューヨーク・タイムズ』紙に掲載されたインタビューで、サーストンは次のように簡潔に述べている。

「私が4次元や5次元を視覚的に把握できることは、人には理解されない。5次元の形を視覚的に把握するのは難しいが、だからといって思考を介してそれに取り組む妨げにはならない。考えるとは、見えるのと同じことである」

そうはいっても、最後の文章には説明が必要だ。次の章では、すばやく直観的に考えることと、ゆっくり熟考することの微妙な違いを考察しよう。数学者にとって「見える」とは、すばやく直観的に考え、熟考しなくても自由にすぐ対象を引き合いに出せることを意味する。あたかもその対象が本当に存在し、すぐ目の前にあるかのように、である。

容易かつ瞬時にアクセスできることは、知覚の文字どおり視覚的な性質よりも重要である。見えるとは、明白だと思うことである。それは語源からいって真実であり（「明白」を意味するフランス語〝évident〟は「見える」を意味するラテン語〝videre〟に由来する）、日常生活においても真実である。たとえば、みなさんが氷の塊を見ればそれが冷たいことは明白であり、温度が直接見えるわけでもないのにその冷たさが見えるような気がする。

世界に耳を傾ける

ベン・アンダーウッドは1992年にカリフォルニアで生まれた。母親はベンがわずか2歳のとき、息子の一方の目の奥にある奇妙な光に気づいた。網膜のがんだ。ベンは3歳で両目の摘出を余儀なくされた。婉曲表現として「目が不自由な人」という言葉を使うことがあるが、ベン・アンダーウッドの場合、婉曲表現でごまかしても意味がない。彼は盲目である。ベンは7歳で、自分が不思議な力に恵まれていることに気づく。舌打ちする音でまわりの世界が見えるのだ。

本当の魔法は存在しない。ベン・アンダーウッドは単に、コウモリやイルカのように反響定位を使って見る術を身につけたのである。舌打ちの音がソナーだ。ひとつひとつの物体から返ってくる特徴的な反響で、その位置や大きさ、形や素材がわかる。

反響から周囲の空間に関する情報が得られることは、私たちもすでに知っている。浴室とゴシック様式の大聖堂を区別するには、耳をすませればよい。みなさんは、ある朝、静けさの質感が変わったせいで目を開けなくても夜のうちに雪が降ったことがわかったという、わくわく

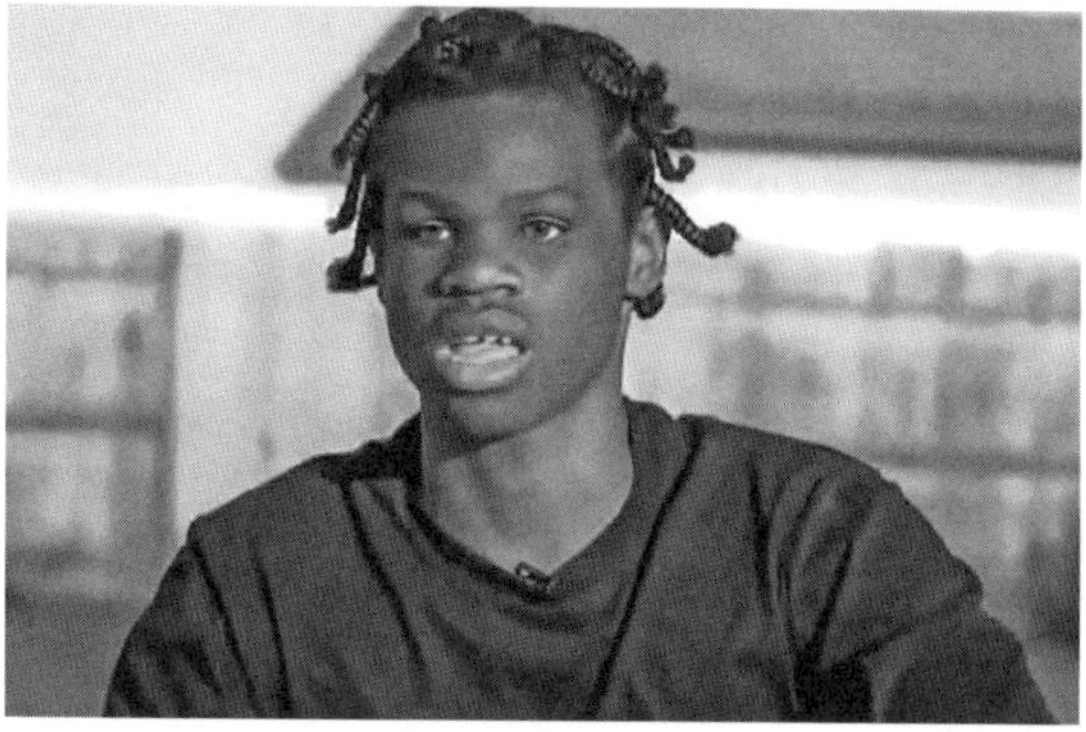

するような体験をしたことがないだろうか。

とはいえ、耳だけで私たちの周囲の世界の詳細なイメージを再構築できるという事実はなかなか信じられない。だが、それこそベンが成し遂げたことである。

誰から方法を説明されたわけでもなく、そんなことが可能だと教えられたわけでもないのに、ベンは本当の「視」力を発達させた。ビデオを見ると、ベンは杖にも頼らず手探りもせず、自由に移動している。日常生活の動作をこなし、階段を上り下りし、ドアから出入りし、目の前の物体の名前を言ってからそれをつかみ、道を歩き、木や枝を指さし、自転車に乗り、ローラースケートをはいて滑り、自動車のあいだを縫うように進み、バスケットボールをプレーしている。

視力に障害を抱えながら、反響定位の能力を発達させた人はベン・アンダーウッドが最初ではない。この現象は300年近く前から知られ、記録されてきた。それでも、ベン以前にこのテクニックをここまで完璧に身につけた人はいなかった。

ベン・アンダーウッドは人間にできると思われていたことの限界に挑戦した。ベンは反響定位の能力によって科学界でも一般大衆のあいだでも有名になった。10代でオプラ・ウィンフリーの番組に招かれて自分の生い立ちを語っている。

このテクニックをさらに伸ばし、その秘訣を人々に教えていたら、ベンは何を達成できただろうか。それは永遠にわからない。ベン・アンダーウッドは16歳で、その視力を奪ったがんが再発して亡くなってしまったからだ。

脳の可塑性とは何か

ウィリアム・サーストンとベン・アンダーウッドが天才であったことに議論の余地はない。だが天才とは、正確にはどういうことだろうか？　知能の問題か？　好奇心の問題か？　勇気の問題か？　生きる意欲の問題か？

私はふたりには心から感嘆するが、彼らの物語を紹介することにしたのは、読者のみなさんとこの感嘆を分かち合いたいからだけではない。

真のテーマは、私たちが脳の機能に対して抱く根拠のない思い込みである。私たちは、自分の脳が構築したイメージに影響されることなく、「現実の」世界に直接アクセスできるという幻想を抱いている。与えられた大幅な操作の余地を無視し、自分の知能にばかげた限界を定めているのだ。私たちにとってベン・アンダーウッドの物語はあまりにも信じがたいため、都市伝説なのではないかとついインターネットで確認してしまう。それを見れば、自分たちの想像を超えた体験がどんなものか少し見当がつくだろう。

脳にはすばらしい可塑性〔脳の神経細胞や回路が外界からの刺激によって変化する性質〕があり、人の運命はその可塑性をどう生かすかに大きく左右される。しかし、私たちの文化と教育からは、そのことを伝える活動がすっかり抜け落ちている。数学教育の失敗は、その欠落がもたらす結果のひとつにすぎない。脳の可塑性を数学に生かす動作を運よく再発見できなかった者は、数学がまったく理解できない運命をたどることになる。

数学に限らず、脳の可塑性の基本原則が一般に知られていないのは実にもったいないことだ。すべてを知る必要もすべてを理解する必要もないが、次の要素は基本として覚えておきたい。

Ⅰ．人間の脳の可塑性は驚異的で、超自然的といってもいい。ウィリアム・サーストンやベン・アンダーウッドに代表される物語はなかなか信じられないだろう。感嘆はするが、扇情主義の匂いがぬぐい切れず、どこかに嘘があるはずだと勘繰りたくなる。だが、どこにも嘘はない。生物学的観点から見れば、何もおかしくないのである。

信じられない理由は簡単だ。作用しているメカニズムが意識されないからである。ベン・アンダーウッドは舌打ちの反響を分析することで世界を見ていると聞くと、人はベンがふつうの人間にはできそうにない複雑な数学の計算をしているところを想像する。これは正しいと同時に間違ってもいる。紙に音波の反射を求める方程式を書き出しても、周囲を見るのに間に合うほどすばやくは解けないだろう。ベン・アンダーウッドがこの計算を〝頭のなかで〟できるなど信じられない。

このような方程式を、学校で習うような意識的・機械的な方法で解ける人はいない。しかし脳の可塑性には、意識をすり抜ける多数の細かい要素を認識するよう脳を訓練することで、方程式を立てずに解く〝無意識の〟手段をもたらすという特性がある。

数学者のなかに、学校で習うような解法で数学の問題を解く人はいない。そのような解法に従ったところで、本当に新しい数学を生み出すことは生物学的に不可能である。物理の方程式を書き出して歩き方を習得することが生物学的に不可能なのと同じだ。

半ば無意識のプロセスによるのでないとしたら、自分が見方や歩き方や話し方を習得できたことをどうやって信じるのだろうか？

5次元を視覚的に捉えたり、舌打ちによって世界を見たりできることを疑うような従来の基準に照らして考えると、自分の基本的な学習も同じように信じられないだろう。論理的には、見方や歩き方や話し方を学ぶことも不可能に思えるはずだ。それなのに、私たちはそれができるようになった。

2．出発点はいつも取るに足らないことだ。実験してみよう。目を閉じて、誰かに顔の前に手の平をかざしてもらう。そしてあなたが舌打ちをしているあいだに、予告なしに手の平をどけたり、ふたたび顔の前に持ってきたりしてもらうのだ。手の平があるかないかが耳で聞き分けられるだろう。壁から数センチの距離に近づくと、壁が近くにあると耳から判断できるのと同じことだ。

人間には、この原始的な反響定位の能力が未発達な状態で備わっている。それを発達させるか否かは各人の自由である。独力でこの能力に気づくには一種の才能が必要だが、あるとわかれば話は別だ。ダニエル・キッシュ（幼いころに失明し、ベン・アンダーウッドと同様、反響定位のテクニックを独自に考案して現在では盲目の若者たちにその方法を教えている）のように、その方法を教えてくれる人だっている。

誰もが同じ能力をもっている。すべては意志、忍耐、オープンな心構えの問題である。

3．進歩は気づかないほどゆっくりである。脳の可塑性は本質的に目に見えない緩慢な現象で、進歩をリアルタイムで感じ取ることはできない。進歩は見えないため、たいていはあるとき突然自覚できる。何の努力もしなくても、進歩は見えないところで気づかないうちに起こっているのだ。

反響定位の場合、数週間にわたって1日1時間取り組めば、目に見える結果が得られるようだ。結局は運転の方法を学ぶのと少し似ている。

この時間枠はほかの多くの分野にも通じる。学ぼうとするのが新しいスポーツであれ、新しい言語であれ、新しい仕事であれ、どれでも同じだ。まず取りかかり、自分にはできないのではないかと思いながら数時間にわたって試行錯誤すると、最終的には魔法をかけたように自分にもできるとわかる瞬間が訪れる。

確実にやる気をなくす方法

私が10代のころ、いとこのジェロームがスケートボードを買った。私はまず「滑れないのになぜ買うんだろう？」と思った。滑ろうとしても落ちるばかりだったのだ。傍から見るかぎり、スケートボードを練習する人はスケートボードから落ちることを延々と繰り返している。ただ、しばらくすると、不思議なことにジェロームは滑れるようになってきた。このときは単なる驚きでは済まなかった。まるで能力がないことを評価されたかのような、不公平でありえない出来事だと思った。

脳の可塑性の法則を知らないと、他人を過小評価し、自分自身も過小評価してしまう。脳の可塑性の特性は、大胆さを能力に変換することだ。

緩慢で目に見えない、不可能に思える結果をもたらすプロセス――それが学習メカニズムの生物学的現実である。

不幸な偶然のせいで、これでは確実にやる気を奪われてしまう。道筋のはっきりしない、緩慢で先行きの不透明なプロセスに取り組むには、十分な冷静さと自信が欠かせないからだ。

それが理由で、私たちは公式に学習できる内容（〝入門コース〟と〝職業訓練コース〟が存在する内容）のみを学んで済ませがちである。他人を模倣することで習得できるものや、自然に身につくものだ。

それ以外の目に見えない秘密の学習は、「才能」と「素質」と「自然を越えた」力の話だと思われている。何かを5次元で見たり、反響定位で自分の位置を確認したり、犬や猫の性別を顔つきだけで判別したりする方法を身につけられるとは誰も言ってくれなかったため、私たちはそれを試そうともしていない。

自分でも知らずに発達させている「魔法」の力は、きちんと自覚されずに無駄になることさえある。声の響きや微笑みにひそむ不誠実さを感じ取る、好きな人の匂いをかぎ分ける、相手が感じていることを相手が言う前に知るなどの能力だ。数学が苦手な人は、マスターするのに数十時間かかるテレビゲームが、認知機能の点から見れば高校数学の学習内容より100倍難しいことさえ忘れている。

幼い子供の学習能力を取り戻すというのは、すなわち素質と才能をめぐるくだらない話を忘れることである。自分にはできないという思いに惑わされることなく、できるかできないかわからない何かに10時間や20時間を費やせるようになることだ。深い理由もなくただ見たり遊んだりするために、運試しとして世界を思い込みなしに観察する楽しみを取り戻すことだ。

10時間や20時間なら気軽に試せるだろう。反響定位を使って周囲を見るというのはおもしろそうな思いつきだし、仮にうまくいかなくても損失は少ない。それでも、本当に20時間を費やすには本気になる必要がある。

自分のコンフォートゾーンを離れ、文字どおり10時間や20時間かけて本気で探求に乗り出せば、自分の内に思いがけない能力を発見するのに十分だ。そうはいっても、みなさんは10時間や20時間を費やして本当に新しい何かに取り組んだことがあっただろうか?

世界の見方はいつでも自由に変えていい

博士課程修了を1年後に控えた25歳のとき、私は自分の脳の可塑性には限界がないという仮説を立て、純粋に脳のプログラムを書き換える活動として数学に取り組みはじめた。あるいはもっと乱暴な言い方をすれば、25歳にして私は自分の認知能力を意図的・体系的に攻撃する企てに乗り出すことにしたのだ。

「自分の直観と論理の矛盾に注意を向ける」という私の基本的なテクニックは変わっていなかった。このテクニックは、ベン・アンダーウッドの舌打ちのように、私にとって世界を探究するためのツールでありつづけていた。

人生のこの段階で変わったのは、思考回路とそれがもたらす心理的姿勢である。与えられた世界の見方と捉え方は変えようがなく、誰でもあらかじめ決まった量の知能でやっていかなければならない、という考えは捨てた。代わりに、見方と捉え方はたえず自由に変えてよく、日々、〝自分で自分の知能を構築してよい〟のだと思うようになった。

第16章では、私がこの方向に進歩するために役立った視覚化の練習問題を、簡単なものから難しいものまで順にいくつか紹介しよう。

このアプローチの変化はまず実際的な結果をもたらした。私は独創的な数学者になったのだ。誰にも思いつかないことを思いつくようになり、誰にも見えないことが見えるようになり、誰も証明できなかった定理――最初は易しい定理、そしてキャリアを積み重ねるにつれて、それまでは自分の力が及ばないと思っていた定理――を証明できるようになった。数学的独創性は、解明できない謎とされる。しかし私の経験では、適切な心理的姿勢を採用したとたんに自然現象のように現れた。

だが、最も重要なことは、この新たなアプローチが私生活にもたらした影響である。空間認識の方法を変えるために視覚野を攻撃することができるなら、真理の概念を理解する方法まで変えられるなら、それ以外のことはどうだろうか？　たとえば私の人生に与えられていると信じていたもの、人が言うように私のいわゆる「個性」の一部をなしていた「長所」と「短所」は、どうなるだろう？　消極性や行き詰まりや不安など、私にとって障害とみなされるすべての要素はどうなのか？　社会的アイデンティティは？　こうしたものが空間と真理の認識より柔軟性に欠け、造形性に乏しく、プログラムを自由に書き直せないわけがあるだろうか？

あの日、外に出て、「こうした要素が変えられないわけはない、再構成も可能なはずだ。自分で試してみれば済むことだ」、とはっきりと思えたときの喜びはいまでも忘れられない。

個性は変えられないというのは盲信にすぎないのだ、と私は自分に言い聞かせた。

第11章　ボールとバットで1ドル10セント

ボール1個とバット1本の値段の合計は1ドル10セントである。バットの値段はボールよりも1ドル高い。ボールはいくらだろうか?

これはダニエル・カーネマン著のベストセラー『ファスト&スロー　あなたの意思はどのように決まるか?』〔村井章子訳、早川書房、2012年〕に出てくる問題だ。カーネマンは認知バイアスの研究で2002年にノーベル経済学賞を受賞した心理学者である。

このテストをぜひ、みなさんの友人に試してみてほしい。ほとんどの人がひっかかり、ボールは10セントだと答えるだろう。だが、その答えは間違っている。ボールの値段が10セントなら、バットの値段は（ボールより1ドル高いのだから）1ドル10セントで、ボールとバットの合計は1ドル20セントになる。

このように、なぜ10セントという答えが間違いなのかを説明すれば、相手もあっさり納得するはずだ。だからといって、すぐにその相手が正解を答えられるとは限らない。あれこれ言いわけを始めるかもしれない。やれ計算が難しいだの、紙に方程式を書かなくちゃいけないだの、それも面倒だの……といった具合に。

正解は、「5セント」である。ボールの値段が5セントなら、バットは1ドル5セントとなり、ボールとバットの値段は合わせて1ドル10セントになる。

このボールとバットのエピソードは、カーネマンの理論において中心的な役割を果たし、理論のみごとな例証になっている。その出発点となるのは、人間はカーネマンが「システム1」と「システム2」と呼ぶ2つの認知システムを使っている、ということだ。

システム1を用いると、努力しなくてもすばやく直観的に答えを出すことができる。2+2の答えとか、自分が生まれた年やゾウとネズミのうち体重が重いほうはどちらかという質問に対して、深く考える必要はない。システム1のおかげで即答できるのだ。しかし、ボールの値段が10セントだと間違った答えをしてしまうのもまた、システム1のなせる業である。

システム2は、47×83といった計算や自分が生まれた日から現在までの日数を問われた場合に利用しなければならないものだ。答えは出せるが、そのためにはよく考える必要がある。紙と鉛筆がいるかもしれない。ここでひとつ確かなのは、誰でも、そんな面倒なことはできればやりたくない、ということだ。システム2は、システム1より信頼できて厳密であっても、必要に迫られたときにしか使いたくない。考えたり、計算したり、論理的に推論したりすると、疲れるからである。

カーネマンの理論を要約してみると、以下の2点にまとめられる。

1．人間は、自分のシステム1が答えを出すたびに、それが正しいかどうかを確かめるためであってもシステム2に助けを求めようとせず、システム1の答えをそのまま使いたいという誘惑にかられる。システム2は知的リソースとエネルギーを大量に動員するので、直観のほうを優先したくなるのだ。生物学的に見ても、人間は知性を使わずに済ますほうを選ぶようにできている。

2．状況によっては、システム1は必ず間違えた答えを出してしまう。まるで脳内の配線に欠陥があるかのように、誰もが同じ間違いを犯すのである。これが有名な「認知バイアス」と呼ばれるもので、カーネマンとその学派が身を捧げている研究の対象である。ボールの値段は10セントだと答えたくなるのは、その一例だ。

カーネマンの著書が成功を収めたのは、単に理論を説明しているだけでなく、私たちが罠にひっかからないための具体的な方法を提案しているからである。

カーネマンのアドバイスは単純だ。著書に記されている「認知バイアスのリスト」を暗記し、典型的な状況に遭遇するたびに、システム1に引っ張られずに無理にでもシステム2を動員しようとする。ただ、それだけだ。

だが、私にはもっとよい方法がある。これからそれを説明しよう。

「あなたは数学者だから!」

私がボールとバットの問題を初めて耳にしたのは、プリンストン大学で認知科学を勉強している友人からだった。彼女はカーネマンの著書を読んだばかりで、私を相手にテストしてみたかったのである。

ほとんど人がそうであるように、私も直観的に答えた。システム1という呼び方は知らなかったが、自分のシステム1に従った。深く考えず、計算もせず、私の頭に最初に思い浮かんだ答えが「5セント」だったので、「5セント」と答えたのだ。

私の回答でどうやら友人は気分を害したようだったが、その理由をすぐには理解できなかった。彼女は私の答えの何がまずかったのかをわざわざ説明してくれた。ふつうなら、「10セント」と答えるか、何秒も経ってから「5セント」と答えるという。私がしたように、じっくり考えずに「5セント」と即答するなど、あってはならないのだ。そんなことは不可能だと証明してノーベル賞を受賞した人までいるのだから。そして、友人は話題を変える前に自分を納得させるような説明——単純で現実に即した、間違いとも言いきれない説明——を思いついたようで、こう言った。「反則だよ。あなたは数学者だから！」

その後、私は知り合いを相手に同じテストをしてみたが、これほど多くの人が「10セント」と答えるのかと心底驚いた。さらに意外だったのは、最初の答えが間違いだとわかったあとでも、彼らが正解を見つけるのに苦労したことだ。何よりも信じられなかったのは、まるで正解が「5セント」だなどとすぐにはわかるわけがないとでも言うように、誰もが「計算しないと」と言い出したことだった。

私はまるで、ゼラニウムは色が変わると思っていたドルトンになった気分だった。ただし、友人たちに細胞がひとつ足りないのではなく、むしろ私のほうが友人たちより多くの色が見えるのだ。ドルトンと私のもうひとつの違いは、当然ながら「10セント」か「5セント」かの答えは遺伝とは関係ないということだ。

では、私にはどのように正解が見えるのか？　そして、どうすればみなさんにも見えるようになるのか？　それについてはこの章の最後に説明しよう。

直観のA、理屈のB

このボールとバットの話に本気で興味をそそられた私は、自明なはずの正解が友人には思い浮かばない理由を探ろうとした。

ドルトンと少し似ているが、私はちょっとした調査を行い、理由がわかった気がした。友人たちにボールとバットのテストをした後、次のような質問をしたのだ。

「人生がかかった重要な決断を迫られているとしよう。選択肢のAとBから選ばなければならない。君の直観はAを選べと言っているが、理屈ではBを選ぶべきだ。どうする?」

この質問を数学者ではない友人10人以上にしたところ、ほぼ全員がためらうことなく、直観に従ってAを選ぶと答えた。ひとりだけがBと答え、もうひとりは長いあいだためらったあげく、はっきりとは答えなかった。

ただし、みなさんが同じ実験をしてもAの割合が同じぐらい高いという保証はない。私の手順はいわゆる「選択バイアス」の影響を受けている。私の友人が一般集団を代表しているとは限らないし、直観に従う人のほうが私の友人になりやすいという可能性は大いにある。

もっとも、私はAとBの正確な割合にはそこまで興味はなかった。知りたかったのは、私だったら言う答えを誰かが言うかどうかだった。だが、誰も私と同じ答えを言わなかった。

私の仮説は、この質問に対する私の変わった答えが、数学が得意になれた、そしてその過程でいくつもの認知バイアスを是正できたカギである、というものだ。

直観は正解にならない!?

カーネマンによると、米国の大勢の学生がボールとバットのテストを受けたが、「結果は衝撃的」だった。入学試験の難易度がそれほど高くない大学の場合、誤答率は80%を超える。ハーバード、MIT（マサチューセッツ工科大学）、プリンストンの学生でも50%以上が間違えている。

カーネマンの本は刺激的だが、「正解」の反対を「直観的な答え」としているのを見て首をかしげずにはいられなかった。まるで直観的な答えはひとつしかなく、それが必ず間違っているとでも言うようだったからだ。たとえば、カーネマンは次のように書いている。

「正しい数字を見つけた人の頭にも直観的な答えが思い浮かんだと考えるべきだ。彼らは、自らの直観に抵抗できたということだ」

要するにカーネマンは、私のような人間は存在する権利がないとみなして当然だと思っている。私に言わせれば、もちろんそれは合理的な仮説ではない。

私個人の存在という些末な問題はさておき、このエピソードはとりわけ、カーネマンが推奨する内容と数学者全員が身にしみて知っている事実との深い断絶をよく示している。暗算に関する助言としてどちらが信じられるか、みなさんが判断してほしい。

カーネマンはハーバード、MIT、プリンストンの学生の50%が明らかに間違っている直観を盲信することに衝撃を受けており、それは私も同感である。

だが私は、カーネマンがごく当たり前だと思っているらしい別のことにも衝撃を受けた。ハーバード、MIT、プリンストンの学生の50%が、直観にこれほど欠陥があるにもかかわらず、どうしてそのような一流大学に入学できたのか？

入試の難易度が高い大学で学び、教えた経験のある私は、正解がすぐに思い浮かぶ者には大きな競争上の優位性があることを知っている。そうでない者がどうやって仲間と肩を並べられるのかも理解できない。きっと気が遠くなるような猛勉強、私にはとうてい不可能な、考えただけで頭痛がするような努力で補っているのだろう。

カーネマンは、直観に「抵抗」し、システム2に従わなければならない状況を判別するようにと助言する。人間が努力に反発し、直観的に思いついた答えを好み、システム1を溺愛——およびシステム2を嫌悪——する現象を生涯かけて考証した人にしては奇妙な助言である。

訓練を重ね、型どおりの規則を機械的に学習し、ロボットのような思考法に従うということの論理は、まさに学校教育の論理である。カーネマンはそれがうまくいかないことをよく理解できる立場にいるはずだ。

私はもうひとつ別の点にも違和感を覚える。システム1に用心しなければならないのは確かだが、システム2についてはどうだろうか？　私自身は、中学2年生でシステム2を信用するのをやめた。自分には3行続けてミスなく計算することは無理だとわかったときだ。

しかしなかでもいちばん気にかかったのは、カーネマンの論拠では直観が、再構成したりプログラムを書き換えたりできない、固定されたものであるかのように捉えられていることだ。彼がローマ時代の人だったら、「10億ひく1」の答えは暗算では出せないと説明したに違いない。この数字は人間の直観能力を超えているのだから。

もうひとつの選択肢、システム3

私の場合、人生がかかった重要な決断を迫られた際に、自分の直観が選択肢Aを選べと言い、道理がBを選べと言ったら、何らかの障害があってまだ決断を下す準備が整っていないのだと納得する。

これが、私のいう「システム3」に頼るべき場面だ。

システム3とは、直観と道理との対話確立を目指して行う、内観と黙考のテクニック全体を指す。みなさんは見た夢を思い出し、妙な後味が残る消えそうな印象に言葉を当てはめ、やたら不明瞭で矛盾した考えを解きほぐそうとするたびに、このテクニックを活用している。

私は18歳のころ、頭のなかのくだらないイメージはそれを説明し名づける努力をしたとたんに自然に修正される傾向があることを発見し、〝自分の直観と論理のあいだの矛盾に耳を傾ける〟習慣をつけた。そしてシステム3を数学理解に向けた戦略の中心に位置づけたところ、このアプローチは期待を上回る成果を上げた。

誰でもシステム3を知っており、少なくともときどきは活用している。数学探究の旅から私が得た学びは、システム3は自発的・徹底的に活用することができ、人間の認知能力が想定する限界以上に直観力を伸ばす効果がある、ということだ。

年月を経て、直観と論理の一致を目指す一貫した探求が、世界を、他者を、自分自身を理解する私なりの方法になった。

具体的に説明すると次のようになる。自分の直観がAと言い、道理がBと言う場合、私は調停者の立場をとる。自分の直観を言葉に置き換え、簡単で意味の通る物語のように語ろうと努力する。逆にいえば、論理的推論が言わんとすることを直観的に悟り、その内容を体で感じ取ろうとするのだ。それが本当に信じられるだろうかと自問し、試行錯誤する。時間はかかるが、本当の意味での努力ではなく、むしろ流れに任せた瞑想に似ている。裏方で行われつつ中断と再開を繰り返し、翌日か数カ月後か、あるいは数年後に突然明白になる、そんな作業である。目的はどこがおかしいかを理解することだ。自分の直観と論理はたしかに同じ言語を話しているだろうか？　たしかに同じ対象について話しているだろうか？

私の直観は決して完璧ではない。たいていは的確だが、でたらめを言うこともある。それでもふつうは修復できるのが幸いだ。論理のほうは決して間違えない。少なくとも建前としては間違えないことになっている。ただ、論理から導かれる結論は私の期待どおりとは限らない。

最終的には、ほとんどいつも私の直観に軍配が上がる。直観に対して、論理に耳を傾けるよう強いると、直観は論理を考慮に入れて自分の立場を調整する。論理が岩のようにじっと動かない素材であるのに対し、直観は有機的に生きていて成長する。

このアプローチを「システム3」と呼ぶのは、明らかにばかげている。ただ単に〝考える〟や〝熟考する〟と言えばよいのだ。だがこれらの言葉の意味は、直観に逆らって考えるべきだと信じ込ませたい有毒な伝統によって捻じ曲げられてしまった。私たちは、直観は理性の先祖代々の敵で、対話など不可能で、熟考はシステム2に盲目的に屈することだ、と言い聞かされている。

私としては直観に逆らって考えることなどできないし、それができると言う人の誠意を大いに疑っている。

第3章では、直観は最も強力な知性の源泉だと述べた。けれども、みなさんの夢を打ち砕く覚悟で告げなければならないことがある。直観は魔法の液体でも、幸運の星でも、肩に置かれた神の手でもない。直観の性質ははるかに平凡だ。直観は、目に見えないとはいえ具体的で物質的な現実が、はっきりと姿を現したものである。私たちが胎児として存在しはじめた日から脳がたえず構築し、再編成してきた、神経細胞《ニューロン》間のシナプス接続が絡み合ったものなのだ。

人間の脳には、天の川に瞬く星の数ほどの神経細胞があり、そのひとつひとつが平均して数千個のほかの神経細胞に接続されている。無数に相互接続されるこの組織は、みなさんの連想のネットワークである。その構造が、脳に流入しつづける生の情報に意味を与える方法となる。つまり世界観そのものだ。見えたものや聞こえたもの、感じたものや想像したものや望んだもののすべて、あらゆる体験、あらゆる知識、あらゆる記憶が、この絡み合いのなかに記号化されている。みなさんに語りかける直観は、このすべてを背負っているのだ。

直観はつねに、言語による最も高度な推論よりも強力で多くの情報にもとづいている。にもかかわらず、間違えないとは言い切れない。直観がボールは10セントだと言うなら、その直観は間違っている。

私の直観はみなさんの直観より確かなわけではない。実際、しょっちゅう間違っている。それでも、私は自分の直観を恥じなくなった。自分の間違いを軽蔑も抑圧もせず、知能が劣っていることや脳にしっかり組み込まれた認知バイアスをさらけ出すものともみなさない。それどころか、お粗末で明白な誤りほど刺激的なものはない。そのような誤りは、私がものごとを適切な視点から見ておらず、見方に改善の余地があるという印にほかならない。自分の直観の間違いを見抜けるようになったら、自分の脳内表象がすでに再構成されつつあるということだ。

私の直観の精神年齢は2歳である。何のコンプレックスもなく、常に学ぶ意欲にあふれている。みなさんも自分の直観を虐待するのをやめれば、それが私の直観とまったく変わらないとわかるだろう。直観はひたすら成長を求めるのだ。

イメージに置き換えてみる

悪筆だから、すぐに気が散るからという理由で、私はいつも計算ミスをしがちだった。

中学2年生のとき、この悪癖を直す唯一の方法は3行ごとに自分が書いた内容が合っているかどうかを確かめることだと思い至り、その効果を本気で信じていた。別の言い方をすれば、常にシステム1を使用してシステム2の仕事を監視する方法を身につけたのだ。このころから、直観的に捉えられない数学的対象は私には操作できなくなった。

私はいつ十進法で表記した数字を優先して視覚化するのをやめたのだろうか？　もう覚えて

いないが、たぶん同じ時期だろう。十進法の表記は紙に書いて計算するにはとても便利だが、その計算が正しいかどうかを直観的に把握するにはあまり便利ではない。システム1の利点は、言語と表記の制約を受けないことだ。

私は文脈に応じて複数の方法で数を視覚化することができる。たとえば、価格は長さとして視覚化することが多い。友人からボールとバットの合計は1ドル10セントだと聞いた私は、その言葉をすぐに次のような脳内イメージに置き換えた。

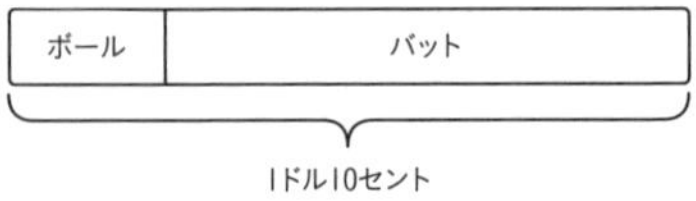

バットはボールより1ドル高いという言葉は次のように解釈した。

それから2つの図が頭のなかでひとつに合わさり、次のような図が思い浮かんだ。

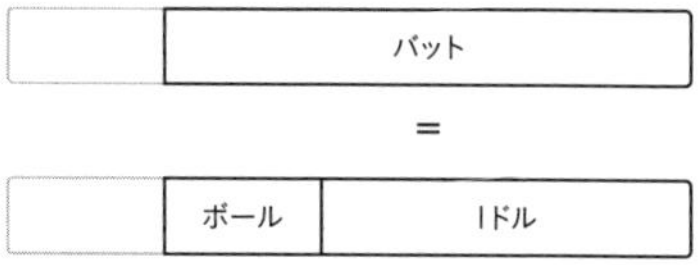

問題をこのように視覚化すれば、ボールが5セントだと気づくために特別に利口である必要はない。

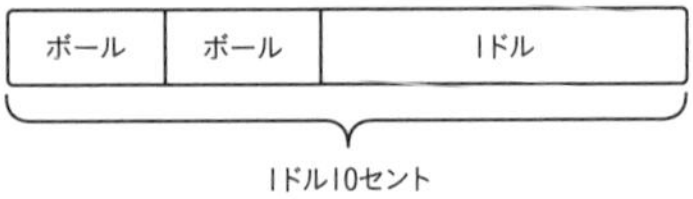

脳内イメージ自体はよくも悪くもなく、理解の手立てになる以上の価値はない。問題を視覚化する方法は無数にあり、私のやり方がとくに効果的だと言うつもりはない。そもそも私の数に対する直観はいたって平凡である。ボールとバットが合計2734・18ドルで、バットのほうがボールより967・37ドル高かったら、頭のなかで計算できなかっただろう。

私がこのようなイメージを頭のなかに描いたのは、これまでにたくさん計算間違いをしたからだ。自分は数学ができないと結論づける代わりに、自分で書いたものがどうなっているのかを理解するべく、状況をもっと単純に把握できる方法を探したのである。

私はこのアプローチで時とともにさまざまな脳内イメージを構築し、それがいま、世界の理解を深めるために役立っている。

ボールが5セントなのは自明だと思えるようになりたかったら、理解できない新しい見解を突きつけられた数学者のようなやり方で取り組むとよい。私の捉え方を暗記するのではなく、自分に合ったイメージを自分で構築するよう訓練するのだ。覚えておくべき重要なメッセージをまとめると次のようになる。

1. 直観は書き換えられる。
2. 直観と推論力のずれは、ものごとの新しい見方を〝自分の内につくりだす〟チャンスである。
3. 一度で即座に成し遂げられると期待しないこと。脳内イメージを豊かにすることは、神経細胞の接続を再編成することである。このプロセスは有機的で、固有のリズムがある。
4. 力づくもいけない。ただ自分がすでに理解していること、自分に見えるもの、自分が簡単だと思うことから出発し、それで遊んでみること。計算を紙に書いたのならその計算の各段階を直観的に解釈できないか試してみよう。図が役立つと思ったら紙に図を描くのもよいだろう。

5. 時間をかけてこの活動を繰り返すと、直観力が高まる。伸びている実感は得られないかもしれないが、ある日突然、正解が自明だと思えるようになる。

訓練は何度も繰り返す必要があるだろう。回数はわからない。疲れるまで訓練しても意味はないので、5分間の短い訓練を何度も重ね、シャワーを浴びたり道を歩いたりしながら考え直すほうがよいだろう。何よりも、焦ることはない。週に1回、月に1回考えるだけでもよい。最も大切なのは何度も繰り返し、決してあきらめないことだ。いずれ必ず成果が出る。問題を解くのは結局、口実でしかない。要点は、自分には直観を鍛え直し、自分の体と思考を信用する能力があると気づくことである。

こう言われてもみなさんはたいして驚かないだろう。ボールとバットの問題を解くのは、ウィンドサーフィンのボード上に立つようなものだ。カーネマンに言わせると、初めてボードに立った人は水に落ちる、だから人間の平衡感覚は直観的にウィンドサーフィンができる構造にはなっていない、という結論になる。それでカーネマンは、水から出て物理の法則を暗記しようと助言する。しかし私のほうは、ボードにもう一度立ってみることを勧めているのだ。

3つの思考

この本の中心となる見解のひとつは、私たちの文化が脳の機能をめぐる誤った思い込みを広めており、そのせいで人々は数学が大得意になるための単純な動作から遠ざかっている、ということである。

一部の真理は本質的に直観に反するから、決して理解できないだろうといわれる。やる気をそぐ言い方だ。本質的に直観に反するものなど何もない。直観に反するのは、それが直観的にわかる方法が見つかるまでの一時的な状態にすぎない。

理解するとは、自分が直観的に把握できるようにすることである。他者に説明するとは、相手がそれを直観的に把握できる簡単な方法を提示することである。

ここまでに述べたことで、カーネマンの偉業に傷がつくわけではない。カーネマンが指摘する認知バイアスは、まぎれもない人間の本質で、社会的重要性はきわめて高い。誰もが同じバイアスではないにせよ何らかのバイアスの影響を受けるほか、バイアスのなかには多くの人に見られ、大きな問題となるものもある。

カーネマンによるシステム1とシステム2の区別には、単純だという利点がある。ある意味、右脳と左脳の対比を、解剖学的な間違いを取り除いた現代的な形で繰り返しているともいえる。これはたとえにすぎないが、私たちが知的資源を使う方法を考えるうえでの助けとなる。

この章の締めくくりとして、カーネマンの理論で忘れられているシステム3の基本原則をまとめよう。人間の脳の物理的な構造と機能の原則については第19章で改めて話題にするので、そこでシステム3とその効能が生物学的に解釈できるようになるだろう。システム3の概念は、数学の取り組みの本質をよく表している。

システム1は直観力である。誰もが電気にたとえたくなるのは、直観を使えば〝光速で〟考えられると思うからだ。しかも、まったくの間違いでもない。人間の脳は厳密にいうと電気回路ではないが、神経細胞を伝わる刺激はたしかに電気的な性質を帯びている。

システム2は厳密な推論力である。歯車など機械装置の用語が思い浮かぶ能力で、生物学的現実にはまったく対応していない。人間にとって生物学的に可能なのは、まるでロボットのように、暗記した一連の指示を機械的に実行することである。利点として、一連の指示が適切であれば、人間は論理的推論と正しい計算ができる。だが、この行動は非常に不快で自然に反しているため、一般には数秒で、よくても数分で力尽きてしまう。人間はきわめてできの悪いロボットなのだ。やり通すことができず、ミスも多い。

システム3は、私たちの文化では無視されているため、十分に特徴を捉えられる言葉が見つ

	システム1	システム2	システム3
名詞	直観	推論	思考?
動詞	見える	規則に従う	熟考する?　瞑想する?
形容詞	本能的	段階的	内観的
結果の性質	脳内イメージ	計算された値	システム1の修正
速度	速い	遅い	非常に遅い
時間枠	即時性	秒と分	分、時間、日、月、年
たとえ	電気的	機械的	植物的
長所	速さ、容易さ、率直さ	厳密	強力、気楽、自信
限界	不正確で一貫性がない	非人間的	時間差がある

システム1、2、3——3種類の思考速度

からなかった。先ほど述べたように、システム3は熟考力に対応すると言いたいところだが、〝熟考する〟という動詞はシステム2に従う命令として使われてからたいした意味をもたなくなった。

システム3の活動は一種の瞑想だが、この言葉もあいまいすぎる。すべての瞑想がシステム3の活動とは限らないからだ。システム3の原則は、システム1とシステム2の不一致を理解して解消するために、両者の対話を確立することである。自由な瞑想ではなく、矛盾がないようにするという制約を受けた瞑想だ。最終目的は、システム2の結果を考慮してシステム1を修正することである。

また、意図して行動を起こさなくても修正されるシステム1の能力とシステム3とを区別する必要もある。脳の可塑性はシナプスを介したネットワークのたえまない再構成によって説明される。人の頭のなかの回路は経験に応じて発展していくのだ。神経細胞は、成長して根をますます深く伸ばせる植物みたいなものである。

私たちは与えられた活動を行うたびに、システム1をその活動の特異性に慣らしている。サーフボードに立とうとすれば、そのたびにシステム1は物理学の厳しい現実に慣れ、ウィンドサーフィンの勘が構築される。システム3を使うと、システム1は論理的一貫性の厳しい現実に慣らされ、真理に対する勘が構築される。

数学教育の大きな誤解の元は、数学の目に見える表現――面食らうような言語、理解できない記号表記、硬直した推論――がすべてシステム2の世界に属するように見えることである。数学ができない人はこれを字義どおりに受けとり、数分でやる気をなくしたり、成功の見込みのない努力を始めたりする。

一方、数学が得意な人はひそかにシステム3を活用する。彼らの脳内イメージは頭のなかにしか存在しないし、たいていはそのイメージをつくりだすために努力したという意識もない。ただ毎日数分、適切な問いを自分に投げかけていただけだ。

第12章　1から100まで足すといくつ？

1950年代初頭の米国における、ごくありふれた一日。ごくふつうの一家がごくふつうの道をドライブしている。父親が運転し、2人の子供は後部席に座る。2人がけんかをしないように、父親は次のような問題を出した。

「1から100までの整数の和はいくつになる？」

小さい方の男の子は5歳。何秒か考えて「5000」と答えると、父親は「惜しい」と言った。少年はさらに数秒考え、ようやく「5050」と正解を答えた。

この5歳の少年はウィリアム・サーストンである。「最高の数学者」カール・フリードリヒ・ガウス（1777～1855年）を主人公とする有名なエピソードを知っている人は、サーストンの話を聞いて同じだなとほほ笑むだろう。ガウスの昔話はおそらく伝説にすぎないとしても、よく知られていた。それでサーストンの父親も聞いたことがあったに違いない。

ガウスは、タレス、ピタゴラス、ユークリッド、アルキメデス、アル・フワーリズミー、デカルト、オイラー、ニュートン、ライプニッツ、リーマン、カントール、ポアンカレ、フォン・ノイマン、グロタンディークなどと並んでもひけをとらない、史上最大の数学者に数えられる。すばらしく聡明で独創性にあふれていたため、同時代の人々はその知性の出所が生物学的に正常な人間の脳だとは信じようとしなかった。ガウスはその時代のアルベルト・アインシュタインのような人物だったのである。

しかも、まさにアインシュタインの場合と同じように、この話も終わるべくして終わった。ガウスが亡くなったとき、その秘密を解明できるのではないかという期待から、脳を摘出するべきだと考えた人がいた。2世紀を経たいま、ガウスの脳は容器に入れられてゲッティンゲン大学の保管庫に大切に保存されているが、知性の秘密について興味深い発見はまったく得られなかった。

伝説によれば、7歳のガウス少年に教師は怯えあがったという。教師は生徒たちに1から100までの整数の和を計算するよう求め、これで15分は静かになるだろうと思ったが、予想に反してひとりの少年が数秒で答えを出してしまったのだ。

私は高校3年生だった17歳のとき、数学の教師からこの話を聞いて衝撃を受けた。私たちには、ガウスがどうやってこれほどすばやく計算できたのかが理解できなかった。このような天才を前にして、少しみじめな気分になったものだ。

教師の説明によると、「裏ワザ」があった。しようとしている計算は、1から100までの整数の和である。つまり次のようになる。

$$1+2+3+4+\cdots+97+98+99+100$$

裏ワザは、1から100までの整数をそれぞれ2回数えてこの和の2倍を想定し、この2倍の和を次のような形で2行に並べることだ。

$$
\begin{array}{r}
1+2+3+4+\cdots+97+98+99+100\\
+100+99+98+97+\cdots+4+3+2+1
\end{array}
$$

へんな考え方！　なぜ和の２倍を考えるのか？　なぜこんなふうに数字を並べるのか？　奇妙かもしれないが、こうしてもよいのだ。ともかく、１から１００までの数はそれぞれ２回ずつ現れる。したがって、２回分の和の値は私たちが求める数の２倍になる。

今度は、行ではなく列に目を向けてみよう。全部で１００列あり、各列にある２つの数字の和は常に１０１になる。不思議だが本当の話だ。したがって和の２倍は１００かける１０１で

1万100になる。私たちが求める数はその半分なので、5050になる。

納得できるまでこの論証を何度も読み直さなければならないとしても、恥ずかしがる必要はない。この論証も数学の論証の例にもれずどこか奇妙で、読んでいると怖気づいてしまう。これが明白だと思えないかぎり1行ずつ解読しなければならないが、それには時間と集中力がいる。

この論証の各ステップは単純なので、みなさんは次の3つの結論にたどり着けるはずだ。

1. これは1から100までの整数の和は5050だという事実の正しい証明である。
2. 暗算の速い人ならこの論証を頭のなかで、数秒でできるということは信じられる。
3. だが、このような考え方が7歳児——サーストンの場合は5歳児——の頭のなかに芽生えるのはおかしい。

ともかくこの3点は、私自身が17歳のときに引き出した結論である。同時に、自分は数学に向いていないという結論にも達した。数学は、一般人とは異なるこうした〝天才〟、つまり私とは脳の働き方が違う、こんな信じられない思いつきができる人だけのためにあると思ったからだ。

高校3年生のときの教師はすぐれた教育者で、私は尊敬していたし、彼から教わったことはとても多い。それでも、この日「裏ワザ」をもちだすことで私たちに伝えたメッセージは不適切だった。

裏ワザなどない。いままでもなかったし今後もない。裏ワザがあると信じるのは、本質的に直観に反する真理が存在すると信じるぐらいに有害だ。この2つの思い込みはシステム2の観念形態、つまり直観などに価値はなく、私たちは自分で理解できない方法を機械的に適用しなければならないという思い込みの中心をなす迷信である。

たしかに、理由が理解できなくてもものごとがうまくいくことはある。頻繁にあるといってもいいぐらいだ。だが、それは常に、説明を待っている一時的な状況である。

構造的に裏ワザが存在すると信じるのは、決して理解できず、丸ごと暗記するしかないものごとがあるという考えを受け入れることである。それは証明を1行ずつ確かめることと、直観的に理解することを混同するに等しい。それはシステム2に服従する立場に陥ることだ。偉大な天才は裏ワザを見つけ、みなさんは足し算が正しいかどうかを確かめるだけという、不正で屈辱的な役割分担を受け入れることなのだ。

目的が、1から100までの整数の和がたしかに5050だと確かめることだったら、はっきりいって気にしない。だが私たちの関心の的は、ガウスやサーストンのように考える方法の習得だ。

バナナの皮をむいたのはいつ？

数学の「裏ワザ」の背後に隠れているものを理解するいちばん簡単な方法は、たとえば次のようなバナナケーキのレシピをたどることだ。

材料
バナナ／4本、卵／4個、小麦粉／250グラム、バター／180グラム、砂糖／120グラム、バニラシュガー／1袋、ベーキングパウダー／1袋。

1. ボウルにバナナを入れ、フォークでつぶしておく。
2. 別のボウルで卵と砂糖をよく混ぜてから小麦粉を加え、さらにバター、ベーキングパウダー、バニラシュガーを加える。
3. 生地にバナナを加える。
4. 180度のオーブンで40〜50分焼く。

レシピの各ステップを視覚的に理解しよう。

・まずバナナを買いに行く。バナナはみなさんの手のなかにある。レジに着いて代金を支払う。バナナがきちんと見えるだろうか？

・ステップ1の冒頭である。いま、バナナはボウルに入れてある。みなさんは手にフォークを持ち、バナナをつぶそうとしている。相変わらずバナナが見えるだろうか？

この2つのステップのあいだに、みなさんは脳内イメージを変更した。バナナをつぶす直前、頭のなかでバナナの皮をむいたのだ。一般に、いわゆる裏ワザの背後ではこの種の操作、つまり誰にとっても自明とは限らない「自明な」理由による脳内イメージの変更が一瞬にして実行されている。

バナナをよく知っていれば、つぶす前に皮をむく必要があるのは自明だが、バナナを扱ったことがなければ自明ではない。レシピの文章に必要な動作が残らず記されていることは絶対にない。必ず不可欠な細部、かの「裏ワザ」が抜けている。だからこそ、あれほど多くの人がレシピを読まずに料理動画を見ようとするのだ。

みなさんにとってバナナは子供のころから身近な存在である。仲良しだといってもよい。バナナのことなら言語の枠を越えてよく知っている。バナナについては、誰にも話したことがない内容まで多くのことを知っている。果肉に縦に沿った筋のことなら、名前はわからなくても熟知している。この筋は何の役に立ったこともないが、見かけと特性で印象に残っている。また、わざわざ口に出したことはないが、地球上でバナナの果肉ほどやわらかく崩れ、満足感を与えるものはない。「バナナ」という言葉から喚起されるのはただひとつの脳内イメージではなく、いくつものイメージである。みなさんは、努力する必要も人にやり方を教わる必要もなく、いつも一瞬にして適切なイメージを選んでいる。皮がついたままバナナをつぶすなど、あまりにばかげていて笑ってしまう。そんなばかばかしい動作ができるのはロボットだけだ。

ガウスとサーストンは、1から100までの整数の和を求めたいときはこの数を視覚化する適切な方法、つまり計算がいちばん簡単になる方法を選ぶ。それを努力もせず、人からやり方を教わらなくても一瞬にして見つける。彼らは、みなさんがバナナに関する豊富な知識を結集するのと同じやり方で、数に関する知識を結集することができる。知性の形としてはまったく同じだ。

数学では、突然の奇跡やどこからともなく現れる思いつきは、イメージが欠けているという印と考えて間違いない。ものごとの見方が不適切か不完全であって、それよりすぐれた、もっと単純で明快な方法があるという意味だ。みなさんはその方法をまだ知らないし、もしかすると誰も知らない。このすぐれた見方を探し出すことが、数学的アプローチの要である。それが、数学で得られる喜びの主な源泉である。

裏ワザをもちだすのは、おもしろさがわかってくるまさにその瞬間に熟考を止めるように言うも同然である。

皮肉なことに、みなさんはバナナと仲良しになった遠い幼少期に、数字とも仲良くなった。数え方を覚えられたのはそれだけ数字を熟知していたからである。

ところが、この数との親密な関係は失われてしまった。幼児期を脱したみなさんは私がいう〝言語の罠〟にかかり、この罠のせいで1から100までの整数の和をガウスやサーストンと同じ方法で「見る」ことができなくなった。

言語の罠は、ものごとは名づけさえすれば存在し、それを本気で思い描く努力は必要ない、という思い込みである。

この思い込みはシステム2の観念形態の典型的な表れである。思考は言葉を使って行うのであって、言葉を超越しようとしても何にもならない、と私たちは言い聞かされている。この乱暴な言い方は問題が多く、嘘といってもよいくらいだ。ものごとに名前をつければ、そのものごとはたしかに思い起こせるようにはなるが、思考と創造ができるほど力強く明確に頭のなかに存在することにはならない。

「ピンク色のゾウのことを考えるな」という冗談を聞いたら、言語学者はおもしろがる。ある意味、このフレーズを聞いたらピンク色のゾウを思い浮かべずにはいられないからだ。ただし、意に反してピンク色のゾウのことを考えてしまうこの受動的な思考方法は、ピンク色のゾウを熟知し、本当に理解できるようになる考え方ではない。実物大のピンク色のゾウが目の前にいると本気で想像してみよう。じっくり眺め、近くで観察しようとするのだ。意識的に思い描いたそのイメージは、この段落の冒頭で頭に浮かんだ軟弱なイメージに比べて信じられないほど奥行きがあり、充実していて正確だろう。想像力は、思う存分発揮することが許されればほとんど無限大である。

言語の罠を逃れ、数学の問題を解けるようにするのが、まさにこの想像の努力である。システム3の中核を占める活動だ。この活動では、遠慮なく徹底的に、身体を総動員して意識的に対象を見ようとする必要がある。

「1から100までの整数の和」という問いを読んだとき、頭に浮かんだ軟弱なイメージで満足していたら何も見えるようにならないだろう。

言葉に惑わされるのではなく、整数の和が物理的に自分の前に存在するのだと無理やり考えてみよう。1から100までの整数を、現実世界に形をとって存在し、自分の前にきちんと並んだものとして必死に想像しよう。それが見えたら、そしてその光景をじっくり観察したら、和を計算する方法がきっと見つかるだろう。

自分で方法を見つけたかったら、この先を読む前に少し時間をとって試してみるといい。

大きなサイズで見る

第6章で引用した「数学の証明と進歩について」で、サーストンは数学的対象の大きさについて驚くような——ほかでは読んだことがない——助言を与えている。

頭のなかで数学的対象を思い描く場合、「手のなかに収まる小さな物体」として思い浮かべるか、「人間大の構造物」として思い浮かべるかは選べる。あるいは「飲み込まれるほど大きく、人が内部を移動できる構造物」として思い浮かべるかは選べる。論理的観点から見えれば、それで何かが変わるはずはない。だが、サーストンは大きさがきわめて重要なのだと主張する。「私たちはサイズが大きいほど効果的に考えられる傾向にある。まるで脳は大きいものほど真剣に受け止め、そこに注ぎ込む資源を増やすかのようである」

自分には幾何学的直観がまったくないと思い込んでいる人が、けっして見えないような小さすぎる図形を思い浮かべるという単純な誤りを犯していたら?

いずれにせよ、サーストンの指摘はゾウによく当てはまる。まず手にのるような小さなゾウを想像し、次に実物大のゾウを想像してみよう。実物大のゾウは扱いやすそうには見えないし、何よりも注意を引きたくない相手だ。小さなゾウとは認知資源を結集する方法がまるで異なる。

言語の罠はサーストンが述べる現象を極端にしたものである。「1から100までの整数の和」のような表現は、実際、特定の数学的対象を正確に指す便利な方法である。こうした表現を使えばその対象を指し示すことができるが、同時にそれを追い払って邪魔されないようにすることもできる。

みなさんはこの和が見えた気になっているが、本当には見えていないし、その存在を感じてもいない。本気にしていないのだ。

この和は5050と書くこともできる。十進法表記の大きな利点はコンパクトなことだ。目立たず便利で、言うのも書くのも簡単だ。これを頭のなかでイメージすると、その利点が欠点になる。数は遠い存在となり、小さくてほとんど見えなくなってしまう。

数学の等式は常に、「見かけが異なる2つの表記が実際には同一の対象を指す」ことを表す。言語に惑わされたら、言葉とその言葉が指す対象とを混同したら、等式はまず「見え」ない。

等式が見えるようになる唯一の方法は、言語の枠を超越することである。「1から100までの整数の和」を「1+2+3+……+98+99+100」と置き換えるのが最初の一歩だ。和が実体のある具体的な形で見えた気がするかもしれないが、それは相変わらず幻想にすぎない。現実には数の大部分、つまり点線による省略の背後に隠れた数が欠けている。数学の記号は言葉と同じように言語のひとつである。だからこれも超越しなければならない。

省略も要約もなしに和の全体像が見えるようになるには、そして和と真剣に向き合って和にふさわしい場所を与えるには、言語の罠から抜け出し、和を目の前に実物大で物理的に存在するものとして思い描く必要がある。

整数の和を思い描く前に、まずひとつの数、たとえば3でやってみよう。物質世界に存在する3という数を想像するのだ。これはわりと簡単だ。3つの物体を想像すればよい。小学校で子供たちに、〝頭のなかで〟オレンジを3つ取るように言うのと同じである。こうした数との子供じみた関係、あるいは抽象的な存在との〝物質的な〟かかわり合いは、数学に取り組む精神状態にふさわしい。3という数の代わりに3つのオレンジを思い浮かべることで、みなさんは言語の罠から抜け出しはじめる。数の表記と数の値を混同しなくなるのだ。

整数には必ず何らかの値がある。

とはいえ、1から100までの整数の和を想像するのにオレンジはお勧めしない。オレンジだらけになって収拾がつかなくなるだろうから。

個人的には、立方体を使って想像するほうが簡単だと思う。私の場合、立方体を積み重ねた山としてそれぞれの数を視覚化し、1から100までの山を並べる。

頭のなかで見えている内容をそのとおりに描き出すのは難しい。私の脳内イメージはそこまでくっきりしたものではないし、立方体の山は大きすぎておそらく紙面に収まらない。そのため、だいたいの図しか描けないが、正面から見ると次のようになるだろう。

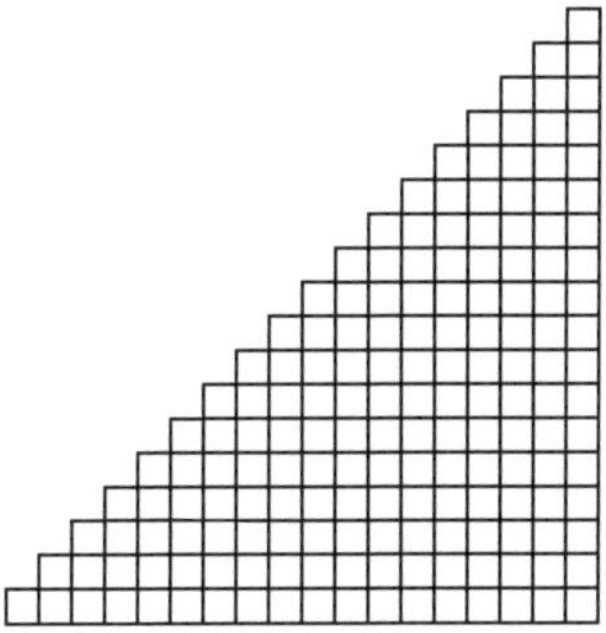

この図は間違っているが、まあよい。大切なのは、どこが間違っているかを把握することだ。この場合は立方体の数が足りない。私の図のように横18個、縦18個ではなく、横100個、縦100個の立方体が必要なわけで、そのことを覚えておかなければならない。このような間違いはあるにしても、図は私の脳内イメージを共有するよい方法だと思う（すべての立方体を描いたら何も見えないだろう）。

これでおしまい！　簡単だったのでは？

数学者は、適切なイメージが頭のなかにできあがったら証明は終わったとみなしがちである。チェスのプレーヤーがチェックメイトまでいかずに試合を終えるようなものだ。局面を見て勝つとわかるからである。

とはいえ、いまは最後まで試合を続けよう。このイメージが頭のなかにできたら、三角形が見えないとは言いにくい。求める数、つまり立方体の総数は三角形の面積である。この面積を求めるためには、小学校で習うレベルのごく簡単な公式がある。次に示すのは、この公式を知っているかどうかに応じて試合を終える2つの方法である。

1．公式を知っている場合。三角形の面積を計算するには、底辺に高さをかけて2で割る。この場合、底辺は100、高さは100である。2つをかけ合わせると1万になり、これを2で割ると5000になる。

惜しい。5歳のサーストン少年とまったく同じ間違いが再現されている。それでも、正しい方法で考えたという印なのだから幸先はよい。

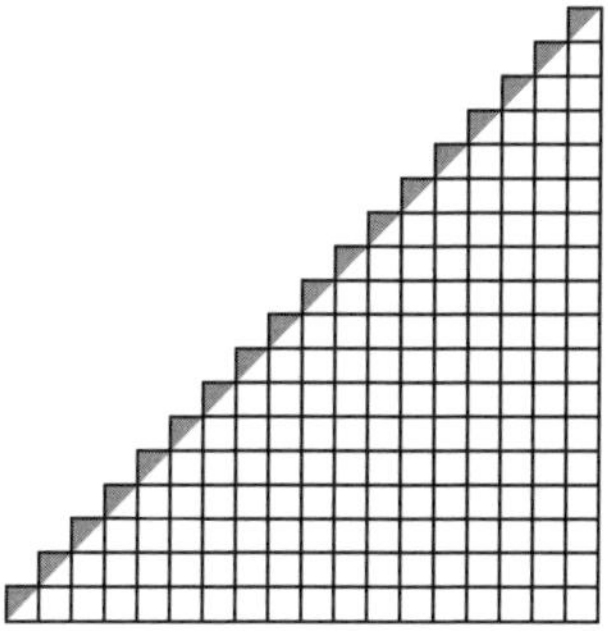

間違いは、対角線上の立方体の半分を忘れ、三角形の面積に数えなかった点である。立方体の半分を100個忘れたのだから、50を加える必要がある。これでたしかに5050になる。

2．公式を知らない場合。それは結構。改めて考え出せばよい。よく見ると、三角形は長方形の半分だということに気づくだろう。最初の三角形の山（白色）と、この三角形の山のコピー（灰色）を用意し、コピーをひっくり返して最初の山に逆さまに重ねると、次のようになる。

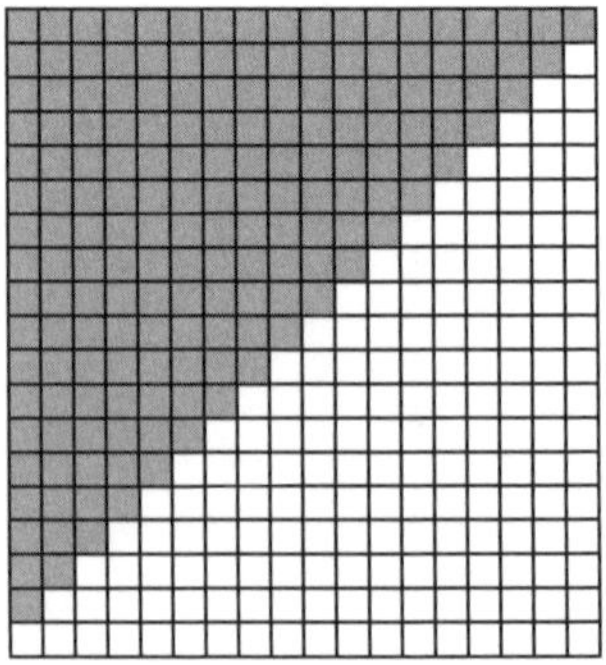

こうして幅100、高さ101、つまり100×101＝1万100個の立方体でできた長方形が得られる。したがってそれぞれの三角形には5050個の立方体がある。和の2倍を考えて変な形に並べるというかの有名な「裏ワザ」は、要はこれだけだ。長方形の面積を次のような2つの三角形に分割する方法である。

$$
\begin{array}{r}
1 + 2 + 3 + 4 + \cdots + 97 + 98 + 99 + 100 \\
+ 100 + 99 + 98 + 97 + \cdots + 4 + 3 + 2 + 1
\end{array}
$$

確率論的なカンフー

ボールとバット、1から100までの整数の和——私はこの子供向けの問題が好きだ。簡単な言葉で語れるし、言語に囚われた公式な数学と頭のなかで行われる秘密の数学との溝を垣間見られるからだ。

この2つの問題では、簡単な視覚化の努力だけで、99%の人がまったく自明だと思えない計算を自明だと思えるようになる。

だが、いつもこれほど単純なわけではない。いつも視覚的な把握でこと足りるとは限らないうえ、大切なのは機械的な演繹的推論をやめることではない。数学を理解するには、想像力と言語、直観と論理、ミクロ視点とマクロ視点、空想と計算を入り組ませる訓練が必要だ。

また、数学の問題がどれも数字の問題で、あらゆる直観は幾何学的な性質をもつという印象は抱いてほしくない。

数学的対象にはさまざまな性質があり、それを直観的に理解するために駆使される想像力は多岐にわたる。左の表は数学の主要分野のいくつかを列挙したものである。不完全で単純化されているが、とりあえず概要はつかめるだろう。

これらの分野にはそれぞれ固有のボキャブラリーと直観がある。それぞれが異なる体の使い方や脳の領域、注意の注ぎ方に対応しているようなものだ。各分野は別の話題を扱っているような印象を与えるかもしれないが、実際は数学的現実という同一の現実に異なる視点をもたらしているにすぎない。

この数学の一体性を体験すると驚くこともある。とはいっても、数学的発見は性質の異なる

分野	研究対象
算術	整数
幾何学	空間と図形
位相幾何学	軟らかい空間とゴムの形
群論	対称と変換
代数	抽象構造
解析	極限「無限に小さいもの」
確率	偶然
論理	（数学的対象として見た）証明
アルゴリズム	（数学的対象として見た）計算
力学	システムの進化
組み合わせ理論	対象物の列挙
……	……

数学の主要分野

2つの直観に架けられた橋であることも非常に多い。

ごく初歩的なレベルでは、（三角形や長方形の面積を求めるための）幾何学の公式を使って算術の問題（1から100までの整数の和）が解けたという、先ほど見たばかりの例がこれにあたる。

もうひとつ、さらに驚くような例を使ってこの章を締めくくろう。

1から100までの整数を目の前に実物大で視覚化するのが難しいというなら、もっと簡単な方法がある。わざわざ1から100までのすべての数字を取り上げなくても、ひとつだけ適当に取り上げればよい。1から100までの数からひとつを偶然に任せて取り出すと、それは〝平均して〟いくつだろうか？

これでは抽象的だと思うなら、具体的に想像する方法は次のとおりだ。あなたがあるゲーム番組に参加するとしよう。袋のなかに1ドルの小切手が1枚、2ドルの小切手が1枚、3ドルの小切手が1枚という具合に100ドルまでの小切手が100枚入っており、そこから1枚だけ小切手をひくことができる。獲得金額は平均していくらになるだろうか？

問題を整理すると、「1から100までの数からひとつを無作為に選ぶ場合、その数の平均はいくらか？」となる。

大多数の人は、深く考える必要もなく「50」と答える。それが自明だと思うのだ。ただ、1から100までの整数の平均が50だとしたら、その和は5000になる。100個の数字の和はその平均の100倍だからだ。これもまた大多数の人にとって自明である。

では、1から100までの整数の和が5000だと即答できないのはなぜだろうか？

（実際にあなたの直観が平均は50だと言うなら、その直観は間違っている。怒らないで聞いてほしい。これはサーストンとまったく同じ間違いで、実際の平均は50.5である。ここまでできれば、50.5か50かというのはささいな間違いだ。50は0から100までの101個の整数の平均なのだ。）

いま、何が起こったのか理解できなかったら、また、問題の難しさが一瞬にして吹き飛んだのが不合理だと思うなら、それはあなたが確率論にもとづく考え方の力を過小評価しているからだ。５０５０個の立方体を頭のなかで組み立てる作業はいわば運送業者の仕事で、認知能力にそれなりの量の負荷がかかる。逆に確率論的な視点は一種のカンフーといってよく、注目する数をひとつに絞り、無意識のプロセスにすべての仕事を任せることで、認知能力にかかる負荷を軽減する。

あなたは１から１００までの整数の和を計算する方法をすでに知っていたが、それを自覚していなかった。

〝平均〟の概念は純粋な人間の発明である。十進法とまったく同じように、人から習い、自分のものとしてすっかり消化吸収した抽象的な数学の概念である。これで、あなたには平均が「見える」ようになった。つまり意識したり、計算式を立てたりする必要もなく計算する術を身につけたわけだ。自分の直観を検証し、それを厳密な推論に変換したいなら、平均が50ではなく50・5である理由を理解したいなら、自分自身とその無意識のプロセス、およびそのメカニズムに耳を傾けなければならない。

この内観の作業は数学における中心的な課題である。自分の思考や状態を観察するということは、私たちが無意識に使用した脳内イメージを解体し、改善できる部分を特定する活動にほかならない。直観を日ごとに強化するのはこの作業である。

数学者は抽象概念を操るが、その抽象性は頭になく、むしろそれを〝対象〟と呼ぶ。数学者はこの対象が〝存在する〟と言いたがる。といっても、抽象概念の実体を討議するプラトン以来の形而上学的論争で意見を明確にしたいわけではない。ただ、数学ではこうするのだ、と言いたいだけである。対象と親密になることで、バナナを扱うのとまったく同じように対象を想像し、頭のなかで操れるようにするのだ。

数学的対象と親しくなるためには、長い時間をかけ、好奇心と広い心をもってじっくりと気楽に観察しなければならない。対象と戯れ、〝言語の枠の外で〟関係を築くための時間が必要である。

アインシュタインによる、自分は「ものすごく好奇心が強い」という言葉や、グロタンディークによる「子供の遊びに夢中になってひとりでじっくりとものごとに耳を傾ける」という言葉は、このことを言いたかったのである。

第13章　屈辱・みじめさ・劣等感

勉強を始めたころ、数学的独創性は自分より知能が高い人だけにあると思っていた。そして数学的知能は先天的なもので、ひとりひとりが決まった量を授かっているのだと思っていた。幸い私が受け取った量は平均より多かったが、私から見れば天才は比べものにならないほどの知能に恵まれていたのだ。

私には、数学的知能は自分で構築するものだという事実がまだ理解できていなかった。じつは、数学的知能は各自が自由に行う身体活動、つまり数学的想像の自然な産物なのだ。

数学は想像の学問である。数学的対象の想像と観察と操作を自分に許す人と、それを自分に禁じる人のあいだには差が生まれる。差は年々開き、けた違いになるまで拡大する。おもちゃでいっぱいの部屋で暮らす子供と、おもちゃが存在することを知らない子供ほどのけた外れの差である。

通念に反して、論理は想像力の敵ではない。むしろよき理解者だ。想像力の真の敵、理解を妨げ、自分は愚かだと思い込ませる敵はいつも恐怖である。

恐怖は私たちの限界を定める。恐怖は、まるでだめな人から最もすぐれた人まで、初心者から名門大学の教員まで、あらゆるレベルの誰にでもかかわる問題である。誰にでも盲点はあるが、そう聞いただけで恐怖にかられる。盲点という言葉を心の奥の不安、自分はきっと求められるレベルに達していないという思いに結びつけるからだ。私たちは入り口に掲げられた「天才以外お断り」という看板を前にして身動きが取れないでいる。その看板を、自分には難しすぎて無理だと思った日に自分自身で立てたことを忘れているのだ。

数学への恐怖の最も残酷な点は、恐怖は頭のなかだけの話だとわかっていてもどうにもならないことである。めまいと同じだ。めまいも頭のなかだけのこととわかっているのに止まらない。

恐怖を乗りこえる方法

私は数学の勉強や研究を進めるなかで、行き詰まりを打開する経験を3回している。それは

3つの大きな解放の時期で、心理的な姿勢の変化にともなって恐怖が自分のなかで後退するのを感じた。

最初の2つについては第9章と第10章で紹介した。自分の直観と論理の矛盾に注意を向けることで、一度でうまくできなくても恐怖にかられない術を学んだ。まだ理解できない場合でも、自由に想像してよいことにした。それから、脳の可塑性は無限だと断言したら、自分も独創的になれることを発見した。世界を無邪気かつ真摯に観察し、そのなかにじっくりと浸ればいいだけだった。

最も予想外だった3つ目の体験をしたのはさらにあと、30歳ごろである。

それまでの私は、キャリア初期に立派な地位を得て、いくつかのすぐれた業績を残したにもかかわらず、自分は本物の数学者ではないと思い込んでいた。自分の成功は幸運のたまものだと考えていた。自分のキャリアは偽りで、いずれ化けの皮がはがれると思っていたのだ。イェール大学で教えていた時期は、文字どおりそのような悪夢に苛まれていた。

心の奥にある恐怖の多くは社会的な恐怖である。数学に取り組む際は、自分はほかの人より愚かなのではないか、それがほかの人にもばれるのではないかという恐怖を抱く。

これまで、大多数の若手数学者のまなざしにこれと同じ恐怖を見たことがある。ごく当たり前の現象なのだ。第4章で、数学の難しさが薄れたように見える錯覚について話した。そう見えるのは、よく理解すれば自明になるという単純な理由からだった。

錯覚には、とくに若い研究者にかかわる2つ目の要因もある。ふつう、研究者には知識がある。数学研究者になれば、「知識がある人」という社会的アイデンティティをもつことになる。ただし、現実にはまったくそうはならないのだが、誰もこの事実を予告してくれなかった。

この誤解から、「自分は相手をだましている」という呵責の念に苛まれることがある。そのせいで完全に行き詰ってしまった知り合いもいる。

数学は知識ではなく実践である。数学者は、自分が取り組む対象なら熟知し、誰よりもよく理解しているが、絶対的な数学的直観を獲得できることはない。自分がよく知らない対象にはいつも苦労するのだ。槍投げのオリンピック・チャンピオンになった並外れた運動選手で、身体のコンディションが絶好調の人でも、テニスではすぐれたジュニア選手にこてんぱんにされるかもしれないように。

数学研究において権威ある地位は存在しない。そのような地位は社会的な期待に反する困った状況を生み、当事者は感情面の折り合いがつけられなくなる。

実際にあった例を紹介しよう。あなたはすぐれた若手研究者と目されている。名誉あるポストを獲得したばかりで、国際会議に講演者として招かれている。晩餐の席では博士論文を準備中の学生が隣に座り、論文のテーマを聞かされる。しかし、あなたには相手の話が理解できない。質問をしても相手の答えが理解できない。粘り強いあなたは、理解できなかったと正直に伝える。相手は、心配しないで、もう一度わかりやすく説明するのですぐに理解できるでしょう、と言う。だが、相手の言うことはいつまで経っても理解できない。

あなたには、最初から――何年も前から知っているべきなのに抜け落ちてしまっている基礎から――やり直さなければならないという自覚はある。だが、ここで失態をさらしたら、もう社会的に認められない。信用問題だ。自分がいかに話についていけていないかを白状したら、ばかにされるだろう。このような場面では、うまくごまかすのが決まりである。

この状況は、数学をめぐるあらゆる実りのない会話、つまり何も学べず、自分はいちばんだめだという確信を強化する会話の原型である。

各自の数学レベルがどうであれ、みなさんには私の言いたいことがきっとわかるだろう。数学をめぐる会話の大部分はこのような気づまりを残して終わる。実りがない単純な理由は、どれほど自分が話についていけないか、いかにそのことを恥じているか、どれだけ自分が滑稽だと思うかを白状しなかったことである。自分はだめだという思いは精神に巣くい、もう何も耳に入らない。もはや考えることといえば自分の無能さばかり。それが想像と学習の妨げになるのだ。このような会話を終えたあとは屈辱感でいっぱいになる。

32歳のとき、私はこうした会話の流れを変える専門的なテクニックを身につけた。

このテクニックはジャン＝ピエール・セールから直接教わった。第7章で取り上げたように、グロタンディークが「やっかいな原稿」について手紙を書いた相手である。

教訓の長さは5秒で、たった1文に収まる。私が生涯で得たなかで最も効果的な数学心理の教訓である。私はこれを何カ月ものあいだ、何度も反芻した末、ようやくその意味を完全に把握した。このテクニックのおかげで、数学をめぐる会話を終えたあとも屈辱感に包まれることはなくなった。

32歳から35歳にかけて私の数学の理解が飛躍的に加速したのは、このことと関係があるのではないかと思う。初めて自分はこれでよいのだという安心感を得たと同時に、私の研究はめざましく進歩したのだ。私はこの時期に証明した定理を心から誇りに思っている。

数学を語るテクニック

セールが教えてくれたテクニックはもちろんみなさんに教えるつもりだが、その前に状況を説明しなければならない。

数学の新たな成果は、文字にして出版する前にセミナーや学会で口頭発表するのが一般的である。

私は昔から数学の発表をするのが好きだ。発表にあたっては、黒板の前に立ったりするので、かなりの緊張を強いられる。長さは一般に1時間。その間、手にチョークを握りしめ、専門家からなる聴衆をひとりで相手にする。聴衆は冷ややかに発表者を見つめ、遠慮なく質問を投げかけて話を中断する。虚勢を張る余地はあまりない。それがじつに心地いい。

いまでもよく覚えているのが、1997年にケンブリッジのニュートン研究所で行った初めての研究発表である。博士課程の学生だった私はすっかり怯え上っていた。そこで自分自身の不安を軽減するため、この発表をできるかぎり初歩的なレベルで行うことにしたが、そのために必要な準備は膨大だった。私はなるべく単純な脳内イメージを用い、それをなるべく自然に連ねて物語る方法を模索した。

いってみれば、自分にとっても聴衆にとっても必要な知的エネルギーが最小限で済む発表を目指していた。ロッククライミングにたとえるとわかりやすいだろう。崖をよじ登るには、ほとんど労力がいらないルートと動きを見つける必要がある。簡単でなければ成功しないし、難しければかなり痛い目に遭う。

この発表で私は目を開かれた。ほかの人に説明することで、自分の成果を自分で本当に理解できるということに気がついたのだ。この現象は数学者によく知られている。「数学の授業の唯一の効用は、教師が理解できるようになることだ」という格言があるくらいだ。

自分自身の数学を理解するいちばんの方法は、丸っきりの初心者にそれを説明しなければならない場面を想定することである。自分を相手にして愚か者を演じると、最終的には自分の成果を自明の理として提示する方法が見つかる。

このミニマルなアプローチは私の発表スタイルとなった。多くの若手数学者が隠れ蓑にしたがる、わかりにくいスタイルと専門性を強調して虚勢を張るのと逆のことをしたのだ。最初のうちは、わかりやすい発表をするとなんらかの不利益をこうむるのではないかと心配した。本気にしてもらえないかもしれないと思っていたのだ。だが実際はその逆だった。発表が単純であればあるほど、私は賢いと思われた。

ある日、私はシュヴァレー・セミナーというパリで開かれる群論のセミナーで発表することになった。提示できるような新たな成果はあまりなかったが、ふだんよりさらに単純な発表をするよい機会だった。

会場に着くと15人ほどの研究者がいて、学生たちも部屋の奥に座っていた。発表の数分前、セールが入ってきて2列目に座った。

セールを聴衆のひとりに迎えるのは嬉しかったが、すぐに彼に予告しておいた。関心がもてないかもしれませんよ、これは普及を目的とした発表なので、ごく基本的な内容を説明するつもりです、というふうに。

セールにはもちろん言わなかったが、私は彼を前にして怖気づいていた。とはいえ、彼ひとりのために発表を難しくするつもりはなかった。私はただひたすら、彼がめがねを外さないかどうかを見張っていた。めがねを外すという動作は、退屈して聞くのを止めたことの表れになるからだ。けれども、セールは最後までめがねをかけていた。

私はセールがいないかのように、聴衆全体に向けて発表を行った。とくに部屋の奥に座っていた博士論文を準備中の学生たちと高等師範学校［パリにある名門高等教育機関。グランゼコールのひとつ］の学生2人が耳を傾け、理解したようだったので満足だった。

それはごくふつうの発表で、どちらかといえばうまくいった。とりたてて奥が深いわけではないが、十分に準備され、明快でわかりやすかった。セミナーの終わりに、セールが私に会いに来て文字どおりこう言った。「もう一度説明してもらわないとね。さっぱり理解できなかったから」

堂々と語る

これは本当の話である。こう言われて、私はわけがわからなくなった。

セールが「理解する」という動詞を大部分の人が使う意味で使っていないことは明らかであ

る。私の発表のコンセプトと論証が、彼にとって本当にわかりにくかったはずはない。きっと、私の説明は理解したが、私の説明した内容が〝なぜ〟正しいか理解できなかった、と言いたかったのだろう。

これは1から100までの整数の和と少し似ていて、理解には2つの段階がある。第一段階では、ステップごとに論証を理解し、それが正しいことを〝受け入れる〟。「受け入れる」と「理解する」は違う。第二段階が本当の意味での理解である。理解するには、その論証がどこから出てくるのか、なぜそれが自然なのかが〝見える〟必要がある。

セールのコメントについて改めて考え、私は発表に「奇跡」、つまり恣意的な選択やうまくいったものの自分ではきちんと理由を言えない手順を盛り込みすぎていたことに気がついた。セールが言ったとおり、たしかに理解できなかった。私が当時取り組んでいた対象と状況の理解にはいくつかの大きな穴が開いていたわけだが、セールは私がそれに気づくよう、手を貸してくれたのだ。

その後、数年かけてこのさまざまな「奇跡」の説明を模索した結果、私はこうした穴の一部を埋めることができ、キャリアのうえでもとくに重要な成果を上げることができた。（現時点でも、まだ説明できない「奇跡」が一部残っている。）

しかしいちばん気にかかったのは、セールが「理解できなかった」と伝えたときの唐突で乱暴なやり方だった。

こんなことをするには信じられないほどの度胸が必要である。発表のあいだずっとおとなしく耳を傾け、それから発表者の前にやってきてにっこり笑いながら「さっぱり理解できなかった」と言うのだ。私なら絶対にこういうやり方はしない。

セールはなぜこんなことをしたのか？　最初は、ジャン＝ピエール・セールだったらこんなことをする権利があるに違いないと思った。それから、逆の解釈もできるのではないかと気づいた。このテクニックによってこそ、彼がジャン＝ピエール・セールになれたのだとしたら？

私はその点をはっきりさせるため、自分で試してみることにした。

数カ月後、ある学会の会食の席で博士号を準備中の研究者と隣り合わせた。デザートを食べながら、彼は自分の研究内容について説明しはじめた。当然ながら彼の説明はさっぱりわからなかった。そこで、ディナーの終わりに彼を脇に呼んでこう言った。

「説明してくれないか。ただし、ゆっくりとね。君のテーマがさっぱり理解できないんだ。私が脳に重大な損傷を負っていて集中力を保つのが難しい、という前提で頼むよ」

これを聞いて笑った親切な彼は、私が知っていて当然だが、じつはそれまで理解できたことがなかった彼の専門分野の基礎から始めて、ゆっくりと落ち着いて説明してくれた。

彼の説明は、食事の席でしてくれたものとは似ても似つかなかった。使う言葉も内容も違ったのだ。まるで、研究テーマについて話すのに2つのまったく異なる方法があるみたいだった。まじめに見せたいときに使う公式な説明である〝ツーリスト用メニュー〟と、彼が自分でものごとを理解するための単純で直観的な方法である〝裏メニュー〟があったというわけだ。

研究者という私の地位は、学生という彼のそれより高かったため、彼はツーリスト用のメニューを提供して私に強い印象を与えたかった。一方、私は自分が無能なふりをすることで、彼に私と対等に話し、ものごとを彼自身が理解しているとおりに語ってもよいのだと伝えた。

セールのテクニックのもうひとつの利点は、間違いなく尋ねたくなるくだらない質問の数々が、初めから深刻に見えなくなることである。そうした質問を小出しにして話を戻し、会話の1分ごとに自尊心を傷つけられた気になるより、くだらない質問をたくさんぶつけ、しかも同じくだらない質問を立て続けに何度も繰り返すというぶしつけを最初から装うほうがずっと気楽である。

数学をめぐって会話をするのは、学ぶためであって屈辱を感じるためではない。ときには、よく理解できていなかった基礎の復習に時間の半分を費やさなければならないし、場合によってはそれだけで終わってしまうこともある。それでもそのほうが、さっぱり理解できない内容について話すよりいい。相手があなたのレベルに合わせようとせず、あなたの手を取って基礎の基礎から始めることを拒む場合も、気分を害する必要はない。相手はきっと、自分自身が理解していない数学を説明しようとする詐欺師なのだ。

このアプローチの魅力は、ばかにされるのを覚悟のうえで堂々と質問することで、あなたが自分に自信があるということを相手に印象づけられることだ。

ユーモアは恐怖に対する武器

セールのテクニックは単純ながら強力である。見たところ、誰にでもできそうだ。相手の目を見つめてにっこり微笑み、さっぱり理解できなかったからもう一度最初からすべて説明してほしい、と言えない理由はどこにもないのだから。明らかに知能指数の問題ではない。試したらわかるだろう。

簡単そうに見えるが、じつは簡単ではない。たしかに、虚勢を張る、つまり理解したふりをするのは難しいこともある。だが、まったく虚勢を張らず、頭に浮かんだくだらない質問を残らず、取捨選択せずに恥ずかしげもなく投げかけるのは、さらに難しいのだ。セールのテクニックは、第7章で〝幼い子供の姿勢〟と呼んだものの〝社会〟版である。社会版では身体と感情をしっかり制御できる必要がある。人は本能的に自分の無知を隠そうとするからだ。

セールから学んだのは、恐る恐る進むより、無礼な人のように率直な態度で進むほうがよいという教訓である。恥ずかしくて隠しておきたいことを明かすなら、それを笑いにしたほうがよい。ユーモアは恐怖に対する効果的な武器である。自分の知能は極端に低いと認めることで、子供のようにどんな質問も許される自由地帯をつくりだせる。

第9章の最後で、2013年にピエール・ドリーニュがアーベル賞を受賞したときに行ったインタビューを取り上げた。このインタビューは彼にとって、数学の意義に対する自分の見方を共有し、キャリア上の決定的な瞬間に立ち戻る機会だった。ドリーニュがグロタンディークとの最初の出会いをどう語っているかを紹介しよう。グロタンディークが彼の博士論文の指導教授になる前のことである。

当時若き学生だったドリーニュは、グロタンディークのセミナーを聞きに行き、大柄で丸坊主のグロタンディークに怖気づく。発表のあいだ、グロタンディークは「コホモロジー」という彼の業績の中核をなす数学的概念を、圏論の抽象的な文脈に位置づけて延々と話しつづけた。だが、ドリーニュにはさっぱり理解できない。発表が終わると、彼はグロタンディークのところへ行き、「コホモロジー」とは何か説明してほしいと頼んだ。

いってみれば、アインシュタインの発表を聞いたあと、本人に「相対性」の意味を尋ねに行くようなものだ。50年近く経っても、ドリーニュはグロタンディークの対応に相変わらず感嘆している。

「ほかの人なら、私がその意味を知らなかったら話してやる必要もないと考えただろう。グロタンディークの対応はまるで違っていた。彼はとても辛抱強く説明してくれたのだ」

この忍耐と親切はドリーニュの印象に残り、おかげで彼の資質は開花した。

「グロタンディークはとても親切で、彼には徹底的にくだらないと思える質問もできた。私は彼に対して遠慮なく徹底的にくだらない質問を投げていたし、この習慣は現在でも変わらない。発表を聞くときはいちばん前に座り、理解できないことがあったら、たとえ私がすでに知っていなければならないことであっても質問するのだ」

これは取るに足らない発言ではない。ドリーニュがわざわざ強調するのは、それがどれほど難しいかを知っているからである。彼は多くの数学者がまさにこの部分で、十分に純真かつ率直になれなかったせいで失敗するのを見てきた。数学において最大の難しさは、羞恥心と逃走本能と隠蔽反応を克服することである。すべては冷静さを保てるか、身体を使って取り組めるかの問題である。

「数学の証明と進歩について」で、サーストンは似たような話をしている。

「私が満足感を覚えるのは、自分の思考は不明瞭だと少なくとも自分自身に対して認められたとき、そして自分の無知や不明瞭さを明かすことで感じる苦痛を克服しようとするときである。年月を経て、このような姿勢のおかげでいくつかのテーマを明瞭にすることができたが、まだ多くのテーマが不明瞭なままである」

セール、ドリーニュ、サーストン、グロタンディーク――こうした並外れた数学者の誰もが同じ点を強調している。これは偶然ではない。ためらいや行き詰まりとの闘いは数学の取り組みの本質的な部分ですらある。

理解できなくて当然。怖いのも当然。恐怖心を抑えるために闘う必要があるのも当然である。それがまさにテーマだと言ってもよい。

第14章　デカルトに学ぶ知の技法

１６４９年の初め、ルネ・デカルトはストックホルム駐在のフランス大使経由でスウェーデン女王クリスティーナから招待を受ける。女王はデカルトの個人授業を受けたいと思ったのだ。承諾する前に王妃の本気度を確かめたいと考えたデカルトは、もし招待がただの気まぐれによるもので、女王に本気で学ぶためのやる気がないなら、スウェーデンまで行くつもりはない、と大使に通知する。

デカルトが書き送ったところによると、その前年、彼はパリへの招待を受けて時間を無駄にしたのだ。「いちばんうんざりしたのは、誰も私の顔以外で私について知りたいという姿勢を見せなかったことだ」。これは名声の代償である。デカルトは、自分の見識が理由ではなく、「ゾウやヒョウのように珍しさが理由で」招かれたのだと感じた。

アインシュタインの3世紀前に生きたデカルトは、ロックスターの地位に上り詰めた最初の知識人のひとりである。

デカルトは結局、女王クリスティーナの招待を受けてストックホルムに赴き、1650年2月11日、肺炎のためにその地で亡くなった。53歳だった。遺体をフランスに送り返す際には頭骸骨が盗まれ、2世紀にわたって闇市場に出回っている。歴代の所有者は、まるでそうすればこの頭蓋骨に宿った魔力を独占できるとでもいうように、骨に自分の名前を刻んだ。最終的に頭蓋骨はパリの人類博物館に収められ、アウストラロピテクスの頭蓋骨の隣に展示されている。

「この世で最も平等に分け与えられているもの」

私たちにとって、このような憧れの物語はもうおなじみである。実際、これは最初から話しているのと同じ物語だ。

亡くなる12年前の1637年、まだ無名のデカルトは自伝的作品『方法序説』を出版し、自分の知的活動の道筋を描き出した。同書では自分の方法論を明かし、どのようにして当代随一の数学者になったかを説明している。

最初の数ページからしてデカルトのメッセージは徹底的に明快である。自分は特別な才能に恵まれているわけではなく、ただものごとの見方が異なるだけだというのだ。

「私としては、自分の知能が一般人の知能より少しでもすぐれていると思ったことはない。ただし、ほかの人と同じくらい鋭い思考力や明瞭ではっきりした想像力、あるいはすぐれた、または存在感のある記憶力がほしいと思ったことは多いが」

デカルトは自分の知力を意外に思っている。自分の独創性が魔術だと思われるかもしれないという自覚はあるが、その源ははるかに単純で平凡なものだと言っている。デカルトが独創性を手に入れた直接のきっかけは、次のような若いころの幸運な発見であるという。

「この方法があれば、私は自分の知識を徐々に増やし、私の凡庸な知性と短い人生でも到達できる最高水準にまでそれを徐々に高められる手段が得られるようだ」

デカルトが描写するこの方法は、子供にもわかるほど単純である。ただひとつの知的資源、つまり誰もが与えられている「良識」しか結集しない。誰もがデカルトになる可能性を秘めているわけだ。しかも、あいまいさが残らないよう、同書は「良識はこの世で最も平等に分け与えられているものである」というスローガン風の1文で始まっている。

アインシュタインとは、「どうやって知的創造性を手に入れたのか」という例の議論を交わす機会はなかった。『収穫と蒔いた種と』は難解でほとんど解読不可能な文章である。逆に、『方法序説』は思想史上最もよく読まれ、最も多くの注釈がほどこされた文章に数えられる。それなのに4世紀経ったいま、数学が大得意になる方法の存在をほとんど誰も知らないとはどういうことだろう?

現代人のほとんどがデカルトを解読できないという現象は異常である。私たちは読んだふりをし、理解したふりをし、重要だと思うふりをしながら、実際には真に受けるつもりなどまったくない。心の奥では、デカルトは私たちをからかっているだけだと信じ込んでいる。

この誤解の歴史は数学の無理解の歴史にほかならないが、現実にはそれだけでは済まない。誤解の深さは底知れないのだ。

実際、デカルトの対象は数学だけに留まらなかった。この独特の方法を開発し、厳密に実践し、数学的大発見を達成することで検証したのち、デカルトはこの方法を用いて科学と哲学の全体を再構築しようと考えた。

デカルトがこうして確立した思想の流派を「合理主義」と呼ぶ。現代の科学と技術はその直系の子孫にあたる。合理主義も、デカルトが予想していなかった限界と障害に突き当たったが——この点はのちほど取り上げよう——、だからといって、その成功に影を落とすわけではない。合理主義のアプローチはひとりひとりの内に生きつづけ、好き嫌いはともかく、誰もが合理主義はなんらかの役に立つこと、数学には途方もない力があることを知っている。ただ、その理由はうまく説明できないが。

デカルトの言葉を真に受けようとしない人は、合理性そのものの理解を拒んでいるに等しい。『方法序説』は理論書ではない。デカルト自身が試したいくつかの知性向上テクニックについて語る、個人的な証言である。そうしたテクニックによって認知機能を高め、自信をもち、大発見を実現できたという主張だ。主張の証拠として、デカルトはこの文章に3つの科学的試論を加えた。そのひとつである『幾何学』は、私たちの言語と想像の領域をつくり変えたほど革命的な数学書である（このなかでデカルトは、歴史上で初めて未知数を指すためにXという文字を使う）。いわば『方法序説』は、「人間には自分で自分の知性と自信を構築する能力がある」という単純なメッセージを伝える自己啓発本である。

合理性は感じが悪い？

数学者をやっていると、「君みたいに合理的な人は」だの、「君みたいに論理が好きな人は」だのと言ってくる人によく遭遇する。いちばんひどいのは、いうまでもなく「君みたいに計算が得意な人は」だ。

これを聞くと、いつも先が思いやられる。必ず裏に「君は融通が利かない」、「君は人類の重要課題をまったく理解していない」、「君には私が学校生活で溜め込んだ欲求不満を残らずぶちまけてやる」といった当てこすりがあるからだ。

合理性は数学と同じくらい評判が悪い。また、合理性には数学と同じように2つのバージョンがある。合理性の目に見える面は、きちんと組み立てられ構造化された言語表現、定着した知識、科学、技術である。学校はこの公式なバージョンを教え、それなりの成功を収めている。合理性の隠れた面は私的な秘密の側面で、ほとんど知られていない。まるで意図的に隠されているかのようだ。

第11章では、合理性をシステム2（論理の規則に従う機械的な思考）の同義語として紹介した。多くの人がそのようなものと理解しているため、一言で説明する表現としては便利である。だが、この表現を使うと大きな問題が生じる。合理性をシステム1（即座の直観的な思考）と対立させることで、それを人間的な理解に反するものと位置づけてしまうのだ。当たり前だが、こちらの合理性は無味乾燥で感じの悪いものと評され、あまり人気がない。

それでも、この合理性を私たちに売り込みたがる人はいる。何かにつけて尊大で軽蔑的な態度を取る人だ。このような人が「合理的になれ」と言うのは、「成長しろ」、「学習しろ」、「わがままを言うな」、「権威に逆らうな」、「私の意見に従え」と言っているのと同じことである。彼らは合理的になれと命じるが、それが正確に何をするという意味なのかは説明できない。デカルトを引き合いに出すくせに、自分がいかに大きな誤解をしているかがわからないのだ。彼らは、デカルトがどうやってそんなに貧弱な思想で同時代の人々を「ゾウかヒョウのように」魅了できたのだろうかという、基本的かつ当然の疑問を抱くこともない。

みなさんが『方法序説』にシステム2の擁護を求めるなら、がっかりするだろう。デカルトの偉大な革新は、直観と主観を知のアプローチの中核と位置づけたことである。デカルトは定着した知識と本に書かれた内容を警戒し、権威ある者の言葉をいっさい信用しない。すべてを自分で、自分の頭のなかで再構築するほうを選ぶ。アインシュタインとサーストンとグロタンディークの方法に驚くほど似ている。いうまでもなく、これはシステム3、つまり直観に磨きをかけるために行う、直観と論理のあいだの時間をかけた対話のことだ。

デカルトは自分の方法が数学者の方法だということを隠さない。方法を説明する際に合理性や合理主義についていっさい触れないのは、こうした用語がまだ存在しないからだ。これらの用語はデカルトのアプローチを特徴づけるために、のちに考案されたものである。デカルトが今日「合理的な人」といえるかどうかについては、みなさんの判断に任せよう。

世界という大きな書物

ルネ・デカルトは1596年にフランス中部の小都市で生まれた。その後、この町はデカルトという名前に改名されている。デカルトが生きた世界は私たちの世界とはかなり違っていた。よってデカルトの思想を理解するには、まずその世界を理解する必要がある。

『方法序説』の解釈を誤り、そのメッセージを捉え損なうためのいい方法がある。この本を、クラスでいちばんの生徒がすぐれた学業成績を収めるための助言を与える本、あるいは大学の教員が型どおりに研究を行って同僚から称賛される方法を説明する本と捉えればいいのだ。

デカルトの人生は、現代の典型的な知的生活とは一致しない。彼は大学でのキャリアは積んでいないし、文筆で身を立てたこともない。輝かしい学業成績にもかかわらず、デカルトは勉学を中断し、彼にとって詐欺に等しい教育から自由になることを選んだのだ。

「悪しき教えについては、私はその価値を十分に理解していると思う。錬金術師の約束も、占星術師の予言も、魔術師のまやかしも、あるいは自分の知識を水増ししてひけらかす人のごまかしや自惚れも、何ももう私を騙せないくらいには」

デカルトは「何の成果も上がらない思索」から逃れ、「世界という大きな書物で」直接学ぶ、つまり現場を見に行くほうを選んだ。

「私は残りの青年期を旅に費やし、各国の宮廷と軍隊を目の当たりにし、さまざまな気質と条件を備えた人々と付きあい、多様な経験を集め、幸運にも機会を与えられたさまざまな出会いのなかで試練に立ち向かった」

「確信をもってこの人生を歩む」

デカルトは自分自身で、人生で大いなる情熱を注ぐ対象は「真理」の探求だといっている。それを現代性という高みから見下し、あざ笑い、尊大なまなざしを向け、真理の概念が時代遅れになったり廃れたりしたかのようにふるまうことは簡単だ。それでも、私たちがデカルトから最も多くを学べるのはまさにこの部分である。

合理性と論理を混同し、真理の問題を社会的側面と言語の側面に単純化し、真理は同意すべきもの、権威があるもの、としか思わないあいだは、デカルト的なアプローチを的確に理解することはできない。

デカルトにとって、真理は生死にかかわるほどの問題である。デカルトは数学的心理のかくも特異で力強い側面を完璧に体現する。彼の場合、真理とのかかわりは肉体的なかかわりなのだ。「私はいつも、自分の行動を見とおし、確信をもってこの人生を歩むために、真偽を区別する術を身につけたいと切に願っていた」

デカルトは、うわべだけの真理に関心を示さない。うわべだけの真理とは、伝統的に真理だと決まっているとか、誰かが真理だと言ったからだとか、あるいは単に真理らしいからといった理由で真理とされているものごとのことだ。デカルトが関心を寄せるのは、確固たる真理、明日になっても変わらない真理である。自分自身を構築し、さらに強く自信に満ちた人間になり、人生で正しい選択をするうえで、拠り所となる真理だ。

デカルトの真理は一種の武術である。人間が発達させ、人間の行動に形をとって現れる素質である。それ以外の哲学者の論争や「博学な人」の「ご意見」は、デカルトにとって無駄話であって興味の対象ではない。

デカルトは「確信をもって人生を歩む」ことを望み、熱心に取り組んできた。彼のフェンシングにかける情熱にはこの姿勢がよく現れている。デカルトは真理を、真理が意義を有する場に、つまり「判断を誤った」らすぐさま「罰を受ける」場に探し求めるのだ。

「文筆業とは相容れない」という「性向」にもかかわらず、デカルトは早くも20歳でフェンシングをめぐる2部構成の論文を書く。この原稿は残っていないが、現存する要旨には、デカルトが早い時期から身体の制御に対して問題意識をもっていたことが示されている。『剣術』と題されたこの論文が現代に出版されていたら、「格闘技」か「自己啓発」のコーナーのベストセラーになっていただろう。ただし第2部が、「男2人について体の大きさ、力、武器が等しい」と想定した場合に「確実に勝てる方法」というその触れ込みどおりであればの話だが。

だが注意してほしい。現代を基準にして考えると主題をすっかり誤解してしまうかもしれない。デカルトにとって、フェンシングは週末にスポーツクラブできちんとした人々を相手に実践する趣味ではない。知的な遊びのたとえでもない。フェンシングは文字どおりの武術、つまり闘いの技術であり、字義どおりに受け取るべきものである。

22歳になったデカルトは、自分の身体と方法を頼りに、知性の質を高めるにはふさわしくないキャリアに身を投じる。外国人の傭兵として採用されるのだ。

デカルトが見た夢

デカルトの時代、「太陽は地球のまわりをまわっているのか、それとも地球が太陽のまわりをまわっているのか？」という重大な問いがヨーロッパの人々を悩ませていた。

この問いが本当に意味することを思い浮かべるには、本気で想像力を働かせる必要がある。なにしろ今日の世界には、これほど多くの人々の心を占める科学論争はないのだから。もちろん、地球が平らだと考える人と地球は丸いと考える人のあいだでいまだに議論が交わされているが、科学的観点からいえば、この問いにはとっくの昔に決着がついている。

地球を宇宙の中心に位置づける伝統的な見方に疑問を呈することで、コペルニクスは科学論争に火をつけただけではなかった。キリスト教世界に「真理は書物に書かれたものと必然的に一致するのか、それとも人間である私たちには自力で真理を発見する能力があるのか？」という実存にかかわる問いを突きつけたのだ。

1619年11月10日から11日にかけての晩、ドイツのノイブルク駐屯地に駐留していた23歳のデカルトは、続けて3つの夢を見る。

1つ目の夢はなかなか複雑で、誰かが出てきて彼にメロンを贈ろうとする。デカルトによれば、このメロンは「孤独の魅力」を表している。

2つ目の夢では、自分が雷に打たれたかと思う。飛び起きると、寝室が燃えているかのようにまわりで火花が散っているのだ。これも、デカルトの解釈によれば「真理の霊」が降りてきて彼に取りついたのである。

3つ目の夢は「明晰夢」と呼ばれるものだ。夢の最中、デカルトは自分が夢を見ていることに気づき、夢を見ながら自分の夢を分析しはじめる。

まずテーブルに辞書が現れる。デカルトはそれを見て喜び、役に立ちそうだと思う。だがそこで、次に現れた『詩人選集』に注意を引かれる。その本をめくっていると、見知らぬ人物が突然現れて一編の詩を見せる。デカルトは詩の冒頭「ピタゴラス学派の然りと否」がローマ時代の詩人、アウソニウスのものだと認めると、選集のなかにないかと探しはじめる。

少し経って、デカルトは辞書が傷んでいることに気づく。そして男と本がすべて消える。デカルトは目を覚まさないまま、辞書が科学の象徴であり、詩の選集が哲学と知恵の象徴だと解釈する。夢の要点はまさしく、「高揚に備わる神性」と「想像の力」によって「哲学者の理性が及ばないほど容易かつみごとに（小石が放つ火花のように、すべての人間の精神に備わる）知恵の種を芽生えさせる」ことができる、そんな詩人の技法を参考にして、科学を再構築しなければならない、ということなのだ。

こうしてデカルトは合理性を発見した。目覚めたデカルトは、真理の霊が彼のところへやってきて、真理は本のなかにあるのではなく私たちの頭のなかにあることを明かし、「あらゆる科学の宝物庫を開け」てみせたのだと確信する。私たちには自分で、自分の思考の力によって真理を発見する能力があるのだ。

デカルトにとって、本当の意味で揺るぎない真理の唯一の基準は明証性である。これは初めの明証性、つまり往々にして間違っている最初の直観ではない。ものごとが明白で完璧に理解できる状態を目指した、明確化と言語化と説明の意図的・体系的な作業によって構築される明証性である。

「はっきりと、明確に理解できるものごとはすべて真実である」

正しく歩むための身体感覚

デカルトはこの啓示に導かれてその後の人生を歩むことになる。翌1620年、彼は軍隊でのキャリアを捨てて科学に身を投じた。

まず取り組んだのは「あらゆる科学のなかで最もやさしく明快な」算術と幾何学で、この分野で最初の成果と名声のきっかけを得る。

デカルトは、これ以後に普及する技術的な意味に限らず（17世紀以降、数学的形式主義は科学の基礎的なツールの一部となる）、とりわけ人間心理に深く根ざした個人的・本源的な意味においても、数学をあらゆる学問の土台とみなしている。

デカルトにとって数学的理解の体験は、「理解する」の意味が本当に理解できる唯一の体験である。この強烈な体験には啓示のような影響力があり、人は独特の感覚にとまどう。数学は精神の目覚めである。数学を通して、私たちは適切な身体感覚、すなわち知への道を正しく歩むための感覚を認識する術を身につける。このように透明性のある真理の形態に自ら出会っていなければ、「明確な」と「はっきりした」という言葉の意味を理解することはできず、デカルトが言いたいことは耳に届かないうえ、デカルトによれば知へ通じる本当の道に足を踏み入れることはできない。

1628年ごろ、デカルトは初めて自分の方法を公にしようと『精神指導の規則』〔岩波文庫、1950年〕の執筆に着手する。結局は発表されなかったこの本は、10年近くのちに書かれる『方法序説』の前触れとなっている。

このなかでは数学が、内側に隠れているものを入手するために開けなければならない「封筒」として提示される。

「想像上の数と形を扱う——そのような些細な存在の理解にこだわりたいかのように——ことほど空虚なことはない」

「自分が数学に没頭するようになったころ、私は数学に打ち込んだ人たちの著作をほとんど読んだ。〔……〕しかし、完全に満足できた著者は〔ひとりも〕いなかった。〔……〕ものごとがそこに示されたようになるのはなぜか、どんな手段を使えばそのような発見ができるのかを十分明確に述べているようには思えなかったのだ」

古代ギリシャの哲学者は数学を特別な存在と位置づけていた。すべての哲学と科学の前提となる必須の学問とみなしていたのだ。伝説によれば、プラトンが開設した学園、アカデメイアの入り口には、「幾何学を知らざる者、入るべからず」と刻まれていたという。

デカルトにとってそれが公式な数学、つまり学校で習う「幼稚で無駄」に思える数学を指すはずはなかった。

「彼らの数学は私たちの時代の数学とは違うのではないか、という気がした」

デカルトは、古代の知識人は「真の数学」を知っていたはずだと考えた。デカルトの仮説によれば、彼らは「罪深い策略によって知を抹消した。職人が秘密を守るように、彼らはきっと自分たちの方法がいかに容易で単純かが知れ渡ることによってその重要性が下がることを恐れ、彼らの技術そのものを私たちに教えて、それを知った私たちから称賛されなくなるよりも、巧妙に割り引いた実りのない真理を彼らの技術の成果としていくらか残すことによって、自分たちが称賛されるほうを選んだ」。

不安が問題を難しくする

『精神指導の規則』は本書で冒頭から取り上げているテーマを先取りする予見的な文章である。デカルトはこの文章で、「数学における主な障害は心理的な拒絶反応である」という、きわめて現代的な奥の深い真理を表明するに至る。

デカルトのアプローチはどこまでも瞑想的である。このアプローチが目指すのは、私たちに備わる原始的な明晰さに通じる道をふたたび見つけることだ。「真の数学」と出会うことで、「自然が人間の知能に託し、かつ私たちが自分の内に封じ込めている真理の原始的な胚芽」が手に入るはずだという。

デカルトは、難しさには知能ではなく感情が絡んでいるのだろうと指摘している。この難しさの原因は、「実際には理解できていないのに、自分はそれを理解している」と自分自身にも他人にも信じ込ませなければならない、という社会的要求である。これはフォスベリーの跳躍に少し似ている。適切な姿勢をとるためには、「そんなことをしたら危険だ」と思い込ませる逃走本能のスイッチを切る必要があるのだ。理解できていないものを理解した気になる傾向と虚勢を張りたがる癖は捨てなければならない。

隠蔽本能の影響はとりわけ知識人、「学者が自分の無知を告白するのは恥ずかしいことだ」と思っている人に顕著である。彼らは複雑な論証を展開して自分は理解しているふうを装い、「しまいには自分でもそれを信じ込み、確かな事実として話すようになった」。

私たちは不安のあまり、本当に理解するなど不可能だと思うまでになった。簡単に理解できるかもしれないという考えを拒み、誤った方向、つまり難しいほうに知を探し求めるのだ。デカルトは自分の提言がどれほど私たちの直観に反するかを知っている。だからこそ、次のように力を込めて強調する。

「複雑でわかりにくい命題を、段階を追ってより単純なものに還元したのち、この単純なものの直観から出発し、同じ段階を追ってほかの知に到達しなければならない」

「方法の完成度はただこの1点において測れる。[……]ところが多くの人は、方法が教えてくれるものをよく考えないか、方法をまったく知らないか、自分には必要がないとみなしている」

「彼らはいってみれば、高くそびえる存在を前にして、その頂点に通じる各段階を知らないために、あるいは各段階の存在に気づかないために、頂点に一気に到達したがるような人だ」

「一連の問いのなかに頭で完全には理解できない問いが現れたら、そこで立ち止まらなくてはならない」

率直な体験談

とはいえデカルトは、自身が深刻な問題に直面していることについては口を閉ざす。この問題はデカルト哲学のまさに中心を占め、結局は解決できないまま残る。それは、この方法を自分自身で実験しても、それがうまくいくとわかっても、その理由を説明できないという問題である。

これはすべての数学者が遭遇する問題で、本書でもすでに取り上げた。私たちが頭のなかで行う目に見えない動作を説明するのは難しい。それを他人にとって明白で具体的なものにするのは難しい。それがうまくいくという事実に合理的な説明を見つけるのは難しい。頭のなかの経験を人に伝えるためのボキャブラリーは乏しいため、でたらめを言い、完全な悪ふざけをしているかのように見えてしまう。

「真理の霊」が降りてきてデカルトにとりつく話や、「自然が人間の知能に託した真理の原始的な胚芽」の話は、とても真に受けられない。それでも、これはデカルトが提示できる唯一の説明なのだ。心身の分裂を想定したデカルトの〝二元論〟は、この説明をもとにして生まれる。人間の精神は非物質的な性質を備え、神が自分の姿に似せて創造したものであるから、まるで魔法のように真理に到達できるということらしい。

この信念をどう考えるかは自由だが、自明とは言えないのは確かだろう。少なくとも、「疑いを抱くことができないほど明白なことしか真実として受け入れない」という、デカルトが自分自身に対して設けた厳密な基準に達してはいない。

少し離れて見ると、この問題の範囲がはっきりする。17世紀の時点では、脳の可塑性にもとづく説明はできない。デカルトの時代、人体に関する知識はまだまだ浅く、デカルト自身も心臓は血を沸かすための釜だと思っている。当時、医療行為といえば、相変わらずカーニバルのような仮装をして浣腸と瀉血を行うことだった。

歴史上の偉大な数学者のなかで、自分の独創性に超自然的な説明を与えた人はデカルト以外にもたくさんいる。グロタンディークは『収穫と蒔いた種と』のあとに書いた神秘主義的な著書『夢の鍵（*La Clef des songes*）』のなかで、神が彼の内部にやってきて夢を見、真理を明かすと語っている。

シュリニヴァーサ・ラマヌジャン――本書の最後で改めて取り上げる――は、自分の定理が氏神である女神ナーマギリによって夢のなかで明かされたと主張していた。

私にいわせれば、この説明は少々怪しい。この点については本書の最後のほうでまた話題にしたい。

デカルトが『精神指導の規則』の執筆を断念するのは、説得が容易ではないことを予感したからかもしれない。

デカルトは自分の方法をそのまま発表するのではなく、実践するほうを選ぶ。そうして数学、物理、生物の研究を進め、旅を続けた。アムステルダムでは肉屋街に数年間滞在し、動物の死骸を仕入れて何度も解剖を行うことができた。解剖学はデカルトが大きな関心を寄せる分野のひとつである。

1630年代初めには、大がかりな科学論文の執筆に取り組み、すべての自然現象を説明しようとした。

だが、ある出来事によってこの計画は白紙に戻される。1633年2月、ガリレオがコペルニクスの説を擁護したとして異端の罪を宣告され、軟禁刑に処せられるのだ。

自分の身の安全を心配したデカルトは研究を中断し、論文の出版を断念する。かつて、異端審問所の手が届かないプロテスタントの国オランダに隠棲したのも、身の安全をめぐる同じ心配が理由だった。

デカルトは有罪判決が確実な完全版ではなく一部のみを出版することに決め、論文から面倒を引き起こす可能性が最も低い章をいくつか抽出する。

「理性を正しく導き、もろもろの科学において真理を探求するための方法序説」は、デカルトが1637年に匿名で出版した選集に加えた序文である。この序文に続く3つの短い試論（数学の論文である『幾何学』、光学の論文である『屈折光学』、風や雷や虹などの現象を説明する『気象学』）は、この方法の有効性を証明するものとして提示された。

有無を言わさぬ調子で書かれた『精神指導の規則』とは異なり、『方法序説』は驚くほど控えめに始まる。

デカルトは自分の話が少々大げさで、読者には飲み込みにくいことを自覚したようだ。デカルト自身も、自らの話を完全には信じていないように見える。本の冒頭でデカルトが問題をどう提示しているかを紹介しよう。一方では、自分の科学研究の重要性を十分に自覚していると言い、この点については謙遜を装いもしない。だが他方では、自分がとくに才能に恵まれているとは思っていない。

最終的にデカルトは、自分の成功は運よく出会ったこの名高い方法によってしか説明できない、という結論に至る。ただ、本人も認めているように、いささかできすぎた話に思える。

「それでも、私が誤っている可能性はあり、金やダイヤモンドだと思っているものは銅やガラスにすぎないかもしれない。私は、人間が自分にかかわることとなるといかに勘違いしやすいかを知っている」

「そのため私の意図は、各人が理性を正しく導くために従うべき方法をここで教えることではなく、単に私がどのように自分の理性を導くべく努めたかを見せることである」

要するに、『方法序説』は私たちに説教を垂れるために書かれたのではない。この本は『収穫と蒔いた種と』と同じく自伝的な物語であり、主観的な証言であって、ひとりひとりが好きなように捉えればよいのだ。

「誰の害にもならずに誰かの役に立つように、そしてみなが私の率直さに感謝してくれるようにと願っている」

疑うことは構築に役立つ

デカルトの懐疑は、ベン・アンダーウッドの舌打ちに少し似ている。ふつうの人はそのやり方が本当にうまくいくなど信じられないため、試そうともしないか、試したとしても効果が上がる前に投げ出してしまう。

数学研究の場を別にして、私はいままでにこの懐疑を本気にした人には出会ったことがないと思う。

なんともったいないことか！　偉大な数学者が、「平均的な知能にもかかわらず成功を収めた方法」と称する秘訣をわざわざ語ってくれるというのに。彼は、自分の証言には理論的価値はいっさいなく、それは「ほかの人が真似できる」一例にすぎないとはっきり書いている。それなのに、何世代にもわたって高校生はこの証言が哲学の論文だと信じ込まされ、閉口させられてきた。おまけに、ほとんど誰も〝本気で〟試そうとしない。

とはいえ、この章を締めくくる前に、デカルトの懐疑と、各人がそこから引き出せる個人的な利益をはっきりさせよう。結局のところデカルトの懐疑は、「数学的証明」という、これまでほとんど取り上げていない基本的な概念に対する、考えうる最高の手ほどきである。

学校では、デカルトの懐疑は「方法的懐疑」だと習う。「懐疑に基礎を置いた方法」という意味だ。だが、この表現は混乱を招きかねない。生徒たちは往々にして、秩序だった方法で疑わなければならないと信じ込み、ゆがんだ形で理解してしまう。秩序だった方法で恋に落ちることが不可能なのと同じで、秩序立った方法で疑うことなどできはしない。人は心の奥でしか疑えない。デカルトの懐疑に理屈はないのだ。

秩序だった方法で疑うのは、機械的な思考であるシステム2と、直観と論理の対話であるシステム3とを混同することである。

デカルトはシステム2を敵視しているわけではない。実際、読者には何かを忘れないようにリストをつくるといったことを勧めている。しかし、懐疑という活動はシステム2には属さない。言葉を使って疑うことはできないのであって、沈黙して頭のなかで疑うしかないのだ。懐疑は個人的な活動である。疑うふりをして満足するなら、つまり徹底的に最後までやり通さないなら、なんの役にも立たない。

懐疑を考案することで、デカルトは自分を公式な知識に反するものと位置づける。彼が生きる世界では、まだ真理が権威と混同されている。真理とは伝統であり、本に書いてあることだとされるのだ。もろもろの科学はいまだに2000年も前のアリストテレスのアプローチを引き継いでいる。科学とはいまだに、99％正しいと言われる（または信頼できるとされる誰かが、99％だか80％だか51％だか正しいと言う）ものごとの寄せ集めを体系的にまとめようとすることだ。たとえば、アリストテレスがなぜ地球は丸いのかを説明するときは、ほかの本から拾ってきた雑多な論拠を積み上げる。論拠が多ければそれだけ説得力があるとされるからだ。ただし、アフリカにもゾウがいてアジアにもゾウがいるのだから、必然的に向こう側はつながっている、したがって地球は丸い、とまで主張されると話は別だ。

疑うとは、推論の匂いを嗅いで、どうも筋の通らない部分があると感じ取ることである。「本当にそうなのか？」という疑問を自らに許すことだ。

デカルトの姿勢は次のとおりごく単純である。「ありそうな、それも99.99％確かなことでも、100％確かでなければ、いくら興味深いかもしれないとはいえ科学的観点からは価値がない。その上に何も構築できないからだ」

デカルトの懐疑を教えるのは難しい。知識でもなく、議論でもないため、評価のしようがないからである。誰も紙面では疑うことができない。懐疑とは、精神運動にかかわる活動、目に見えない行動なのだ。

何かを疑うとは、その何かが――たとえ可能性がほとんどなくても――間違っているかもしれないシナリオを想像できることである。

デカルトは、ほかの人が言うことに限らず、とりわけ自分自身の確信にも懐疑を適用するよう勧める。それがデカルトの方法のまさに中核であり、最も理解しにくい部分である。自分自身の確信を疑うとは、後ろ向きに頭から身を投げるようなものだ。そんなことをしたら危険だ、と本能が警告するような行動である。私たちは自分の精神的な弱さをさらすこと、水に沈むこと、何もすがるものがない底なしの井戸に落ちることを恐れる。それに、そのような行動から得られるものは見当もつかない。

数学に取り組んだことがない人からすれば、数学は底のない井戸に思えるだろう。デカルトが要求するレベルの確かさなど達成できそうにない。

だが数学は、誰もが絶対的に信用できるようになる真理の例を示してくれる。これには2＋2＝4といった表面的な真理だけでなく、奥が深く、本当に興味深く、一見しただけではまるで明白でない真理の例も含まれる。次の章でその顕著な例をいくつか紹介しよう。

明証性は、ひとつひとつの細部をすべてが明白になるまで解明する容赦ない懐疑のアプローチを経て、ようやく〝つくりだせる〟ようになる。懐疑は頭のなかでものごとを解明するテクニックだ。破壊ではなく構築に役立つテクニックなのだ。

疑うことで成長する

数学以外の分野では、人間の言語と脳の機能に起因する深い理由、それも最近になってようやく理解された理由により（この点はあとで説明する）、デカルトが要求するレベルの確かさは達成できないことが明らかになっている。

だからといって、デカルトの懐疑がもつ力とその有用性が失われるわけではない。『方法序説』の自己啓発のメッセージは、数学の領域と永遠の真理の探求をはるかに超えて響く。

このメッセージを理解するには、デカルトの性格と動機を理解することが重要である。デカルトは「疑うだけが目的で疑い、いつも優柔不断を装う」者の懐疑主義を拒絶する。

これまでに見たように、デカルトの目的はその逆である。彼は「確信をもってこの人生を歩み」たいのだ。

デカルトの懐疑のアプローチは、直観を重視するその姿勢と深く結びついている。何しろデカルトは、直観を「注意力の高い頭脳が思いつくことであって、非常にはっきりとして明快なために、頭脳が理解するものごとに関していっさいの疑いを残さないもの」と定義している。したがって、懐疑は直観の影の領域に対応する。何かを本当に疑うには、疑わしいと思うだけでは不十分で、その何かは真実ではないかもしれないと本気で信じる必要がある。そのためには、そのような疑いの余地があることを示すイメージを頭のなかにつくりださなければならない。イメージできなければ、2＋2＝4の場合のように疑わずに確信する。だが、間違っているかもしれない〝シナリオを想像〟できたとたん、懐疑によってただちに脳内表象を再構成するプロセスが始まる。

デカルトの懐疑は、想像力を結集するという点でこれまでの章で記述したテクニックと似ている。ただし、数や幾何学図形ではなく真理の概念そのものを対象とするところが異なる。デカルトの懐疑は、直観をプログラムし直す普遍的なテクニックである。

そのため、デカルトが書いたもののなかにグロタンディークやサーストンの助言とよく似た助言が見つかっても驚くにはあたらない。たとえばデカルトは、認知力を発達させるためには身体を全面的に活用するべきだと勧めている。

「はっきりとした直観を得るためには、知能、想像力、五感、記憶のあらゆる資源を活用しなければならない」

デカルトが脳の可塑性についてはっきりと述べたことはない。これはデカルトの死から数世紀を経てようやく形成される概念である。しかし、デカルトが自分の方法の利点について証言した、「私はこの方法を実践することで、自分の頭脳が少しずつよりはっきりと明確に対象を把握できるようになるのを感じていた」という文章は、彼が驚くほど正確な言葉を使って脳の可塑性について述べたものである。

デカルトが発見したのは、私たちが本気で内観の作業を行ったり、認知の矛盾に耳を傾けたり、漠然とした脳内イメージを捉えてそれに言葉をあてはめようとしたり、自分の想像力の産物が抱える矛盾を思い切って直視したり、冷静になって偏見から目を逸らし、ものごとをありのままに見つめたりするとき、私たちの行動には脳内表象を修正し、その力と揺るぎなさ、一貫性と有効性を高める効果があるということだった。

つまりデカルトは、人間の身体の特性を発見したのである。

以上をふまえると、デカルトの文章の随所に印象的な言葉が使われているのに気づく。デカルトが真理は「明確」で「はっきりした」ものだと書いているのを見ると、真理が神経学的に定義されたものかと思うほどである。デカルトの方法はサーストンやベン・アンダーウッドの方法を思わせる。これは見る術を身につける方法なのだ。

この方法から得られる深い理解という現象には、デカルトだけでなくこの方法に出会った誰もが驚嘆する。人間が生まれ変わる体験、それ自体であらゆる努力が報われる体験である。

懐疑はデカルトの独創性の秘密であると同時に、その信じがたい安定性の秘密でもある。このような読み方をすれば、『方法序説』は自信を手に入れるための立派な教えでもある。デカルトがいう合理性は具体的かつ個人的で、人間の最も深い希求に根ざしている。私たちを揺るぎない存在にし、成長させるアプローチである。次の文章はグロタンディークのものだが、デカルトが書いたものだとしても不思議はない。

「この確信は内なる資質の一面であり、同じ資質の別の面は懐疑に通じる。懐疑とは自分自身の誤りに対するすべての不安を排除する探求の姿勢であって、そのおかげでたえず誤りを見つけ出し、訂正することができる」

尊大ながら反論されるのが大好きな人、気取り屋でも自分の間違いが証明されると満足そうに微笑む人、独断的ながら一瞬にして意見を変える人。私はこのようにかなり変わった心理的姿勢をすぐれた数学者にしか見たことがない。

第15章　怖くなんかない

数学者が頭のなかで行う動作が見えたとしたら、研究所の壁はガラス張りだっただろうし、道行く人は、カイトサーフィンやロッククライミングをする人を眺めるように、立ち止まって数学者を眺めるだろう。高校では、数学がスケートボードよりも人気を集めるかもしれない。真似ができないせいで失われるものは、主要な学習手段以外にもたくさんある。何かを手に入れたいと思う主要な手段も失われる。

子供のときのみなさんに自転車に乗りたいと思わせる必要はなかった。あとで役に立つから、履歴書に書いたら見栄えがよくなるから、と説得する必要などなかった。

そもそもこうした動機がみなさんの頭に浮かんだことはない。ほかの子供たちが自転車に乗っているのを見て、自分も同じようにしたいと思っただけだ。

自転車の動きを支配する物理の原則は、1687年にアイザック・ニュートンが物理学の大著『プリンシピア 自然哲学の数学的原理』〔講談社、1977年〕を出版して以来知られている。同書でニュートンは、万有引力と慣性の法則という合理的な力学の二大法則について論じたのだ。一方、自転車が発明されるのはその2世紀先のことである。だから、仮にニュートンの誕生日に自転車を1台プレゼントしても、彼は乗ろうとしなかっただろう。きっと、自転車に乗るなどくだらないし危険だと考えたに違いない。自転車の上でバランスを取るのは物理学的に不可能だという証明までするかもしれない。だが、実際に手本を見せたら考え込んでしまうだろう。

必要なのは感情的な体験

私が自分の頭のなかの数学を見せることができたら、多くの人が興味をそそられるだろう。だが、見せる方法がない以上、そんなことを言ってもなんにもならない。頭の中身を直接共有する方法はないのだ。

私が人のやる気を引き出そうと思ったらほかの方法を取る。私自身が興味のある内容を話すのではなく、誰にでもわかりやすいテーマを選び、望ましい感情の流れを再現するように努める。結局のところ、私が数学をやる気になったのはそのような次元、つまり感情面での体験がきっかけだった。

初めてカイトサーフィンをする人を見たときに感じたことは、いまでも忘れられない。こんなことができるわけがない、と思ったのだ。と同時に、それは目の前でたしかに行われていた。私は長いあいだ目が離せなかった。

数学に出会ったときも、同じようなことに興味を引かれた。数学はあまりにも難しく、抽象的で、不可解に見えた。数学に取り組むなど不可能に思えたのだが、同時に自分にもできるように思えた。

数学の難しさ、数学が引き起こすめまいと恐怖は、感情面における体験の第1段階にすぎない。第2段階は、ついにそれが可能なうえに簡単だとわかったときにその深い理解から生じる、自己効力感と魔力がみなぎるようなすばらしい感覚である。

そもそも最初から簡単だったのに、見えなかったのだ。

このめまいと自己効力感という二重体験は、数学の要素を学ぶたびに再現される。もしあなたが強烈な感情を好きでないなら、数学は向かない。

無限の話から始める

数学の普及にふさわしいテーマとは、専門的なツールを背負い込まなくてもこの二重の感情を体験できるテーマである。

小学生の言語と直観をもとにして理解できれば理想的だ。私が数学で得られるめまいと自己効力感を説明したいときは、ゲオルク・カントール（1845〜1918年）の発見から始めることが多い。

無限の概念は大昔からあるもののひとつで、何千年ものあいだ、〝考えられないもの〟を象徴していた。無限について話すことはできたが、その場合は謎めいた大げさな調子で話すのが決まりだった。それは重々しい雰囲気をまといつつ駄弁を弄する巧妙な方法だった。5という数や円と2点で交わる直線について話すように、現実的に屈託なく無限について話す機会は一度もなかったのだ。

無限を正確かつ具体的に描写するなど月に行くようなもの、つまり不可能なことの代名詞だった――それが可能だとカントールが気づいた日までは。なかでも信じられないのは、これほど驚くような発見から1世紀以上経っても、大多数の人々がその事実をいまだに知らないということである。

無限のなかでも大きさに違いがあることを知らない人に遭遇して受ける衝撃は、5より大きな数も数えられることを知らない人に出会った場合に近い。

方眼の描かれた無限の平面を考えてみよう。ここにはこの平面のほんの一部しか描いてないが、私が言うことはよくわかるだろう。四方に無限に続く方眼紙である。

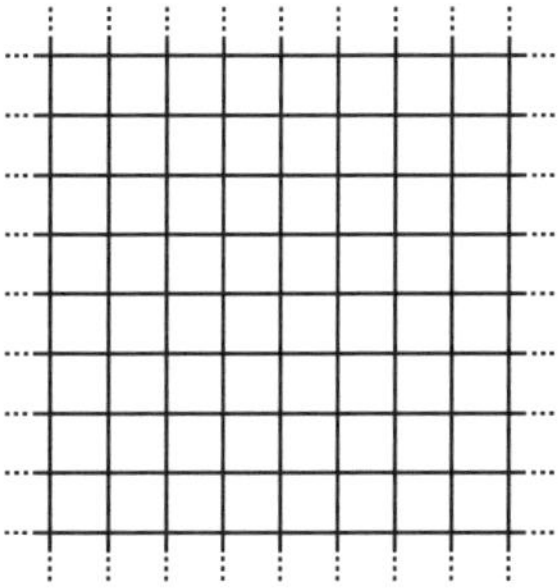

この無限の方眼には、無限数の白い升目がある。ふつう、誰でもこの文の内容を理解し、簡単かつ具体的だと思う。

無限に続く直線上には、無限数の点が存在する。これも、一般に誰にとっても明快である。次の図は誰でも理解できる。

〝方眼紙にある升目の数は直線上の点の数より多いだろうか？　同じ数だろうか？　それとも直線上にある点の数のほうが方眼紙のなかの升目の数より多いだろうか？〟

こう問われた人は答える代わりに薄笑いを浮かべた。彼らは、無限について話すのは神秘主義者と神学者だけだと思い込んでいたのだ。「こんな問いは無意味だ」と「無限は存在しない」というのが2つの典型的な反応だった。

態度ははっきりさせなければならない。無限が存在しないなら、直線も存在しないか、または直線には有限数の点しかないことになる。数学的抽象概念は私たちが扱うほかの抽象概念以上でも以下でもない。赤という色は本当に存在するのか？　電子は本当に存在するのか？　正義と自由は本当に存在するのか？　第18章では、〝ゾウ〟の概念と同じくらい現実的で具体的な概念が提起する、克服しがたい概念的な難しさについて話そう。ある意味、ゾウは本当には存在しないのだ。だからといって、ゾウについて話せないわけでも、ゾウをめぐって具体的な問いかけができないわけでも、これらの問いに対して理に適った答えが返せないわけでもない。

カントールは集合の言語を使えば、無限の大きさをめぐる問いの意味を明確にできることに気づいた。

集合の概念は非常に古い。古代から非公式に使われており、疑問を呈する人も、わざわざ詳しく検討する人もいなかった。「うちの通りの家すべて」や「君の目の前にあるりんご全部」、あるいは「すべての整数の集合」という言い方ができ、誰もがその意味を理解していた。集合は数学的概念ではなくふだんの言語で使う概念として捉えられていた。

集合というものの直観的な観念をもとに、カントールは単純で表現力に富むボキャブラリーを考案した。その定義は第8章で取り上げた触覚の理論より複雑なわけではない。このボキャブラリーを使えば、先ほどの問いの意味を明確にし、次のとおり驚くべき平明な答えをもたらすことができる。

「命題：直線上にある点の数は方眼紙のなかにある升目の数より多い」

いちばんの驚きは、最初に定義するプロセスから命題の証明までのすべてが小学生と交わす1時間足らずの会話で説明できることである。別の言い方をすると、〝解けない〟どころかまるで〝考えられない〟とされる問題の解法は、大昔から私たちの目の前に、1時間足らずの距離にあったのだ。

私は冗談を言っているわけではない。友人の家に昼食に招かれ、コーヒーを飲みながら、その子供たちにこの命題を説明したことがあるが、子供たちは興味津々だった。

手短に端折って説明すると、証明の大筋はこうだ。方眼紙の升目の無限性は〝可算である〟とされる。つまり、すべての升目に整数を割り振ることができる（たとえば、まず任意の升目に0を割り振り、次にこの升目0を囲む升目に1から8までの数字を振り、さらにこれを取り囲む方形に順番に数字を振る作業を無限まで繰り返す）。カントールは、これとは対照的に直線は可算ではないことを発見した。点の無限性があまりにも大きいため、すべての点に整数を割り振ることができないと言うのだ。その証明に使われたプロセスは、今日では「カントールの対角線論法」と呼ばれている。

詳細については、私が文章で説明しようとするより、みなさんが誰かから直接説明を聞くほうがいいと思う。第6章で説明したように、直接のコミュニケーションは文章を読むよりはるかに効果的だからだ。第13章でアドバイスしたように、思い浮かんだくだらない質問を遠慮せずに残らず投げかけてみよう。理解できること請け合いだ。

カントール自身、自分のアプローチが秘める力に非常に驚き、それが神から直接告げられたものだと考えていた。なかでも思いがけない結果のひとつ（〝直線には平面と同じだけの点がある〟）については、友人に宛てた手紙で「理屈としてはわかるが、信じられない！」と告白している。

カントールが出した結果は、あまりにも奇抜で衝撃的だったために同時代の人々には信じてもらえなかった。ある有力な数学者はカントールを「いかさま」で「裏切り者」で「若さに任せて学問を堕落させる者」と評した。カントールの論文のひとつに至っては「100年早すぎる」という理由で学術誌から拒否された。

晩年、論争に心身をむしばまれたカントールは重いうつ状態に陥り、精神病院への入退院を繰り返している。

カントールの見解は最終的には理解された。20世紀初頭から、集合は数学の中心的な概念になっている。私の世代の人々にとって、集合の概念を用いずに数学に取り組むなど、電気のない生活のように想像もつかない。

結び目を捉える

数学的証明とは何か、それが何の役に立つのかを説明したいとき、そして〝思考の力によって〟構築できる確信の独特な魅力を説明したいとき、私は「結び目理論」の例をよく使う。数学でいう〝結び目〟は紐の両端をつなげる方法である。たとえば次のような方法で紐の両端を閉じることができる。

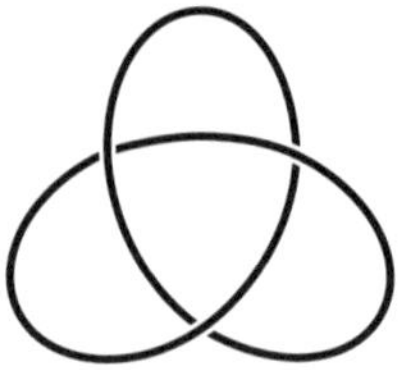

この結び目を「三葉結び目」という。紐は柔軟で丈夫ということになっている。ほどかないかぎり、手荒に扱っても結び目は変わらない。たとえば、三葉結び目に結ばれた紐を操作して

次のような形を得ることができる。

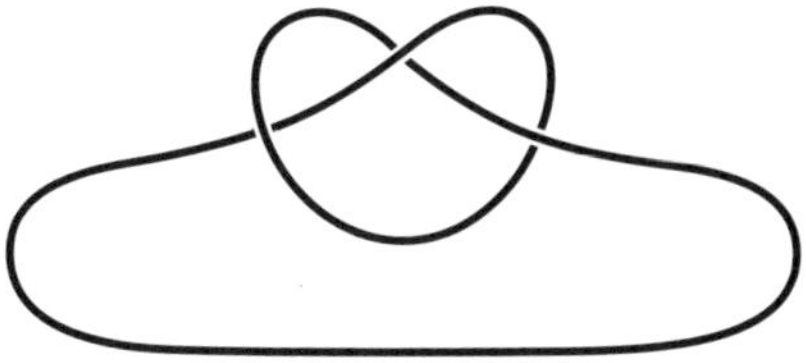

これも同じ三葉結び目であって、違いは描き方だけである。最初の図から2番目の図にどのように移行するかが瞬時にわからなくても——それについて考えると少し頭が痛むとしても——心配しなくていい。当たり前のことだ。本物の紐を使ったほうがわかりやすければ、そうすればよい。

1本の紐を結ぶいちばん単純な方法は次のとおりである。

この結び目を「自明な結び目」という。いってみれば結び目の基点である。本当の意味での結び目がない結び目だ。

当然ながら、自明な結び目はたとえばこの図のように別の方法で描くこともできる。

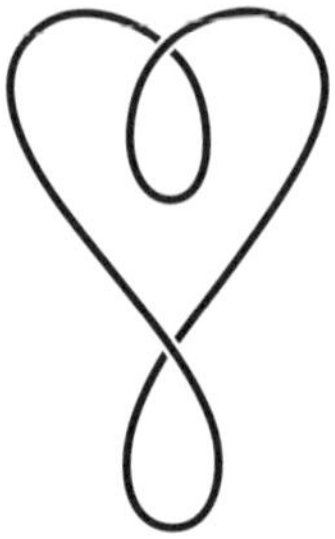

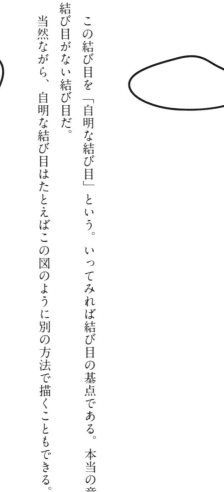

この場合も、紐が本当の意味では結ばれてはおらず、相変わらず自明な結び目であることは明らかだ。しかし、自明な結び目だとはわからないような描き方もある。たとえば次のような描き方だ。

本物の紐で試したり紙と鉛筆を使ったりせずに、この紐の図を頭のなかでほどくのは相当難しい。この種のものを扱う練習をしっかり積んでいる私でも、やり方を見つけるにはかなりの時間がかかった。とくに練習を積んでもいないみなさんが数分でほどくのに成功したとしたら、おみごと、すごいことである！　それでもいったん成功すると、次はずっと簡単にできるようになる。

正直にいうと、この例は私の視覚化能力の限界に近い。たとえば次の図のように、かなり複雑な白明な結び目の図を頭のなかでほどくとなると、もはや限界を大きく超える。

ここまで複雑な結び目を頭のなかでほどける人、本当の意味での結び目がないことが視覚的に「自明だ」と思える人が存在するのかどうかはわからない。そんな人がいるかと思うとぞっとするし、想像しただけで頭が痛くなる。

結び目理論がテーマとしておもしろいのは、まさに2つの図が同じ結び目を描いたものだと見抜くのがきわめて難しいからである。

同じ結び目を描く方法が、複雑さに差はあれども無限に存在することをいったん認識したら、異なる方法で描かれた結び目が本当に異なるかどうかを一目で判断することはできないとわかる。すると当然ながら、まず次のような問いが浮かぶだろう。

「三葉結び目と自明な結び目は本当に異なるのか？」

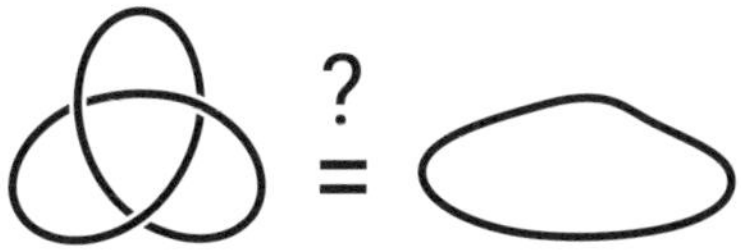

言い方を変えると、「三葉結び目に結ばれた紐をいじくり回したら、紐を切らずに結び目をほどき、ただの輪になるようにテーブルに置くことができるのか？」となる。

実験をしてみれば、できそうにないことがすぐにわかるだろう。三葉結び目は自明な結び目と同じものではないと考えてよさそうだ。

結び目理論のすぐれた点は、デカルトの懐疑とは何か、印象と厳密な証明の根本的な違いは何かを具体的に示してくれるところだ。

10分間、紐を触りながら実験し、こんな問いを自分に投げかけてみるといい。「自分は三葉結び目と自明な結び目が本当に異なるとどのくらい確信しているだろうか？　50%？　80%？　99%？　99・99%？」

もっと乱暴な言い方に変えてみよう。「本気で誓って断言できるだろうか？」

いったい何が、三葉結び目から自明な結び目に通じる曲がりくねった抜け道や、どこからともなく現れる突破口はない、と保証するのか？

解けそうにない難問に取り組むときも、私たちは同じような壁にぶつかる。難問が解けるなら、解法が存在することは確信できる。解けないなら、解法がないのか、まだ見つかっていないだけなのかを知ることは難しいのである。

誰でも三葉結び目と自明な結び目は異なる気がするものだが、自明な結び目の複雑きわまりない図が存在することを踏まえると、第一印象はあてにできないことがわかる。紐がめちゃくちゃに絡まっているように見えるからといって、本当に絡まっているわけではないのだ。

もちろん、あまりに複雑で誰にも思いつけなかったようなやり方を見つけ、それを用いて三葉結び目をほどけば自明な結び目に戻せるのではないか、と想像することは可能だ。

したがって、一見しただけで100%確信することはできないようだ。確信しようと思ったら、紐を変形させる無数の方法をすべて検討しなくてはならないが、10億年を費やして紐をいじくり回したとしても、有限数の組み合わせしか試せない。

数学的推論の魅力は、結び目のような捉えどころのない対象を操作し、100%の確信をもって解くことなどできそうにない問いに、100%確信できる答えを出せることである。

私がここで言う「捉えどころのない対象」とは、言語を介して厳密に扱うには向いていなさそうな対象のことである。結んだ紐は整数とは違う。方程式に閉じ込められるようには見えない。言葉で捉えることはできないだろう。

三葉結び目の例はかなりわかりやすい。紐は結ばれていて、切らないかぎりほどけないように見える。ところが、結び目の位置を正確に言うことはできない。結び目は、ここ、と指せるような特定の点に位置するわけではないのだ。結び目があるのはわかるが、いつまで経っても本当には捉えられない。

私は学生のころ、〝言語を使って結び目を捉える〟こと、そして次の答えを100%確実に、完全に証明することは可能だと知って衝撃を受けた。

「命題：三葉結び目は自明な結び目とは異なる」
この命題の証明の大筋は、本書巻末の「理解を深めるために」の部分で説明する。

オレンジの詰め方

すべての数学的証明は専門家以外の人にもわかりやすく説明できる、と言ったら嘘になる。簡単に出せる問いほど、解くのが難しいこともある。簡単に出せてもまったく解けない問題も山ほどある。出すのは簡単でも、解くには恐ろしく複雑な解法を使うしかなく、しかも簡単な解法はひとつも見つからないと考えられている問題もある。

次の問いに答えるケプラー予想はその好例である。

「オレンジの最も効率的な詰め方は？」

偉大な天文学者で数学者のヨハネス・ケプラー（1571～1630年）は、早くも1611年に答えの直観を得たが、それが正しいと証明することはできなかった。ここまで見てきたように、正しいと思われるものの厳密に証明できない命題を、数学者は「予想」と呼ぶ。

当時、オレンジは高級品だったため、この問題には砲弾をどう詰めるかという表現が使われた。当然、それでも答えは変わらない。

正確にいうと、問題で扱うのは完璧な球体ですべて同じサイズだと仮定したオレンジである。空間全体をこのオレンジで満たそうとしたとき、最も密度が高くなる詰め込み方はどのようなものだろう？

同じサイズの立方体を詰めるのであれば、簡単に空間全体を隙間なく満たすことができ、密度は１００％になる。球体ではそうはいかない。

オレンジの売り場では、よく次のような形に並べている。

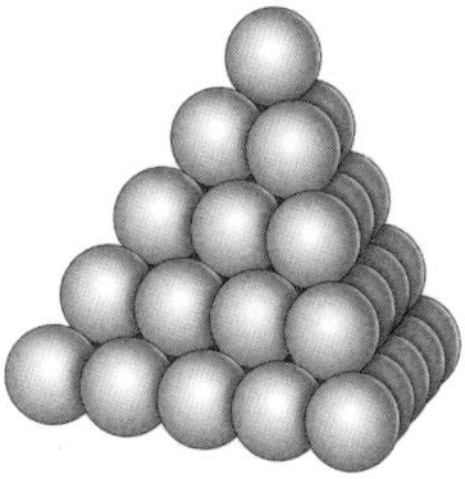

この並べ方だと、密度はおよそ74・05％になる。オレンジで満たされた空間が約74・05％で、オレンジの隙間の空間が約25・95％残るのだ。ケプラー予想によればこの密度が最大であって、これ以上密度が高い詰め込み方は存在しない。

直観的にはかなり信じられる。だが、厳密に証明する方法はよくわからない。

2世紀以上のあいだ、誰も証明に向けて歩みを進めることができなかった。そんななか、最初の突破口を開いたのはガウスである。1831年、結晶中の原子のように反復される規則的な配置でオレンジを詰めた場合、オレンジ売り場の並べ方は、考えうるかぎり最も密度が高いことを証明したのだ。

これは目覚ましい成果だったが、ガウスはケプラー予想を完全に証明してはいない。膨大な数のオレンジを規則的な配置より密度が高くなるように並べる不規則で奇妙な方法が存在する、という可能性を排除することはできないからだ。

私には、このような問題にどう取り組めばよいのかさっぱり見当がつかない。気が遠くなりそうだ。

ガウスが突破口を開いたのち、ケプラー予想が完全に解決するまでにはさらに150年以上待たなければならなかった。最初の完全な解法は、1958年生まれのアメリカ人数学者、トーマス・ヘイルズによって1998年にもたらされた。

つまり、この予想は387年ものあいだ未解決だったわけである。これほど長く待ったあとで習慣を変えるのは難しい。解法そのものを指すなら「ヘイルズの定理」と言うべきだが、いまだに「ケプラー予想」という表現がよく使われるのはそのためだ。

私には、小学生相手にせよ誰が相手にせよ、この証明を説明することはできない。いままで、この証明と真剣に向き合ったことはないし、理解しようと思ったらおそらく何年もかかるだろう。

1998年9月、トーマス・ヘイルズは米国の権威ある数学誌のひとつ、『数学紀要（*Annals of Mathematics*）』に論文を提出した。一般に学術論文は受理される前に匿名の査読者1名に送られ、その査読者が妥当性を評価する。ヘイルズの証明はあまりにも難解だったため、同誌はこの作業を12人の査読者からなる委員会に託さなくてはならなかった。

ヘイルズの証明を理解するためだけに国際学会を開催する必要まであった。4年後、12人からなる査読委員会の代表は、証明の妥当性を「99%確信する」に至ったと表明した。論文は提出から7年近く経った2005年8月にようやく受理された。

ヘイルズの証明の特異性は、一部は人間にとって一般的な数学的推論をもとにし、一部はコンピュータによる計算にもとづいていることだ。コンピュータを使ったのは、一般的な推論では考えうる例外とみなされる何千もの特殊な構成を検討するためである。深遠な数学と大量の情報処理という組み合わせこそが、この証明に手をつけることをこれほど難しくしているのだ。現時点では、ケプラー予想を単純な思考の力で証明することは誰にもできない。

ケプラー予想が扱うのは3次元で球体を積み上げる方法だが、球体の最も効率的な充填という問題は、任意の次元で問うことができる。第9章で取り上げたように、幾何学はすべてのnについてn次元で考えることができる。

2次元の場合、問題はわりと簡単に解ける。2次元の球体とは円である。したがって問題は、コインをテーブルに最も高い密度で並べる方法となる。最適解は次のとおりだ。

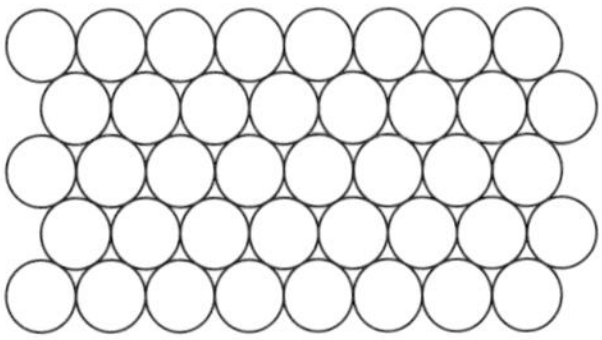

この答えはたしかに3次元の場合よりずっと証明しやすい。

一方、3次元の先に目を向けてはいけない理由は何もないが、任意次元の幾何学に取り組んだことがない人は、このような問題に挑む勇気のある人がいることに怖気づくに違いない。

3次元で解くのに400年近くかかる問題なら、それより高次の次元で解くには途方もない時間がかかると考えていいだろう。

4次元での答えはいまだにわかっていないし、5次元、6次元、7次元でも同様だ。

ところが2016年、1984年生まれのウクライナ人数学者、マリナ・ヴィヤゾフスカによって、思いがけない鮮やかな答えがもたらされた。彼女はまず、斬新で優雅なテクニックに

よって8次元の場合を解決した。3カ月後には、同じテクニックを使って4人の協力者とともに24次元の場合を解決した。この業績によって、ヴィヤゾフスカは2022年にフィールズ賞を受賞している。

3次元より高次で答えがわかっているのはこの2つだけである。

8次元と24次元では問題を解けるのに、4次元や5次元では解けないというのは納得がいかないが、これには理由がある。8次元と24次元では特殊な現象が起こり、信じられないほど高密度で調和のとれた球体の充填法が生まれるのだ。24次元では充填密度が非常に高く、各球体に隣接する球体の数は19万6560個にのぼる。

この章の初めで、めまいの体験について話した。24次元で最も効率よく球体を充填する方法が人間に説明できる、という事実を思うとめまいがしそうだ。とはいえ、それは嬉しいめまいである。

普通の人にとっては、24次元という概念自体がめまいの元だろう。数学の魅力はこのめまいを克服できることである。

みなさんが、24次元とはどういうものか理解できない理由はないし、このような空間で幾何学を考えることが何の役に立つのか理解できない理由もない（これには確かな用途がある。24次元における球体充填の幾何学はなかでもNASAが太陽系の外に送った探査機、ボイジャー1号と2号のデータ伝送プロトコルに使用されている）。知能面からいえば、高次元幾何学の基礎はみなさんの手が届く範囲にある。何週間かあれば基礎は習得できるのだ。最大の難関は恐怖を克服することである。

トーマス・ヘイルズやマリナ・ヴィヤゾフスカが成し遂げたような命題の証明は、もちろん誰にでもできることではない。だが、こうした命題が意味する内容を理解し、その美しさを味わうことならあなたにもできる。努力は必要だが、それほど大変ではない。

マリナ・ヴィヤゾフスカの例は、残念ながら根強く残っている偏見と闘ううえでも役立つ。生物学的に、女性には空間における対象を視覚化する能力がない、さらには道路地図を読む能力がない、という話をいまだに聞く。

みなさんがこの種のくだらない話を聞かされたら、ぜひマリナ・ヴィヤゾフスカのことを教えてあげよう。

第16章　危険なスポーツ

私が何かを意識的に繰り返し〝想像〟しようとしたいちばん古い記憶は、7歳ごろにさかのぼる。ある晩、ベッドに入って電気を消し、目を閉じてから一生懸命に意識を集中すると、好きなアニメを観ていると想像できることに気づいたのだ。

このことは誰にも言わなかった。

この発見にどれくらい驚嘆したか、当時の自分がどんな言葉を使ってどんなふうにこの現象を表現したかは、いまだに忘れられない。私は「頭のなかでテレビが観られる」と思ったのだ。

私はいままでに見たことのない映像や場面を頭のなかに映し出すことができた。新しいストーリーを想像することもできた。すっかり感激して大喜びした私は、もちろんこの努力を続けた。

このとき以来、覚醒状態と睡眠状態との行き来も、入眠と目覚めも、私が知能を発達させるうえで中心的な役割を果たしてきた。どんなプロジェクトでも取り組みが本格化しておもしろくなってくると、また理解と創造をめぐって大きな課題に直面すると、それがこのひとときを占めるようになるのだった。

見た夢を書き起こす作業は、人生初の本格的な執筆活動だった。

このような作業に興味を抱いたのは17歳ごろだった。最初は、夢をそのまま文字にするのは大変すぎると思い、声に出して話すのを録音するという方法を試してみた。この取り組みの目的は、日記をつけたり、写真のアルバムをつくったりするように、夢を収集することだった。

だが、この取り組みは断念せざるをえなかった。思いがけない現象が起こり、その現象が急激に存在感を増したからである。夢を思い出して言葉を当てはめるという努力のかいがあって、夢は日を追うごとに充実し、詳細なものになっていったのだ。

夢の質はますます高まり、やがてそれが度を越えて煩わしくなってしまった。

最初はひとつの夢の小さな断片しか思い出せなかったのが、2、3週間後には毎日5つか6つの夢を完結した物語としてかなり詳しく語れるようになり、書けば数ページ、録音すれば数十分が必要になった。

私はとうとう怖くなった。夢の記憶の占める部分が、頭のなかでも1日のなかでも大きくなりすぎていたのだ。この内観の練習を続けていたら、やがて自分の首を絞めるような気がした。ただし、夢の録音を止めてからもメモは取りつづけた。私の関心の的は、夢の意味を探し求めることではなく、書くという作業の純粋さと難しさだった。

私にとって書くことの意義はまさにそこにある。頭に浮かんだイメージと感覚を、明確で強固なものにするために言葉に移し替えられるようになることだ。状況、問題、人や物体の位置、しぐさ、移動の軌跡を再現すること。見えたものと感じたものをできるだけ単純かつ忠実に記述すること。雰囲気、音楽、匂い、手触りを捉えること。それができれば何でもできる。

私の経験からいうと、夢の記述は数学の記述に最も近い活動である。

世の中には、自分が見た夢を覚えていたためしがないという人がいて、その数の多さにはびっくりする。なかには夢を見たことがないという人もいるが、当然ながらそんなことはありえない。誰もが毎晩、夢を見るのだ。

夢を覚えていることは、生まれつきの才能ではない。自分で思い出す作業を繰り返して発達させられる能力である。この能力を身につけるにあたっては、第一歩を踏み出すためのテクニックと、磨きをかけるためのテクニックが存在する。見た夢を忠実に書き起こせるようになると、自分のまわりのものごとがよく見えるようになる。

私は長いあいだ、見た夢と夜に思いついたアイデアを書き留めるために、しおりを兼ねてペンを挟んだノートを枕元に置いていた。真っ暗闇のなかで字を書く術まで身につけたくらいだ。

夢をメモしなくなると、夢を思い出す能力はあっという間に失われる。ふたたびメモを取るようにすると、初めは断片的な一言、二言にすぎなくても、この能力は少しずつ戻ってくる。数週間にわたる努力が必要なときもある。最大の難関は、夢の断片を捉えられない期間が長く続いたあとに、最初の断片を捉えることだ。

大人になった私は、入眠前の特殊な精神状態を有効活用することを覚えた。関心のあるテーマについて〝熟考する〟のではなく、そのテーマにただ〝浸る〟術を身につけたのだ。この2つは微妙に、しかし本質的に異なる行為だ。熟考するとはつまり、解決方法を見つけようとすることだ。絶対にうまくいかないうえ、寝つけなくなる。一方で浸るとは、集中せず、本気で関心を寄せず、目的もなく思いをめぐらすことである。夢を見るのとほとんど変わらない。

間違っているかもしれないが、この入眠テクニックは翌朝目が覚めたときによいアイデアを思いついている確率を高めると私は思っている。

想像力を高めるトレーニング

幾何学的な想像力を高める練習のなかで私が好きなのは、まさに寝入ろうとする段階で行うものである。

ベッドに横たわって目を閉じ、これまでに自分が寝たことのある部屋を思い出そうとする。ベッドの大きさと向き、壁と天井の位置、ドアと窓の位置など、いろいろなものが自分のまわりにあるところを想像するのだ。昔使っていた寝室に横になっているという身体感覚をもう一度生み出し、この感覚を体全体で味わおうとする。頭に浮かんだ最初の寝室を選び、その次に別の寝室、それからまた別の寝室、さらにまた別の……と、思いつくまま次々に想像する。いちばんおもしろいのは、忘れたと思っていた寝室が思い浮かぶことである。

私がこの練習を好きなのは、簡単で、しかも心が落ち着くからである。初心者におすすめの練習だ。

第1章で触れたとおり、私は空間と幾何学的な形状に対する直観的な認識力を、それが学校で習う数学と関係があるとは少しも思わずに、かなり早い時期から伸ばしはじめた。あまりにも昔の話なので、いつからだったかははっきり覚えていないが、壁とものの位置を覚えようと目を閉じて動き回って遊んだ時期は、ベッドの上でアニメの想像をしていたのと同じころである。

いまでも、こんな遊びをしていたときの精神状態をよく覚えている。私は幼稚園のときに近視のせいで眼鏡をかけはじめた。子供なりに想像をめぐらせ、近視は第一段階にすぎないのであって、いずれ失明は避けられないと思い込んでいた。私は目が見えなくなる日に備えた訓練として、目を閉じたまま動き回っていたのである。

こうして私は幾何学的な形状を頭のなかで思い描く能力を伸ばしはじめた。のちに、この視覚化能力を使って、世界を必要に応じて自分の視点とは別の視点から眺められるよう訓練することを思いついた。

私はこの「自分の視点とは別の視点」という表現を非常に具体的な意味で使っている。12歳ごろのある日、デッサンの教師がペンケースを描くように言った。私は遠近法によってゆがんだ巨大なペンが並ぶ、〝内側から見た〟自分のペンケースを描いた。遠近法を使った描き方を習ったことはなかったが、そう描くのが自然だと思えた。私はただ自分に見えたとおりに描いたのだ。

私はこのデッサンのできに満足したし、クラスメートからずいぶん驚かれたことも忘れられない。

15歳ごろ、授業で〝空間における幾何学〟つまり3次元の幾何学を勉強した。私が自分と友人たちの視覚化能力に大きな差があることに気づいたのはこのときである。もしかすると学校生活のなかで最も現実離れした思い出かもしれない。私には、授業の内容と練習問題がまるで無意味に思えた。まるで幼稚園の授業みたいだった。たとえて言うなら、人差し指を立てた教師が「指は何本あるかな？」と尋ね、生徒はただ1と答えればよい、という状況に近かった。生徒がこの単元のどの部分でつまずく可能性があるのかもよくわからないまま、私は最高点を取った。とはいえ私も、友人たちを見て、空間における幾何学は一部の生徒にとっては恐怖の単元なのだということがわかっていた。彼らはこの単元で苦労するあまり、話題にもしたくないくらいだったのである。

私は自分の〝視点の変更〟の練習が変わっているのではないかと疑ったりはしなかった。自分が幾何学において並外れたトレーニングを積んでいるなどとは、少しも意識していなかったのである。

視点の変更を訓練する最も純粋な方法は、次のとおりである。

1. 自分の周囲で基準となる点をひとつ選ぶ。室内にいるのであれば向かい側の角、通りを歩いているときならある家の窓などだ。

2. それを基点として自分のほうを眺めたらどう見えるかを想像する。

これは、できる人とできない人に二分されるような練習ではない。誰にとっても難しい練習で、みんな最初は自分にはできないと思うだろう。それでも、イメージの断片や不明瞭ですぐに消えてしまう思いつきなど、何かが必ず見える。まさにそこが出発点である。目標は、その何かをなるべく長く存在させ、見える細部を増やそうとすることによって、画像の明度と解像度を高めることだ。

私はこの練習の応用編をいろいろ試した。スポーツに打ち込むかのように、できるはずもないくだらない練習まで試したものだ。

パリとラ・ロシェルを電車で頻繁に行き来していた時期には、いつも電車の同じ側（西側）から風景全体を画像として記憶し、頭のなかでひとつに組み立てようとしていた。得ようとしていた画像は高さ50メートル、幅500キロメートルという非常に細長いものである。ということは、幅が高さの1万倍を超える画像をつくりあげ、そのなかをすべて埋めなくてはならなかったのだ。

結局、成功しなかったが。

見えないものを見る練習

想像力を駆使して別の視点から世界を「見る」ようになってから、たとえ見えなくても正しいとされるものは何でも「見よう」とする習慣が身についた。

それを具体的に説明するために、石けんの泡の例を挙げよう。

石けんの泡は、じつはボールと同じものである。泡とは、石けんを含んだ水がつくる弾性のある膜が、内側に閉じ込められた空気の圧力で膨らんだものである。だからこそ泡は球形なのだ。一定の体積の空気を包む場合、必要な表面積が最も小さい形は球である。

できたばかりの泡は、しばらく表面が波打ってから球形になる。この波打っている段階であれば、泡の表面の弾性はわりと簡単に「感じ」られるだろう。泡は、水を満たした風船のようにゆっくりと波打つ。それは私たちがよく知っている動きであり、そこには泡の物理的性質が「見える」。

私は泡が球形になったあとでも泡の弾性が「見える」ようになる練習をした。泡のなかの空気にかかる圧力が、泡の外の空気にかかる圧力より高いことが「見える」ように訓練したのだ。「見える」を括弧に入れたのは、それが本当の意味では目に見えないとわかっているからだ。目に見えるけれども、本当には目に見えるわけではない。第一、私は自分に見えても、見えたものを絵に描くことはできない。それは視野で起こる特殊な身体感覚である。まるで画面で選択した文字の色が反転するような、ある意味、幻覚ともいえる感覚だ。もっとも、訓練され、きちんと組み立てられ、制御された幻覚ではあるが。

橋を眺めると、私には力線が見える。橋のある部分に圧縮の力がかかり、別の部分には引き伸ばす力がかかっているのが見えるわけだ。

少し集中すれば、私は必要に応じてこうした知覚を引き出すことができる。そのおかげで、世界をよく見て理解するのに役立っている。

じつのところ、これは紐が引き伸ばされすぎて切れそうだとか、風船が膨らみすぎて割れそうだとかがみなさんに見えるのと同じ現象である。人間には、物体がはらむ緊張を見る術が身についている。緊張は色と同じように、拡張現実の一要素として視野に組み込まれる追加情報のようなものだが、両者の現実性のレベルは異なる。

ここで挙げた例はたいした能力に見えないかもしれない。こんなものを見ようとするなんて、子供じみていて無駄だと思うだろう。それでも私は、人生で一貫して実行してきたこのアプローチが、科学的な理解を深め、数学研究で独自の成果を上げるのに役立った気がしている。

私は、自分に「見え」ない、または「感じ」られないものは、たとえそれが正しいとされることであっても、すぐには受け入れられない。言語を介して得た外部からの情報を無視するわけではないが、それを完全に信用しないで〝仮説〟として扱う。

私は、それが正しいと確信できる理由が見えない情報は信用しない。そのような情報はかなり長いあいだ、仮説のまま留まることもある。何時間も、何日も、何年も、何十年もそのままかもしれない。

私には、子供のころや中高生のころに習った内容が、急に「理解できる」ということがいまだにある。

たとえば高校の地理の授業で、私は森林伐採が土壌浸食の原因になると習った。言語を介して受け取り、頭のなかで視覚化もされず、本当に理解したわけでもないこの情報は、右から入って左に抜けていった。興味もわかなかったし、納得もしなかったのだ。

ずっとあとになって、この話がようやく理解できたときのことは忘れられない。数学の学会に出席したものの、ある発表が理解できずに退屈した私は、窓の外を眺めていた。そこには木が生えていたので、私は景色全体を頭のなかに思い描いて遊んでいた。木の全体像を根っこまで想像していたそのとき、急にあの話が自明の理に思えたのである。

それは強烈なイメージだった。入り組んだ根が巨大な骨組みを形づくり、土や小石を固定していた。鉄筋がコンクリートを支えるような感じである。この複合的な構造は、土壌の物理的抵抗力と、丘の斜面が崩れ落ちない理由の説明になっていた。また、以前目にして衝撃を受けた現象――木の切り株を根から引き抜くのが信じられないほど大変だということ――の説明でもあった。

もうひとつ例をあげよう。飛行機が空を飛べるとわかっていても、私は心の底ではその事実をいつまでも信じようとしなかった。それが当たり前だとは思えなかったし、なぜそんなことが可能なのかが直観的に理解できなかったからである。

私のこの疑いは、自分の乗った飛行機が滑走路上で離陸に向けて加速しているときに表面に出てきた。小さな声がこうささやくのが聞こえたのだ。「冗談だろう？　こんなに重い物体が飛ぶなんてありえない。離陸できっこないよ」

じつは、大多数の人にこの小さな声が頭のなかで聞こえているのではないかと思うが、彼らはばかかと思われることを恐れてわざわざ口には出さないのだ。

私たちは、飛行機は離陸できて当たり前だと思うように、そしてそれを疑う人がいたらあざ笑うように、と社会的に条件づけられている。だが実際のところ、どれだけの人が、飛行機が飛ぶしくみを本当に理解しているのだろう？

飛行機が離陸できるかどうかを疑うのは愚かなことではない。むしろ良識があり、精神的に独立した考え方だといえる。

飛行機に疑念を抱いていたからといって、私が飛行機に乗れなかったことはない。証拠まで否定するわけではないのだ。飛行機が空を飛べるという事実は、自分の目で見て理解していた。ほかに選択肢はなかったし、既成事実を突きつけられたこともあって、この事実をしぶしぶ受け入れたまでだ。実際的な観点から受け入れたのであって、感覚的には受け入れていなかったが。

言うまでもなく、このように受け入れざるをえないものごとは、私が本当に理解できることよりもはるかに多い。

私が「飛行機は空を飛べる」という見解を完全に受け入れたのはつい数年前である。飛べるということを〝身体で〟感じる方法を学んだのだ。そこに至るまでに、空気の密度と揚力の現象を感じられるようになる必要があった。飛行機は見た目よりはるかに軽いことに気づかなくてはならなかった。翼と、翼が持ち上がったり形を変えたりする方法、その内部構造、飛行機に留めてある方法、なぜ壊れないかを感じられるようになる必要があった。私の直観はようやくそれが当たり前だと思うようになった。飛行機は、いわば私の体の延長になったのである。

首で感じる数学

私は、難しい数学のテーマと対決し、文字どおりキャリアの土台となった自分の幾何学的な直観に深い信頼を寄せるようになった。

この直観は、とりわけ大半の人が幾何学的な性質を感じ取らない対象に対して働く。たとえば〝フローレス人〟と、次いで〝デニソワ人〟という、いずれも絶滅しているが、それほど遠くもない時代に現生人類と共存していた人種の存在が明らかになったとき、私は驚かなかった。「生き物の幾何学」と「化石の位置決定の幾何学」としか呼びようがないものに対する直観によって、そのような発見を予期していたからである。

だからといって、私は魔法使いではない。まわりの世界を見て理解するこのような特殊な方法を、自分でどう構築したかはよくわかっている。私は誰にでも生まれつき備わっている能力を極限まで伸ばしたにすぎない。

数学が私に教えてくれたのは、単純に考え、具体的で自明なことしか受け入れない子供のような心持ちを捨てなくても、人生における前進と進歩は本当に叶えられるということだ。

誰もそんなことが可能だとは教えてくれなかった。私は想像と視覚化の訓練方法をひとりで編み出したが、その訓練に私をここまで変える力があるとは思いもしなかった。

数学に限らずほかの多くの分野でも、独創性は理解の最終的な形でしかなく、理解自体は頭のなかの活動がもたらす自然の産物にすぎない。理解とは、私たちが恐ろしげに見えるもののごとを無理やり眺めつづけ、ついにそれがなじみ深い自明な存在になったときに、私たちがつくりだすものである。

数学を理解する方法はいくつもある。人はそれぞれに強みと弱みを抱えて数学の理解に乗り出すものだ。幾何学は子供のころから私の強みのひとつであり、私には視覚的想像を積み上げてきた長い歴史がある。

一方で、私には弱みもある。そのひとつが数字だ。とはいえ、繰り返しかかわるうちにそれなりにうまく扱えるようになった。数字にはある程度習熟し、ある程度までは理解できる。しかし、数の理論や算術で独創的な力を発揮できるとはまったく思えない。どちらかというとバックハンドが弱いテニス選手が、フォアハンドストロークでプレーするために位置をずれるように、私は数量に関する文をできるだけ幾何学的な方法で解釈することによって、数字を回避する習慣を身につけた。

私の最大の弱みは、複雑な表記のなかで迷子になってしまうこと、多くの記号と公式を使った論証をたどっていると興味が失せてしまうことである。そのせいで数学のあらゆる側面、とりわけ解析に嫌気がさしてしまう。時間とともに忍耐力が低下し、この傾向は悪化する一方だ。最初のうちあまり得意でなかったいくつかのテーマについては、それでも年を取ってから進歩があった。20歳のころ苦労の種だった代数の抽象的な構造を理解するためには、特殊な感覚的直観を伸ばす方法を身につけた。

それは非常に強力な感覚なのだが、言葉には置き換えられない。一部の数学的概念については、自分の体内にある目に見えない運動感覚、緊張の感覚、力線の感覚を介して理解している。そうした対象物の内側に自分の身を置き、〝内側から〟それを感じられるようなものだ。私はこのような数学を首の部分で、背骨で、脊髄で感じとる。

この感覚を説明できる唯一の方法は、これらのテーマの理解を深めようと模索していた当時に役立った、想像の練習を介した方法である。たとえばバスタブの縁に置いてあるシャンプーのボトルなどの物体を眺め、次のように自問する。もし私の体がこのボトルの形だったら、私は体でどのように感じるだろうか？

数学的なテーマを前にしたときも同じ練習を積み、私はそのテーマを理解できるようになった。35歳のとき、このテクニックのおかげで私はキャリア上で最も創造的な時期を迎えることができたのである。

すべての出発点は、8次元の組み紐の幾何学に関する問いを圏論［数学的構造とその間の関係を抽象的に扱う数学理論のひとつ］の言語に移し替えるという取るに足らない考察だった。性質の大きく異なる2つの直観がこのように思いがけなく結びついたことで、私は何年もつまずいていた問題を斬新な方法で解明できた。

これは、それまで交流がなかった脳の2つの領域に橋を架けたようなものだった。まずひとつ理解の大きな衝撃があり、それからいくつもの二次的な衝撃があった。私が抱いていた数学のイメージは大々的に再構成された。感じたことをメモしようとしたが、文字に書き起こせないほど私の理解は急速に進んだ。

毎日、目が覚めると新しい考えが浮かんでいた。私が解決したかった問題（1970年代初めにさかのぼる命題）に関係していたものもあれば、私の関心をかけ離れた方向に駆り立てたものもあった。とても魅力的なテーマだと思ったが、追求するのはあきらめなければならなかった。すべてを同時に探るのは物理的に不可能だったからである。

この異常に冴えわたった状態は6週間続き、その期間で私は懸案の命題を証明し終えることができた。

そのころの私はよく眠れず、疲労困憊していた。ある日、明け方の4時に目が覚めて、10年も前に買った本を手に取りたくなった。それはデイヴィッド・ベンソンの『表現とコホモロジー(*Representation and Cohomology*)』第2巻で、当時はたいして理解できていなかった本だ。私は本棚からその本を取り出し、漫画でも読むように一気に100ページ読んだ。数学の本をそんなふうに読んだことはなかった。それほど速く読めたのは、なかに書いてあることが、まるで夢で見たばかりのように、すでにわかっていたからである。

その6週間で、博士課程に進んでから理解した以上に数学が理解できたような気がした。理解があまりにも速く進んだため、船酔いのような感覚に襲われたほどだ。進展が激しすぎたため、止んでほしいと思っていた。私は体調を崩して休息を必要としていたが、そんなことはできなかった。まるで数学が私の脳の支配権を握り、私の頭の内側から、私の意志に反して考えているようだった。

私は人生で初めて、数学を突き詰めることは危険なスポーツなのだと実感した。

第17章　純粋な理性は人を惑わす

「若き天才数学者」というキャラクターを考案しなければならないとしたら、あなたはどうするだろう。あなたの頭のなかにどんな人物像が浮かぶかはだいたい見当がつく。

たぶん、友人たちと浮かれ騒いでばかりいるグループの盛り立て役は思い浮かべないだろう。気さくでものごとを深刻に考えず、人づきあいがよくて世渡り上手な人物でもないはずだ。

きっとその逆で、セオドア・カジンスキーのような人物を思い浮かべるのではないだろうか。

セオドア・カジンスキーは1942年にシカゴで生まれた。その数学の才能が学校教育の場で認められるまでに時間はかからなかった。テストでIQ167と測定されて飛び級し、数年後にもふたたび飛び級をしている。1958年には16歳でハーバード大学に入学した。

1967年に数学の博士論文を提出し、カリフォルニア大学バークレー校で同大学史上最年少の助教授になっている。

こうした快挙に比べ、カジンスキーの人生は寂しく孤独である。若いころのカジンスキーを知る人々は、彼のことを無表情で精神的に幼く、人とコミュニケーションがとれず、深い関係を築くことができない、と評している。

ハーバード大学で彼と同じ大学寮に住んでいた学生たちの記憶に残っているのは、真夜中にトロンボーンを吹く習慣と、彼の部屋から漂ってくる腐った食べ物の匂い、という2点である。

15歳のカジンスキーは同じ年ごろの少年たちとうまく付き合えず、当時8歳だった弟デイヴィッドの友人たちと遊んでいた。

デイヴィッド・カジンスキーはこの時代のことを、大好きだった兄の賢さに対するあこがれだけでなく、兄の奇妙なふるまいを前にした驚きも含めて覚えている。セオドア・カジンスキーはなぜ友達がつくれなかったのだろうか?

デイヴィッドは8歳か9歳のある日、母親にこう尋ねている。

「ママ、お兄ちゃんの問題は何なの?」

数学者は変わり者？

この本の冒頭で、私は数学と数学者に対する固定観念を打ち破らなければならないと述べた。私の意見は変わっていない。だからといって、このような固定観念が存在しないということではないし、その固定観念に根拠がないわけでもない。

誰でも知っているとおり、数学の世界をよく見てまず驚くのは、「変わった人」が多いということである。「変わった」という言葉は無礼にならないための言い方である。変わり方にも程度がある。少し変わった数学者もいれば、明らかに変わった数学者もいる。目をみはるほど変わった数学者もいる。場合によっては、変わっているという概念がもはや当てはまらない。その場合は「頭がおかしい」という言葉を使うしかないだろう。

しかも、それが数学者どうしの会話における大きな話題のひとつである。誰もが何十というおかしくてくだらないエピソードを知っているのだが、あまりに滑稽すぎて信じられないこともあるくらいだ。

ひとつだけ披露しよう。私があるディナーの席で隣り合わせた数学者は、嘘ではなく、電車の時刻表を詰めた大きなゴミ袋を持ち歩いていた。彼はその時刻表を暗記しており、会話の糸口をつかみたかったら、日曜日の昼過ぎにニューヘイブンからフィラデルフィアまで行く選択肢を尋ねればよかった。

固定観念を打ち破るとは、大部分の数学者にはその固定観念が当てはまらないという認識をもつことである。最高レベルの数学に取り組みながら、同時に「ふつう」であることはじゅうぶん可能である。カリスマ性があって人々から慕われ、人柄が温かく、他人に心を開いている人だっている。

変わっている以上に、数学者には一般にユーモアに秀でている人が多い。

そうはいっても、とくに歴史的に有名な数学者のなかには極端に変わった人が驚くほど多い。第7章では、極端な孤独と禁欲主義を選んだアレクサンドル・グロタンディークについて紹介した。

もうひとりの顕著な例は、第10章ですでに触れたグリゴリー・ペレルマンである。1966年に当時のレニングラードで生まれたペレルマンは、ポアンカレが1904年に提示した予想を2003年に証明したことで知られる。これは、その重要性を理解するのも難しいほどの目覚ましい功績である。

ペレルマンはフィールズ賞を辞退しただけではない。〝ミレニアム問題〟(最も難解で、数学の将来の構造に対する意義が最も大きい7つの問題のリスト)に挙げられたポアンカレ予想を解決したことに対して、2010年にクレイ数学研究所から授与された100万ドルの賞金も辞退したのだ。

ペレルマンは2005年にステクロフ数学研究所の職を辞任した。彼はインタビューにも答えず、その頭のなかで実際に何が起こっているのかはよくわからない。それもあって、ペレルマンの人物像は人々の関心の的となり、盗撮写真や偽のインタビュー、くだらない噂がインターネット上に出回っている。

ペレルマンの発言とされる「私はすでに宇宙を制御できるのに100万ドルで何をしようと言うのだ?」というフレーズは、間違いなく彼が言ったものではないだろう。

それに対し、「私はお金と栄誉に興味はない。動物園の動物みたいな見世物にはなりたくないと思っている。私は数学界の英雄ではないし、第一そこまで優秀でもない。だからみんなから注目されるのはごめんだ」というもうひとつの発言は、信用できる筋に由来する。

ペレルマンの独創的な知性、精神力、毅然とした態度、揺るがない気高さには感嘆を禁じえない。

同時に、ペレルマンの話にはひっかかるところもある。どうもすっきりしないのだ。これが数学への理解を極めた結果なのだろうか?　いつも最後はこうなるのか?　他人に心を開き、他人と意思疎通を図る方法を見つけることはできないのか?

私たちにいわせれば、それは「ふつう」ではない。ペレルマンが爪を切ろうとせず、50歳を過ぎてサンクトペテルブルクの小さなアパートで母親とふたり暮らしをしていると聞けば、何かがおかしいという気がする。

おかしいのかもしれない。だが実際のところは何もわからない。ペレルマンは地球上でもとりわけ優秀な人間である。彼は誰にも迷惑をかけていないし、好きなように暮らす権利がある。私たちがペレルマンに評価を下す権利はないのだ。

人は数学のせいで「変わった人」になるのだろうか？　それは違うと私は思う。むしろ、数学はもともと変わっている人を受け入れることができる学問なのだろう。

数学は、人づきあいが大の苦手でも偉業を成し遂げられる特異な分野のひとつである。もともと少し「変わって」いたり、ほかと「違って」いたりして社会にあまりなじめない人にとって、数学は社会への適応と資質の開花に通じる道になりうる（私もこのカテゴリーに入るかもしれない）。

だから、私は数学が本当に「危険」だとは思わない。

しかしながら、悲惨な副作用をもたらす可能性がありそうな特殊な文脈では、数学は禁忌である。歴史上には気になる規則性が見られる例があり、その例から判断するなら、数学は、場合によっては「パラノイア」という特異な精神病を助長し、悪化させることがあるようだ。

人里離れた森に住む男

変わり者のレベルでいうと、セオドア・カジンスキーは最高峰に位置する。ただし、独創性は変人度とは比例しない。また、早熟だからといって輝かしいキャリアが約束されるとは限らない。

セオドア・カジンスキーは決して偉大な数学者でなかった。その乏しい科学的業績にはこれといって興味深いものはない。

１９６９年6月30日、27歳のセオドア・カジンスキーは突然、何の説明もなくカリフォルニア大学バークレー校の職を辞した。その2年後には、モンタナ州の人里離れた森のなかに自分で建てた小屋に住みつく。

水道も電気も通っていないその場所にひとりで住むことに決めたのだ。

１９７１年の日記にはすでに次のような犯罪目的が記されている。「これからすることの動機は単なる個人的な復讐である。そうしたからといって、何かを実現できるとは期待していない」

カジンスキーの言うことは時間とともに変化し、のちには革命を起こしたかったと主張することになる。ただ最初から最後まで、その心に刻まれているらしい感情、すなわち彼が自分の個人的な自由と自由一般を攻撃しているとして非難する「官僚的な科学技術機関」への恨みは変わらない。

くる年もくる年も、カジンスキーは文字どおり自分と一心同体だとみなすようになった森の奥をたったひとりで長い時間をかけて散歩しながら、計画を組み立てる。工業化社会に、工業化社会から受けたあらゆる仕打ちに、そして道路新設のための容赦ない森林伐採という、工業化社会が木々に加える暴力に復讐するというのだ。

だが、決意を固めたカジンスキーの周到な計画は、信じられないような殺人へと脱線する。ようやく彼が逮捕されたのは1996年。17年以上にわたり150人をフルタイムで動員するという、FBI史上最も長く最も費用がかかった捜査の末だった。

セオドア・カジンスキーは、コロラド州フローレンスにある米国で最も警備が厳しい刑務所に収容されている［2021年末にノースカロライナ州の医療刑務所に移送された］。同刑務所には9・11のテロリストのひとりであるザカリアス・ムサウイ、麻薬密売・密輸組織のメキシコ人ボスであるエル・チャポもいる。ここでカジンスキーは仮釈放なしの終身刑8回分の刑に服している。

カジンスキーの話は不気味だが、それでも伝えておかなければならない。この話は、合理性

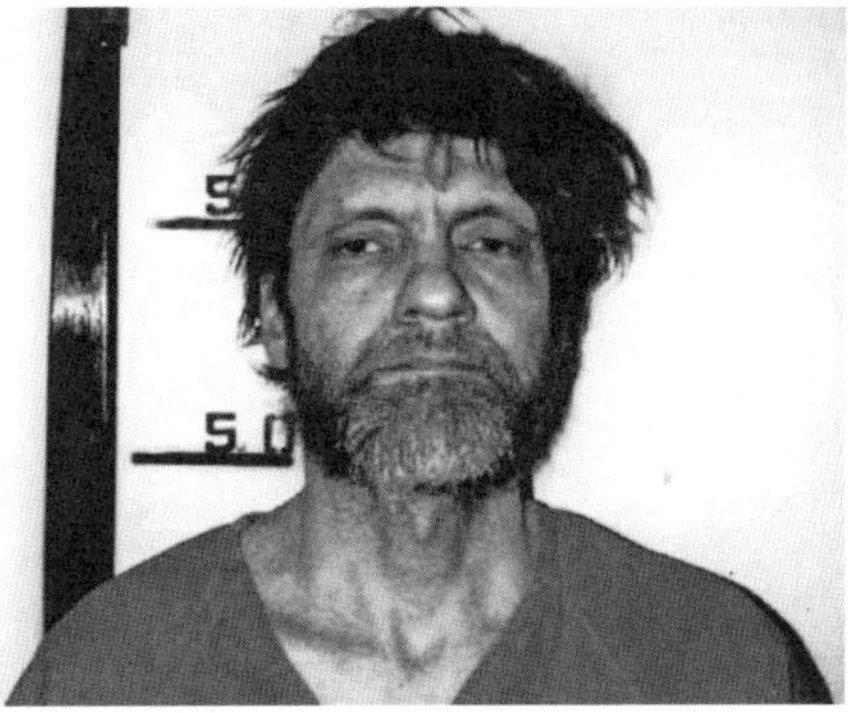

およびその力と限界と危険性について、またその正しい使い方と間違った使い方について根本的なことを教えてくれる。

数学徒であったユナボマー

1979年11月15日、シカゴ発アメリカン航空444便でワシントンに向かっていた乗客は鈍い物音を聞く。客室内には異臭を放つ煙が充満した。酸素マスクが降りたものの、マスクの内側まで侵入するほど濃い煙だった。

操縦士は機体を緊急着陸させ、有害な煙を吸った12人が病院に搬送された。地上では、一次調査の結果から飛行機が爆弾を積んでいたことが明らかになった。爆弾が正しく作動していれば、飛行中の機体は粉々になっていただろう。

1979年5月には、シカゴに近いノースウェスタン大学のキャンパスに爆発物を仕掛けた2つの小包が置かれる事件が起きており、まもなく両事件には関連があることが突き止められた。とはいえ、これは長期にわたる一連の事件の幕開けでしかなかった。

1980年6月10日、ユナイテッド航空社長のパーシー・ウッドが、シカゴ郊外のレイクフォレストにある自宅に届いた爆発物を仕掛けた小包によって重傷を負う。1981年にはユタ大学のキャンパスで爆弾が見つかり、起爆装置が外されて事なきを得る。

攻撃は1995年まで続き、16個の爆弾で合計3人が死亡、23人が負傷する。ターゲットは大学（バークレー校の建物はとくに2度狙われている）と航空産業、工業、科学技術に関連する団体（ボーイングの拠点、電子機器の販売店、木材産業のロビイストなど）だ。

この不可解な連続テロ事件で、捜査官があてにできる手がかりは乏しかった。

犯行声明に「フリーダム・クラブ」を意味するFCという署名があっても、捜査側はかかわっているのは一人だと確信していた。こうした手がかりを用いて、心理学的な観点から作成された犯人像によると、犯人は大学と航空機関に対して激しい恨みを抱いている人物だ。また木と森林というテーマにもこだわっている。このこだわりはターゲットの選択だけでなく爆弾を製造するための材料にもよく表れており、樹皮片を含む爆弾もあれば、薪に似せてつくられた爆弾もあった。

FBIとメディアは「大学・航空機爆弾テロリスト（University and Airline Bomber)」の頭文字を取って犯人を「ユナボマー」と呼んだ。

爆弾のほうも、じつに捜査官泣かせな代物だった。ふつうの爆弾であれば、ひとつひとつの破片に「語らせる」ことができる。少なくとも1本の釘を分析すれば、製造業者とそれを販売した店の特定が期待できる。

問題は、ユナボマーの使った釘が1本ずつ手づくりされていたことだった。利用できる手がかりも指紋もいっさいないのだ。爆弾の部品は丁寧に紙やすりをかけられていた。テロリストはすべてを自分でつくりあげることをいとわない、忍耐強く厳格な人物だった。捜査官が突破口を見出すには1995年を待たなければならなかった。この年、ユナボマーは『ニューヨーク・タイムズ』紙と『ワシントン・ポスト』紙および『ペントハウス』誌にタイプ打ちの長い原稿を送り、原稿が掲載されたら攻撃を止めると表明する。FBIの勧告にもとづき、『ニューヨーク・タイムズ』と『ワシントン・ポスト』は1995年9月19日に原稿を掲載した。

ユナボマーのマニフェストである「産業社会とその未来」は綿密に組み立てられ、論証されている。1から232までの段落番号を振られたこの論文は、科学技術が人間に対して振るう影響力と現代社会とに対する過激な批判である。ユナボマーによれば、救うべきものはなく、システム全体を破壊しなければならないらしい。

非常に的確な話題もあれば、完全に的を外している話題もある。一部にはテロリストの文章で出会うとは予想しないような関心事が示されていた。

「たしかに、科学的知識の根拠について、および客観的事実の概念を定義する――定義できると仮定して――方法について、自分なりに真剣に考えることはできる。だが、現代の極左の哲学者が、知識の根拠を体系的に分析するただの冷静な論理家でないことは明らかだ」

この段落を読んで、弟のデイヴィッド・カジンスキーは「冷静な論理家」という表現にショックを受ける。彼は兄のセオドアがある手紙のなかでまったく同じ言葉を使ってまったく同じことを言ったのを覚えていたのだ。

兄が米国で第一の指名手配者となっている犯罪者ではないかと疑ったデイヴィッド・カジンスキーは、耐えがたいほどの道徳的なジレンマに直面する。兄が死刑になるのを目の当たりにするリスクを冒して密告すべきか、それとも口をつぐんで、新たな犠牲者を出す殺人の共犯者になるべきか？

長らく考えたあと、彼はFBIに話す決心をする。この暴露が、1996年4月3日のセオドア・カジンスキー逮捕につながった。

「真理に近似したもの」

1996年の初め、この思いがけない手がかりを突きつけられた捜査官は、信頼すべきかどうか迷っていた。何かがおかしかった。セオドア・カジンスキーの経歴は、彼らがユナボマーのイメージとして思い描いていたものとは合わないのだ。サバイバルを追求した生き方などいくつかの要素は一致するが、学歴の高さや数学者としての過去は想定外だった。疑念を払拭するため、ＦＢＩは当時バークレー数理科学研究所所長だったウィリアム・サーストンにひそかに相談することにした。

マニフェストを読んだサーストンは何の疑いも抱かなかった。その文章が数学者によって書かれたものだということは、一読しただけでわかったのだ。

私は、サーストンがどの部分を根拠としてこの結論に至ったのかは知らない。自分で試してみて（とはいえ、結末を知った以上、条件は同じではないが）私が衝撃を受けたのは最後の段落だった。数十ページにわたって確信を押しつけたあとで、カジンスキーは突然、自分自身が25年間かけて構築した妄想的な理論体系の弱さを指摘する。

「最後通達

２３１．この論文全体を通して記述は不明確であり、［……］一部の記述は純粋かつ単純に間違っている可能性もおおいにある。［……］当然ながらこのような議論では直観的な判断に十分にもとづかなければならないが、そうした判断は間違っていることもある。したがって、この論文が伝えるのは、真理にだいたい近似したものにすぎない、としか言いようがない」

真理の観念はカジンスキーの関心の的である。彼が現代の哲学者を非難するのは、彼らが「真理と現実を攻撃」するからだ。

だが、真理とはなんだろうか？　どうしてカジンスキーは自分のマニフェストが真理にだいたい近似したものにすぎないと主張しながら、同時にこの真理の名のもとに犯す殺人を正当化できるのだろうか？　マニフェストに完全には書き表せていないようだとしても、自分自身は真理に手が届くと暗に言いたいのか？

自分の論証の弱さを自覚しながらも、カジンスキーは世界全体に対して自分が正しいと確信しているようである。完全には証明できなくても、本人は気にしていない。彼にとってはすべてが自明だからだ。彼は確信を自分で〝つくりあげ〟て一貫した体系にまとめたのであって、そこにはもはや他人の出る幕はない。

そのためカジンスキーは、自分の爆弾で初めて人が死に、犠牲者が「ずたずたになった」とメディアを通して知っても、その出来事を「すばらしい。誰かを抹消する人間的な方法だ」と日記に書けるのだ。

ここまでの話を知ったら、困惑せずにはいられない。もしカジンスキーが、数学のテクニックを利用してこの唖然とするような自己過激化に至ったのだとしたらどうだろう？

直観をプログラムし直すテクニックの危険性が明らかになることがあっても、じつはまったく驚くにはあたらない。結局のところ、野菜の皮むき器や牡蠣の殻むき用ナイフでも病院の救急部門に行く羽目になることはある。

訴訟に先立ってセオドア・カジンスキーを診察した精神科医によれば、彼は妄想型統合失調症を患っているとのことだが、カジンスキーいわく、この診断は政治的迫害である。本人は正気のつもりだった。カジンスキーの弁護団は彼の刑事責任能力の欠如を主張したかったが、カジンスキー自身はこの戦略を拒否し、逆に有罪を主張するほうを選んだ。

パラノイア性妄想は数学的推論の近親者である。ある意味、邪悪な双子の片割れみたいなものだ。多くの人が両者を混同しがちだが、2つを区別する単純な基準がある。これについてはあとで説明しよう。

他者から学び、他者と共有する

2010年、つまり死の2年前になっても、ウィリアム・サーストンはセオドア・カジンスキーの悲劇的な運命をまだ気にしているようだった。

サーストンは数学に関するインタラクティブなサイト、「MathOverflow（マス・オーバーフロー）」で投げかけられた質問に対し、時間をかけて書いた長い回答を寄せた。質問したのは、ムアドという名の不安げな若い学生ユーザーである。質問のタイトルは「数学者は何をするべきなのか？」だ。

ムアドは自分がどのように数学に貢献できるのかと自問する。ムアドとしては、「数学はガウスやオイラーのような人のためにある」のであって、彼らの業績に対してはせいぜい理解を試みるので精一杯、理解したところで何も新しい成果はもたらせないという気がしている。自分のような「特別な才能がない」ふつうの人には新たに発見できることは何も残っていない、と不安なのだ。

数学専攻の学生でこのように自問したことがないという人はまずいない。ムアドの問いに対してサーストンは、次のようにものの見方を大きく変えてみてはどうかと回答している。

「数学がもたらすものは明快さと理解である。定理そのものではない」

「（少なくとも）世界は明快さと理解が過剰でも困らない」

「数学から得られる本当の満足は、他者から学ぶこと、および他者と共有することである。私たち一人ひとりはいくつかの主題を明快に理解できても、それら以外の多くのことについてはまだよくわかっていない。そのため、解明の必要がある見解が足りなくなることはない」

サーストンは数学を、永遠の真実の探求ではなく、理解と共有を目指す人間的な共同プロジェクトとして定義する。人間が理解できない定理には何の価値もない。誰がどの結果を最初に証明したかはどうでもよく、大切なのは私たちがその結果に与える意味である。真の数学は生きた存在であって、私たち一人ひとりの内にあるのだ。

サーストンは当たり障りのない回答をしたと思うかもしれないが、じつは2000年以上続く数学の提示方法を深く問い直す回答である。これは本書の主なメッセージのひとつなので、のちほど詳しく説明しよう。

サーストンは次のように続ける。

「私たちはきわめて社会的、かつきわめて本能的な動物であり、私たちがすること、それも知性の観点からはうまく説明できないことに心身の健康が大きく左右されるほどである」

「純粋な理性は人を惑わせる可能性が高い。そうした理性を前にしたときに知的な方法で乗り切れるほど、私たちは賢くも聡くもない」

サーストンはまさにこの部分、「惑わせる」という言葉にウィキペディアのセオドア・カジンスキーのページへのリンクを貼り、この人物を直接参考にするよう指示している。

「純粋な理性は人を惑わせる可能性が高い」という言葉は、よくある良識的な助言だが、漠然としていて独自性を欠くため重要だとは思えないかもしれない。だがそうではなく、サーストンは本気で言っている。彼は自分の言っていることがよくわかっており、この発言は的を射ているのだ。

第14章で、真理を自明だと思う生まれつきの能力を頼りに、科学と哲学の全体をゼロから再構築しようとするデカルトの計画を取り上げた。そこで、このアプローチ、つまり合理主義はデカルトが予想しなかった障害にぶつかったと述べた。

サーストンの「私たちは十分に賢くない」、「純粋な理性は人を惑わせる可能性が高い」という発言は、このことを指している。

なぜ数学的思考はこれほど効果的なのか？　一方、数学の限界は何で、合理性の限界は何なのか？　数学的推論とパラノイア性妄想はどう区別するのか？

こうした問いの答えは数学そのものにあるのではなく、私たちの言語および知能のメカニズムと数学とを結ぶ密接な関係にある。

それが、本書の残りの部分で考察するテーマだ。

第18章　部屋のなかのゾウ

合理性に問題があることは、誰もがずっと前から知っている。

合理性は私たちの文明の基礎と考えられている。少なくとも学校ではそう習う。自分の考えを論理的に組み立てる方法を習い、有効な推論とそうでない推論を区別する方法を習う。論理的でないもの、厳密でないもの、一貫性のないものは無視するようにと教えられる。

もちろん、誰もこんな話を信じるほどばかではない。授業が終わり、学校が終われば、そんなことはどうでもいいとでも言うかのように自分の生活に戻っていく。

自分が合理的になれると信じるのは、脂肪や糖分のとりすぎを止められると信じるくらいおめでたいことだ。

それなのに矛盾しているようだが、私たちは実際、こっそりと秘密の合理性に頼ることもある。

あるテーマが頭から離れないとき、失恋したとき、仕事上の悩みを抱えているとき、大切な人との関係がうまくいかないとき、人は本能的に数学者の方法に頼っている。

夜、ベッドに横になったとき、みなさんは問題を理解しようとして思いをめぐらせるだろう。記憶と想像の奥底から引っ張り出したイメージを頭のなかに次々と映し出し、この脳内イメージをレゴのブロックのように使って遊ぶのだ。このイメージを整理して組み立て、このイメージを使って何か意味のあるもの、筋の通るものをつくりだそうとするのだ。

それで理解できたような気になることもある。脳内イメージがうまくかみ合った場合だ。すると過去の出来事が新たな方法で解釈される。あなたは新たな細部や要素があることに気づく。もっとも、それは最初から目の前にあったのにそれまで見過ごしていただけなのだが。

だがいま、そうした要素が見えるようになってみると、すべてが理解できる。それは一種の啓示か発見だ。感激したあなたはそのことを誰かに伝えたいと思うだろう。

さっそく親友に話しに行くわけだが、すぐに相手のまなざしがおかしいことに気づく。相手は困惑しているようだし、あなたを心配している。返ってきたのはただ一言、「合理化しすぎるのはよくないよ」。

あなたには相手が正しいとわかっている。自分だって、すべてがうまく一致しすぎる推論を提示されたら、何かおかしいと感じる。あまりに考え抜かれた推論は疑わしく見えるものなのだ。

たとえば、私たちの文明が抱える危機の根本原因を20年間ひたすら考えつづけた人が232の段落番号を振ったマニフェストを執筆し、その論拠がすべて奇跡的にうまくかみ合っているのを見たら、ふつうの人は不安に駆られるだろう。「この人の言うことはきっと正しい」ではなく、「この人はあまり友達がいないんだな」と思うはずだ。

私たちが合理性を警戒するのが、単なる知的な無気力だったり、努力嫌いのせいだったりしたら、問題はそれほど深刻ではないかもしれない。考える仕事はほかの人に任せて、私たちは結果を利用すればいいのだから。

問題は、合理的すぎる結果をまったく信用できないことである。思考と推論では必ずしも真理を発見できないことは誰もがわかっている。むしろ、その逆に思えることさえある。場合によっては、合理性は私たちを真理から遠ざけるのだ。

これはささいな問題ではない。大問題である。英語ではこの種の問題を〝部屋のなかのゾウ〟という表現で呼ぶ。生じる結果があまりに大きくて重大なため、また私たちの心のなかにあまりにもしっかりと居座っているために、誰も触れようとしない問題のことである。

もし人間が、目の前に立ちはだかる巨大な試練に立ち向かいたいと少しでも望むなら、「実際のところ、デカルトの方法はうまくいくのか、いかないのか？」についてまず合意するべきではないだろうか。

固い岩の土台をつくる

科学と哲学をゼロから再構築するというデカルトの計画を聞いて、そのアプローチを理解するのは簡単である。

デカルトは、最も基本的ないくつかの問題に関して、偉大な知識人たちの意見が割れていることに気づいている。彼らの知識は往々にして「砂と泥の上に」構築された意見でしかない。反対に、数学は岩の上に構築されている。それがデカルトを魅了するのだ。「数学の土台は揺るぎなく強固であるのに、その上にもっと高いものが何も建てられていないことを私は意外に思っていた」

数学者の方法は非常に効果的だとわかっている。そして、その方法を駆使すれば、数千年を色褪せることなく潜り抜ける真理を生み出せる。それなら、その方法を数学以外に適用することによって揺るぎない真理を生み出すことはできないだろうか？

今日、私たちは答えを知っている。残念ながらそれはできないと。

正確な答えは、「部分的にはできて、部分的にはできない」である。数学者の方法を数学以外に適用することはできる。そうすることをみなさんに勧めたくなかったら、私はこの本を書いていないだろう。デカルトは正しかった。それは強力で豊かな実りをもたらす方法である。世界を理解するのに役立ち、文字どおり私たちの知能を高める方法である。いずれにしても数学者の方法に代わる策はない。同じメリットを得るために利用できる方法はほかに存在しないのだ。

だが、数学者の方法を数学以外に適用する際は慎重にならなければならない。この方法が揺るぎない真理を生み出す力を発揮するのは数学の内部だけだからだ。

慎重になるとは、理解できないことをじっくり考えたり、〝合理化〟したり、説明しようとしたりするのを禁じるという意味ではない。では、私たちがわざわざばかのままでいる理由があるだろうか？　慎重になるとは、いつまでも混乱し迷っているという意味でもなければ、「確信をもってこの人生を歩まない」という意味でもない。むしろその逆である。

慎重になるとはつまり、「デカルトの方法には脳内表象と直観を手直しし、内部の一貫性を強化し、岩のような強度をもちうる確信を自分の内につくりだす効果がある」ことを意識するという意味だ。

そして、それこそがデカルト流のアプローチの目的である。このアプローチは、自分の信念を強化し、それを議論の余地がない自明の理と厳密な推論にしっかりと固定することを目指す。すると、脳の可塑性という奇跡によって、私たちの内には鉄筋コンクリート製の確信が生まれるのだ。

ただし、そうした確信はときに間違っているのだが。

私たちの言語は脆弱である

みなさんは、すべての雌鶏が卵から生まれたこと、その卵自体はそれ以前に別の雌鶏が生んだことを100％確信している。そこから厳密に論理を積み上げて推論していけば、最初の雌鶏も最初の卵も存在せず、雌鶏と卵がはるか大昔から存在しているという結論が導かれる。よって、雌鶏と卵は地球が誕生したときにすでに存在していたわけだ。

これはくだらない例だが、だからこそ意味がある。こんなに単純な推論にここまでひどい欠陥があるなら、もっと込み入った、まじめで知的に見える推論はどこまで信用できるのだろうか？

誰もがこの雌鶏と卵の話を知っていながら、そして誰もがこの話が突きつける問題の大きさを認識していながら、誰もそれを何とも思っていない。私はこの事実にいつも唖然としてしまう。

今日では、このテーマとその深い意味に正面から取り組まなくても高等教育を受けられる。私たちの社会は、人々が行き詰まっても構わないという考えなのだろうか。

雌鶏と卵の謎は「逆説」、つまり人間的な理解で越えられない壁のようなものとして、それを前にしたらひれ伏す以外にないものとして提示される。

だが、本質的に直観に反するとされる裏ワザや真理がないのと同じく、逆説もない。逆説という状態は常に解決を待つあいだの一時的なものなのだ。ある問題を、逆説的な構造をもつものとして提示するのは、「理解できない」という事実を婉曲的に表しているにすぎない。

卵と雌鶏の謎に対する第一の解決策は、進化論を活用することだ。目の前にいる雌鶏の母親は、最初の雌鶏とは少し異なる別の雌鶏だった。この別の雌鶏の母親も少し異なっていた。ここまでは問題ない。話しているのは相変わらず雌鶏と卵に似た雌鶏と卵のことである。

ところが、1億5000万年以上さかのぼって、雌鶏の母親の母親の母親……とたどっていくと、雌鶏ではなく恐竜に行き着く。さらにさかのぼると、卵を産まなかった動物に行き着く。それが何に似ていたかは知らないが、少なくとも雌鶏は地球が誕生したときにはまだ存在していなかったとわかって安心できる。

だがこの第一の解決策は、この謎の最も問題が多い部分に触れていない。議論の余地なく正しい仮説から出発し、議論の余地なく正確な推論をたどっているのに、議論の余地なく間違った結論に到達することがあるとは、いったいどういうことなのか？

それこそが、雌鶏と卵の話が私たちに突きつける真の謎である。

ここで、第二の解決策を見ていこう。これは20世紀の半ばから知られているが、これを聞いたら人は仰天して混乱し、重大な結果を招くため、慎重に隠され、学校のカリキュラムからは排除されている。

答えはこうだ。人間の言語は構造的に論理的推論と相容れないため、いかなる場合であれ、人間の言語で表現され、論理的推論から得られた真理を１００％信用することはできない。

それは公式な科学、つまり「偉大な科学」に当てはまると同時に、私たちがたえず行っている日常の小さな推論にも当てはまる。しかも、私たちがこの推論をきちんと組み立てられた論理的一貫性のある論拠に沿って言葉で表現しようと、頭のなかで脳内イメージをこっそり操作して済ませようと関係ない。また、熟考しているという意識があろうと、ただ直観が導くに任せようと関係ないのだ。

悲しいことに、デカルトの主張に反して、現実には「かなり明確に、かなりはっきりと理解できること」がすべて真実だとは限らない。

デカルトは本質的な点を見落としていた。すべての推論は、それがいかに強固でも、具体的な経験から遠ざかるにつれて最後には崩れるのである。それは厳密さを欠くからではなく、私たちの言語そのものが砂と泥の上に建てられているからである。

唯一の例外は、数学の公式言語で述べられた数学的推論である。この無機質な人工言語が私たちの日常的な思考方法と相容れない理由は単純だ。「数学的言語は論理的推論と両立する」という先入観があるからなのだ。

日常の具体的な経験から離れて危険を冒したいときは、形式主義がコンパスとして役立つ。これは、制限もやっかいごともタブーも忘れて合理性を追求したいという衝動に応えるための唯一のツールである。

逆にいえば、形式主義から離れてしまえば、合理性は私たちの言語と世界の認識方法の脆さのせいで揺らぐことになる。

言葉はあやふや

第6章で、数学の公式な言語、すなわち形式主義は、人間にとっては外国語だと述べ、「数学では、長い鼻を持つことがゾウの定義であれば、鼻を切られたゾウはその時点でゾウではなくなる」という例を挙げた。

数学的アプローチと言葉の意味そのものとの関係はじつに奇妙であり、数学初心者は往々にしてショックを受ける。とはいえ、この奇妙さを説明するのは難しくはない。人間が言葉に意味を与える方法は、推論の概念とは本質的に相容れないのだ。不愉快かもしれないが、そういうものだ。

思考力を駆使して揺るぎない真理を発見するチャンスを手にしたいなら、数学者の形式主義的なアプローチに頼る以外にない。

一方、鼻を切ったゾウを何としても〝ゾウ〟と呼びつづけたいなら、自分自身の推論力を信頼することはあきらめなければならない。というのも、ゾウに関するあらゆる一般的な真理は、「ゾウは鼻が長い」という事実を踏まえた推論によって発見されているので、鼻の短いゾウが1頭でも見つかれば再検討を迫られるからである。

正直にいって、ゾウは鼻が長いと言う権利さえないなら、ゾウについて語ろうとすることに何の意味があるだろうか？　もう熟考するのは止め、今後いっさい口を閉ざしても同じことだ。

私たちはこの現象をよく知っている。その影響力は一般に過小評価されているにしても、誰もがなんとなく気づいている現象だ。子供のころから、この現象をめぐる知識は都合の悪いものをそっと隠すようなやり方で示されてきた。

すでに第8章で取り上げたとおり、辞書はこの現象をみごとに説明している。遠くから見れば、辞書はまじめで筋が通っているものだと思える。誰でも自分が使う言葉はきっちりと定義され、自分が発音する文章は明確な意味をもつと思いたい。けれども、少し掘り下げたとたんに堂々めぐりの循環定義に行き着く。

辞書を執筆した人の仕事がいい加減だったのだ、私たちが使う言葉を定義するにはそれよりすぐれた方法、もっと明確で厳密な方法があるだろう、と思うのは間違っている。

そうではなく、辞書の定義に欠陥があるのは、残念ながら深い構造的な理由のせいである。私たちの言語の言葉を本当の意味で定義することは厳密にいうと不可能だ。この世界において、私たちと言語の関係は思っているよりはるかにあやふやなのである。

ゾウは存在しない

日常的に使う言語の言葉について、揺るぎない定義を確立しようと試み、それが不可能な作業だと納得する――これは、少なくとも一生に一度はじっくり取り組むべきことである。やっかいではあるが、示唆に富む経験になるだろう。

私が好きなのはゾウの例だ。私が辞書で見つけた定義は次のとおりである。「非常に大きな草食性の哺乳類。ずんぐりとした体、ざらざらした肌、大きく平たい耳、ゾウの鼻の形をした長い鼻、象牙の牙を持つ」

この定義には現実に即しているという利点がある。定義にあたっては、ゾウに当てはまると思われるさまざまな特徴を列挙するというアプローチをとっている。これは言うまでもなく循環定義である。みなさんにとってゾウの鼻の定義とはどのようなものだろうか？　象牙の定義とは？

循環定義に加えて、この定義には動物の種の概念という本質的な側面をこっそり省略したという欠陥もある。

誰にとっても明らかなように、話題にしているのは単に孤立した個体としての動物ではなく、逆に種としてまとめられる動物のことである。私たちが「ゾウ」という言葉を考案したのは、目の前にいる個々のゾウに共通点があり、種を構成していると思ったからである。「ゾウ」という言葉で指したかったのは、そのゾウたちの共通点なのだ。

みなさんも知っているように、ゾウは単一種ではなく、アフリカゾウとアジアゾウという2つの種がある。

実際はもっと複雑だ。20年ほど前、生物学者はアフリカゾウのなかでも2つの種が区別できることに気がついた。サバンナゾウ（学名Loxodonta africana）とマルミミゾウ（学名Loxodonta cyclotis）である。3つ目の種がアジアゾウ（学名Elephas maximus）である。

「ゾウ」という言葉の循環しない科学的に確かな定義を用意したいと思ったら、「サバンナゾウ、マルミミゾウ、アジアゾウという3つの種が指すものに与えられた総称」のようなものになるだろう。

ただ、そうすると今度はサバンナゾウ、マルミミゾウ、アジアゾウに確かな定義を与えなければならない。そして困ったことに、それは誰にもできないことなのだ。

生物学者は、〝正基準標本〟と呼ばれる、基準点となる一個体をもとに種を定義する。たとえばサバンナゾウの正基準標本となる栄誉に浴した（そして大昔に死んだ）ゾウが1頭いるわけだ。このゾウはいってみれば「ゾウ第1号」、その種の旗手である。

科学的観点から見れば、サバンナゾウは、生きているか死んだかに関係なく、このゾウ第1号と「同じ種に属する」全個体群以外の何ものでもない。

あとは「同じ種に属する」という表現の正確な意味を示せばいいだけだが、ここで話がややこしくなってくる。

ある動物種の合理的な定義においては、母親はその子供と同じ種に属すると言いたいところだ。だが、一方からゾウ第1号の母親の母親の母親……とたどっていき、もう一方から自分の母親の母親の母親……とたどっていくと、ある時点で、もう絶滅したが1億5000万年以上前に恐竜とともに生きていた、ある哺乳類種に属する同じ雌の個体に行き着く。雌鶏と卵の問題とまったく同じである。論理的に結論づけると、みなさんはゾウだということになる。

この問題を回避するためには、距離の概念を導入する必要がある。みなさんは自分の母親と、自分の母親の母親……（以下同様）と同じ種に属するが、進化論を拒否しないかぎり、こうして無限にさかのぼることはできない。

限界はどのように決めればよいのだろうか？　公式な解決策は、繁殖可能性の原則にもとづいて、ウィキペディアで見つけられる次のような定義にたどりつく。

「種とは、個体間で繁殖し、生育力と繁殖力を有する子孫を生むことが実際にできる、またはそうできる可能性があるような個体で構成される一集団または複数集団の全体である」

子孫の生殖能力の問題はとくにロバと馬の場合にかかわってくる。ロバと馬は交雑できるが、生まれた子供（ラバとケッティ）には生殖能力がないのだ。したがって、ロバと馬は2つの異なる種である。

ようやく論理的に厳密な定義を手に入れたと思うかもしれないが、まったくそんなことはない。この定義によると、生殖能力のない個体はその個体だけでひとつの種になる。みなさんが飼い猫を去勢したら、その猫は別の種になるというわけだ。もちろんまるで意味はないが、定義を厳密に適用するとこのような結果になる。

まじめな話、子孫が一般的には生殖能力を欠くが、ときとして生殖能力を備えるという場合はどうなるのか？　生殖能力のあるラバの例はいくつも記録されている。どこに境界線を引けばよいのだろう？　限界を定め、生殖能力のある雑種を生む可能性が１％未満は２つの異なる種とする、などと勝手に決めなければならないのだろうか？

繁殖可能性の概念は本質的にあいまいで問題が多い。２つの種が分かれるとき、つまり定義が最大の価値を発揮するであろうまさにその瞬間に、この定義は機能しなくなるのだ。この問題はとくに私たち人類の起源にもかかわる。私たちのＤＮＡには、ネアンデルタール人と交雑し、生殖能力のある子孫を残した形跡が認められる。これは、通説に反して現生人類（Homo sapiens）とネアンデルタール人（Homo neanderthalensis）が同一の種を構成するという意味だろうか？

こうした理論的な一貫性のなさに加え、種という概念の公式な定義がもたらす実際面での困難は計り知れない。私が、自分がサバンナゾウかどうかを知りたければ、サバンナゾウの雌と交尾しなくてはならない。相手が嫌がったらどうするのか？　嫌がられなかったとしても、タイミングが悪かったせいで妊娠しなかったら？　何回やり直さなければならないのか？

生物学者は数学者より実践的な感覚がはるかにすぐれているといわれる。彼らがどう対処するのか知りたいものだ。

ゾウを認識するのは直観

ここまでの話で最も奇妙なのは、私たちはゾウを100%厳密に定義できないのに、ゾウの概念を直観で明確に捉えられるということの対比である。「ゾウ」という言葉を聞けば、その意味はよくわかる気がする。ゾウとすれ違ったら、一目でゾウとわかる。私たちにはゾウが何なのかはっきりとわかっているのだ。

問題が生じるのは、定義を論理的推論と両立するように、要するにかなり単純にしようとして、最初の本源的な定義を取り巻くややあいまいな部分を明確にしようとするときだけである。まるで思考を明確にしようとして毎回つじつまが合わなくなり、そのたびにそれを新たな科学的発見によって解決しなければならないのだが、そうする際も毎回新たにつじつまが合わなくなる、という具合だ。

単純で具体的で明白ですらあるものは、本当の意味では言葉で捉えられないようだ。

この奇妙さはゾウの概念に限らない。頭のなかで行われるプロセスと私たちの言語に対する関係の神経学的現実を伝える普遍的な現象である。この点については次の章で改めて取り上げよう。

私たちが言葉に正確な意味を与えられない事実をみごとに説明するのが、チャールズ・ダーウィン自身が1859年に書いた次の文章である。

「私は〝種〟という言葉に与えられたさまざまな定義についても、ここで議論するつもりはない。いかなる定義もこれまで博物学者全員を満足させることはできなかった。それなのに、種が話題になると博物学者は各々それが何のことかをぼんやりと把握している」

歴史的な著作――正確なタイトルは『種の起源』――の第2章で早くも打ち明けられるこのような無力感は、状況がいかに絶望的かを雄弁に物語る。

私たちは話題を本当の意味で把握することは絶対できないのに、その話題をめぐって本を書くことはできるのだ。

人間の言語と数学の言語

じつのところ、数学とは何か、数学が科学分野のいたるところに存在するのはなぜかを本当に理解したかったら、私たちの言語が抱えるこのような弱さを出発点としなければならない。

数学は、推論しようとする意志、そして推論のために言葉の意味を固定しようとする意志と同じくらい古くから存在する。数学を数と形の勉強に単純化するのはよくある誤りだ。専門用語や定理や公式以上に、数学は何よりも言語を使い、言葉に意味を割り当てるもうひとつ別の方法である。

人間の言語と数学の言語は何千年も前から並行して進化してきた。今日では相互に絡み合っているため、もはや区別できないこともある。

私たちは日常生活やごくふつうの会話のなかで、一般には意識することなく、2つの言葉の使い方を行き来している。

この状況は、自分は数学がまるでできないと信じ込んでいる人も含めて誰にでも当てはまる。誰もが文化や学歴に関係なく、数学的アプローチで可能な思考方法に日常的に頼るくらいには、このアプローチに習熟している。

ただし、それがどう働くかを誰も説明してくれなかったため、私たちはしばしば失敗を犯す。2つの言語がまったく異なる2つの論理に従っていることを忘れて、一方の言語から他方の言語へと移ってしまうのだ。場合によっては、このうっかりが重大な結果を招くこともある。

それぞれの言語に固有の機能、固有のルール、固有の強みと弱みがある。また、どちらも私たちに欠かせない。

	人間の言語	数学の言語
言葉の定義のしかた	認識を基準に	公理にもとづく特徴づけ
強み	現実との直接の関係・言葉の意味の明快さ	一貫性・精度・意味の安定性・見えないものを明確に話せること
弱み	あいまい・一貫性がない・意味が不安定	非人間的・100％正しく直観的に解釈することはできない
論理的推論との両立	なし	あり
熟考の産物	説明的仮説・理論・予測	定理
検証方法	現実との照合	論理的証明

2つの言語、2つのルール

オレンジもリンゴも球？

2つの言語では同じ言葉を使うことが多い。違いは私たちが言葉に与える意味だ。

「球」という言葉はその好例である。「地球の表面は球形である」と言われたら、この文の意味はみなさんにもよく理解できるだろう。

私にとってもみなさんにとってもこの記述は正しい。人間の言語では「球」という言葉を知覚にもとづいてあいまいに解釈するからだ。

数学の言語では、この記述は明らかな間違いとなる。球形と言うなら、地球に山などあってはならない。

数学では、言葉は「公理的」方法で、つまり言葉の特徴を全面的に捉える公式な定義を介して定義される。それは完璧で硬直した想像上の構築物である。球は「3次元空間における中心からの距離が等しい点の集合」だ。何であれ変更する権利はない。ある点を取り除いたり、ある点を少しだけずらしたりしたら、それはもう球ではない。

いちばんまずいのは、「球」という言葉の定義が人間の言語の辞書でも同じだということである。唯一の違いは、私たちとこの定義の付き合い方だ。

人間の言語では、定義を100％真に受ける人はいない。

実生活で私たちが〝球〟と呼ぶものは、自分が球だと知覚するものである。ある形を球とみなすにあたってはある程度の誤差が許容される。オレンジは球形であり、リンゴはだいたい球形であり、洋ナシは球形ではない。知覚にもとづく球の定義において、暗に示される許容誤差の正確な限度を述べられる人などいるだろうか？

日常的に言葉で行っていること

これは逆の方向でも通用する。人間の言語の言葉を出発点とし、それを数学の言語の言葉のように扱うこともできるのだ。それこそ、私たちが推論する際に日常的にやっていることである。

このアプローチはかなりわかりにくいが、私たちは本能的かつ無意識に行える。このアプローチでは人間の言語から出発し、数学の言語を通って推論を行い、人間の言語に戻ってくる。仮説を述べ、そこから結論を引き出そうとするときには毎回このようなことが行われている。

こうした日常の活動は、私たちが〝科学的アプローチ〟と大げさに呼ぶものの具体的で身近な表れである。このアプローチは、単純化されているものの、すべての手順を網羅した説明方法である。

みなさんが、ゾウの定義は「サバンナゾウ、マルミミゾウ、アジアゾウという3つの種のひとつを代表するもの」であるとし、この定義が絶対的真理を述べていると信じるふりをするなら、そこから論理的な結論を引き出すことが可能になる。

じつは、辞書の定義はそのような場面で役に立つ。辞書の定義は推論を行うあいだ、一時的に言葉の意味を固定できる〝数学的モデル〟なのだ。

この例では、目の前にサバンナゾウでもなく、アジアゾウでもないゾウがいたら、それはマルミミゾウだという結論を引き出せる。

みなさんのモデル内で、この推論は100%信用できる。疑いの余地はいっさいない。よく言うように「これぞ数学！」というわけだ。

だが、この推論は実生活においても正しいだろうか？　すべてはモデルの信頼性にかかっている。もしかすると、珍しすぎてまだ記録されていないゾウの4番目の種の代表が運悪く現れるかもしれない。

人間の言語では100％信用できるものはない。私たちはたびたび想定外の事態に遭遇する。そのため、科学理論が提供するのは予測だけと決まっており、その予測は経験によって有効と認められるか（その場合、理論は信頼を勝ち取る）、否定されるか（その場合はモデルを改良しなければならない）のいずれかとなる。

モデル自体に良し悪しはない。地球の表面が球形であると述べることは、そこから山は存在しないという結論を引き出そうとしないかぎり、十分によいモデルである。テクノロジーの成功は、科学的アプローチが健全だという証拠である。科学は、〝絶対的な〟真理は生み出さないにしても、効果的な思想の枠組みと、それなりに実用的な予測を提供する。

合理性を適切に用いるには、最終判断を下す判事ではなく案内役として扱う必要がある。どんなときでも、目の前の現実は頭のなかの確信よりも多くの注意を払うだけの価値がある。

人間の言語が数学の言語の性質を備えているとか、人間の言語は厳密な意味を備えていて、それぞれの細部が解釈に値するとか、ある議論が論理的に有効であればその結論も有効だとか、そういうふうに考えたいのなら、それはパラノイアというよく知られた深刻な病の特徴的な症状である。

破れたクモの巣

真理を取り巻くひどい誤解は、私たちが大昔から数学的アプローチに慣れているせいで生じたに違いない。

ここで言う「真理」とは、数学者の真理であり、絶対的な永遠の真理であり、人によってさまざまなかたちで表現するあらゆる**真理**のことである。

この真理は数学の概念であって、5という数や直角三角形と同じ形で存在する。おそらく数学史においてほかのすべての概念に先んじる最初の発明であり、私たちの文化において最も大きな影響を振るった概念である。

「真理」という言葉には、言うまでもなく人間の言語でも対応する言葉がある。「球」の場合と同じだ。だが、人間の言語における「真理」には問題が多い。持ち歩くとつぶれてしまう果物のように、真理の概念は翻訳プロセスに耐えられない。でこぼこの球はまだ球に似ているが、でこぼこになった真理はもはや何ものでもないのだ。

そもそも人間の言語に、厳密かつ決定的に「真理である」ような記述など期待されていない。「真理である」という表現に期待することは、ただ明快で雄弁で、興味深く誠実で率直であってほしい、何か役立つことを教えてくれ、世界にふさわしいものであってほしい、ということだけだ。

何かが「真理である」という言い方は、こうしたすべてを省略・要約した便利な表現なのだ。この言葉をねじまげた意味で使うのは、そうしなければ使う機会がないからである。

そうは言っても、このような状況を受け入れていいのだろうか。できれば、世界はもっと安定した明快なものであるべきだ。真理は、私たちの視点にそれほど左右されない、揺るぎない存在であってほしいのだ。

オーストリアの哲学者、ルートヴィヒ・ウィトゲンシュタイン（1889〜1951年）が残した次の言葉は私たちの欲求不満をみごとに要約している。「日常言語をめぐる考察が精密になるほど、日常言語と私たちの要求との対立は深刻の度を増す」

論理は、言葉の定義が明快かつ的確、しかも時間を経ても変わらない場合しか機能しない。だが私たちは、たとえ多大な努力を払っても、日常的に使う言葉についてそのような定義を生み出すことはできない。ウィトゲンシュタインはそれが絶望的な探求だとして、次のように言っている。

「まるで破れたクモの巣を自分の手で修理しなければならないような事態だ」

ウィトゲンシュタインは私たちの言語に内在する限界を認め、20世紀でも最大級の哲学的進歩を成し遂げる。何千年も形而上学が支配してきた伝統を捨てるのだ。この伝統においては、哲学者は雌鶏と卵の問題に奇妙なほど似た問題、すなわち日常の現実とかけ離れているために私たちの言語表現がいっさい影響力を及ぼせないような問題に、合理性をもって挑むことができると信じていたからだ。

ウィトゲンシュタインの思想は、私たちにとって不快な思想であるかのように、驚くほど一般に知られていない。しかし彼の思想は、「私たちは一歩ずつ前進し、進歩にしたがって言語表現を明確にし、しばしば想定外の事態に遭遇することを受け入れなければならない」という良識と知的な謙遜が感じられるメッセージを伝えている。

ここから学ぶべき教訓のうち最も重要なものは、数学教育に関係がある。

数学教育はいまだに2000年前と同じやり方で行われている。まるで、数学は2000年前から何も変わっておらず、公式なひとつの型しかないと本気で信じられているかのようだ。数学が、人間世界のあらゆる現実から切り離された永遠の真理を生み出す以外に役立たないとしたら、そもそも人間にとって何の利用価値もない。

数学が本当はどのようなものかを理解し、数学を使いこなす適切な方法を見つけ、数学が本当にもたらしうるものの重要性を認識するには、数学の最も実用的な点を無視してはならない。それは、数学が脳に作用し、世界の見方を変えるという点である。

第19章　概念をつくり出すマシン

みなさんはこの錯覚を知っているだろうか？　大昔からある有名な錯覚だ。

何が見える?

よく見よう。真剣に眺めるのだ。

大多数の人にはゾウが見える。みなさんにも見えるだろう。ほかには何も見えないだろうか?

じっくり眺めてほしい。

ページをめくって続きを読む前に、自分の目でしっかりと探そう。

＊＊＊

この錯覚のいちばんすごいところは、相当に努力しないとその錯覚から気を逸らせないことだ。どうしたってゾウが見えてしまう。それでも、よく見ればゾウなど1頭もおらず、ただ白いページにインクで線が描いてあるだけだとわかる。インクの線とゾウの違いは客観的に見てもとてつもなく大きい。どんな謎の現象によって、線しかないところにゾウが見えるのだろうか？

この種の錯覚は一般に〝絵〟と呼ばれる。絵はもちろん錯覚を超えたものである。絵には様式、メッセージ、芸術的価値、象徴的・文化的な意味があり、ただの象形上の問題に単純化することはできない。

それでも、旧石器時代の人々が描いたマンモスが、彼らの言語も風習も信仰も知らない私たちにもマンモスだとすぐにわかるのは、絵に含まれる何かがあらゆる文化的な約束事の枠の外側にあるからだ。決まったルールに則っていなくても理解できるというわけだ。私たちの脳は自動的に〝絵の〟動物と〝本物の〟動物を結びつける。そういう意味で、絵はまさに錯覚なのである。

絵を見て理解する能力は生まれたときから発達しはじめる。特別な教育はいっさい必要ない。

赤ちゃんは話しはじめる前でも絵がよく理解できる。それで言葉を教えるのに絵を使うくらいだ。絵が文化的な約束事にすぎなかったら、逆のやり方をしただろう。赤ちゃんはまず言葉を学び、それから絵を認識する方法を学ぶのだ。

哺乳類だけでなく多くの動物が、描かれた物体を教えられなくてもそれと見分けることができる。絵を解読することは人間の特権ではない。

絵に働く錯覚という現象は本当に驚くべきものである。

この章の冒頭に載せた小さなスケッチから引き出せる情報の全容を考えてみよう。ゾウは若いのか、それとも年を取っているのか？　危険か、無害か？　怒っているだろうか？　自信満々だろうか？　みなさんがゾウに抱くのは共感か、それとも警戒心か？

絵の解釈など習ったことがない人でも、努力せず瞬時にこの質問に答えることができる。それも白いページに引かれた頼りない線をもとにして、だ。

このような奇跡は生物学的にいってどのように起こるのか？

現代科学にもとづいた説明を聞けば、本書の冒頭から繰り返し述べている脳の可塑性という現象の性質がよく理解できるだろう。

視覚の謎

視覚は、光学、生化学、神経学が絡み合った複雑な現象である。視覚器官を構成するのは目だけではなく、視神経ととりわけ脳もその一部である。

目が何に役立つかを理解するのは難しくはない。大雑把にいって目はカメラに相当する。この比喩は単純どころか単純化しすぎだが、わかりやすいし、どちらかといえば正しい。たしかに目の働きの詳細、胎児の目の発達、目の創発を可能にした進化のプロセスについては、科学的に未解決の部分が多く残っている。それは当然の問いであり、解明は難しい。それでも、蓄積された大量の知識によって未知の領域は大幅に狭まった。目はもう謎ではないのだ。

視神経のほうは、目と脳を結ぶケーブルとみなすことができる。これもうまいたとえである。逆に視神経の先となると、視覚野の内側で起こっている現象はおおいに注目されていたが、その現象を理解しようという努力が報われるまでには長い時間がかかった。科学史における最大級の謎だったといっても間違いではない。

カメラが捉えた映像はピクセルで構成されている。これは一種の方眼で、それぞれのマスはある明度の赤、緑、青に彩られる。謎は、脳が視神経を通ってやってくる生の情報を処理する方法である。この処理によって、脳は情報から意味を引き出し、その映像にあるものを「認識する」のだ。

脳はよくコンピュータにたとえられるが、これから説明するように、そのたとえは正しくない。

具体的には、視覚の謎はこう言い換えることができる。すなわち、「さまざまなピクセルの明度と色彩の情報を得たとして、どうやってその映像のどこかにゾウがいることを知るのか？」

ゾウらしさの概念

前章で見たとおり、私たちはゾウを本当の意味では定義できないだけに、ゾウを簡単に認識できるという事実を前にして当惑せざるをえない。

これは偶然の一致ではない。私たちはできれば自分が知覚するとおりにゾウを定義したい。そのような定義が私たちにとって最も意味があるからだ。ただ、脳がゾウを認識するために使う方法は驚くほど効果的だが、同時に言葉には決して置き換えられないのである。

はっきり言おう。脳は信じられないくらい効果的な方法を用いている。

まず、ゾウを認識する能力はどの角度からゾウを見るかに左右されない。ゾウが前向きか後ろ向きか、横向きか斜め向きか、立っているか寝ているか、大きいか小さいかに関係なく、またゾウの動きやゾウに対する私たちの動きに関係なく、私たちの脳は一目でゾウの存在を察知する。また、脳はゾウにあるかもしれない無数の異常や、ふつうとは異なる特徴に対して信じられないほど寛容でもある。ゾウがアルビノだったり、幾何学モチーフと派手な色で彩られたりしていても、それがゾウだとわかる。

とはいえ、厳密に視覚的な観点、つまり生の映像のピクセルが有する明度と色彩という観点からいえば、これらの状態が相互に深く関連しているわけではないのだが。

もっと驚くことがある。子供が初めて本物のゾウを前にするとき、それまでゾウを見たことも聞いたこともなかったとしても、あなたがゾウを指さして「これはゾウだよ」と言えば、その子はゾウという言葉の意味をすぐに理解する。

これは決して当たり前のことではない。あなたが〝ゾウ〟と呼んだのは左前脚だけかもしれないし、鼻あるいは鼻の一部かもしれない。もしくは、鼻にとまったハエのことをゾウと呼んだ可能性だってある。だが、子供はそうは考えない。いったいなぜだろうか?

子供が「ゾウ」の意味をすぐに理解できたとしたら、それはすでにゾウが見えているからだ。ゾウという言葉が耳に入る前に、子供はゾウの存在に気づいた。子供にしてみれば、ゾウは名前があるはずの注目すべきものだということが一目瞭然だった。あなたがゾウという言葉を教えなくても、自分から「あれは何？」と尋ねるはずだ。

この現象がなければ、私たちの言語は存在していないだろう。言葉が何を指すのか説明できないに違いない。

これよりもさらに驚くことがある。本物のゾウに遭遇するのではなく、初めは絵でゾウを見たとしても、子供にとっては何の問題もない。ゾウがどういうものかわかったと100％納得するだろう。いつの日か〝本物の〟ゾウを見たら、その大きさに驚いて恐がるだろうが、すでに知っている動物だと認識するだろう。

以上から得られる結論はこうだ。「脳は、視神経を介して継続的に送られてくる生の視覚情報から、ゾウたるものの普遍的な観念を自動的に抽出していると考えられる」。脳はこのゾウの〝抽象的な概念〟を、列挙するのもばかばかしいほど多様な状況において、さまざまな形で認識することができる。

私たちはゾウを暗示する場面に遭遇するだけで、努力もせず魔法のように、確かで強力な「ゾウらしさを捉える感覚」を発達させる。

このプロセスの初めでは、ゾウは親しみと奇妙さが入り混じる不思議な存在でしかない。驚くほど大きな鼻と、木の幹のような脚と、扇のような耳を持った動物だということはよくわかるが、自分が知っているどんな動物にも似ていない。私たちはおおいに興味をそそられ、この謎の動物に名前が必要だと思うだろう。

ゾウの概念はまず視覚野で、このような困惑に満ちた存在として出現する。その後、観察と想像と言語化の繰り返しを経て、やがてこの概念は安定し、明確になる。プロセスの最後には、ゾウは私たちにとってごく自然であたりまえの存在になる。ずっと前から知っていたかのように。

では、概念とは何か？　なぜ私たちは概念を使って考えるのか？　概念は現実のどのレベルに存在するのか？　概念はどのようにして形成されるのか？　どうすれば概念を認識できるようになるのか？

このような問いは哲学史でも最古の問いに数えられ、何千年ものあいだ、決して解けないものとされてきた。言うまでもなく、こうした問いの真のテーマは人間の知性である。視覚の謎は、これらの問いを驚くほど具体的な方法で言い換えている。それで視覚は、人間の知性のメカニズムを解明するための理想的な研究の舞台となる。

脳はコンピュータではない

人間の脳はコンピュータにたとえられることが多い。このたとえは２つの点で正しい。脳とコンピュータはどちらも情報処理の複雑な作業を実行できるという点、そしていずれも情報が電気的刺激の形で伝わるという点だ。

それ以外の点については、このたとえはどうしようもなく間違っている。このたとえを使うと興味深い現象が理解できなくなる。

コンピュータは、システム2をみごとに体現する。コンピュータは一連の長い論理的指示を驚異的な速さで間違うことなく機械的に実行できるマシンである。人間の脳には、こんなことは絶対にできない。

コンピュータは演算を実行する中央装置と情報を保管する記憶装置で構成される。この2つの装置のあいだを、情報は電気回路を通って、変更を加えられることなく高速で伝播する。一方、脳内で起こっていることはその逆である。情報はゆっくりと伝播し、その各段階で情報に変更が加えられる。また、記憶と計算と伝播は切り離せない。

コンピュータは内部時計が刻む1秒に数十億回というリズムに合わせて、指示を次から次へと連続的にこなす。一方、神経細胞間の接続を活性化するのに必要な時間は1000分の1秒単位である。したがって、人間の脳が基本的な作業をこなすスピードはコンピュータの〝100万〟分の1でしかない。だが、人間の脳は指示を順番にこなすわけではなく、〝数十億〟もの作業を同時並行で実行するのだ。

シリコンを使ったコンピュータの回路は、不活性な素材に刻まれていて変化しない。人間の脳はたえず再構成される生きた組織である。

脳のしくみ

脳は計算システムとして思い描くよりも、知覚システムとして見るほうがはるかにわかりやすい。脳は私たちが世界を知覚するための器官である。脳のおかげで私たちはゾウが目の前にいるといったものごとを感じ取ることができる。

脳の神経細胞は、それぞれが単独でひとつの小さな知覚システムになっている。解剖学的にいうと、神経細胞は次の3つの部分から構成される。

- 数千個の小さなセンサーに枝分かれした樹状構造である「樹状突起」。これは神経細胞の「上流」側にあたる。この樹状突起によって神経細胞は情報を収集する。
- 「細胞体」と呼ばれる中心部分。神経細胞の「本体」で、細胞核を含む。
- 一種の幹である「軸索」。枝分かれした先に「神経終末」を備える。これは神経細胞の「下流」側にあたる。ここから処理された情報が「ふたたび出て」いき、他の神経細胞に伝えられる。

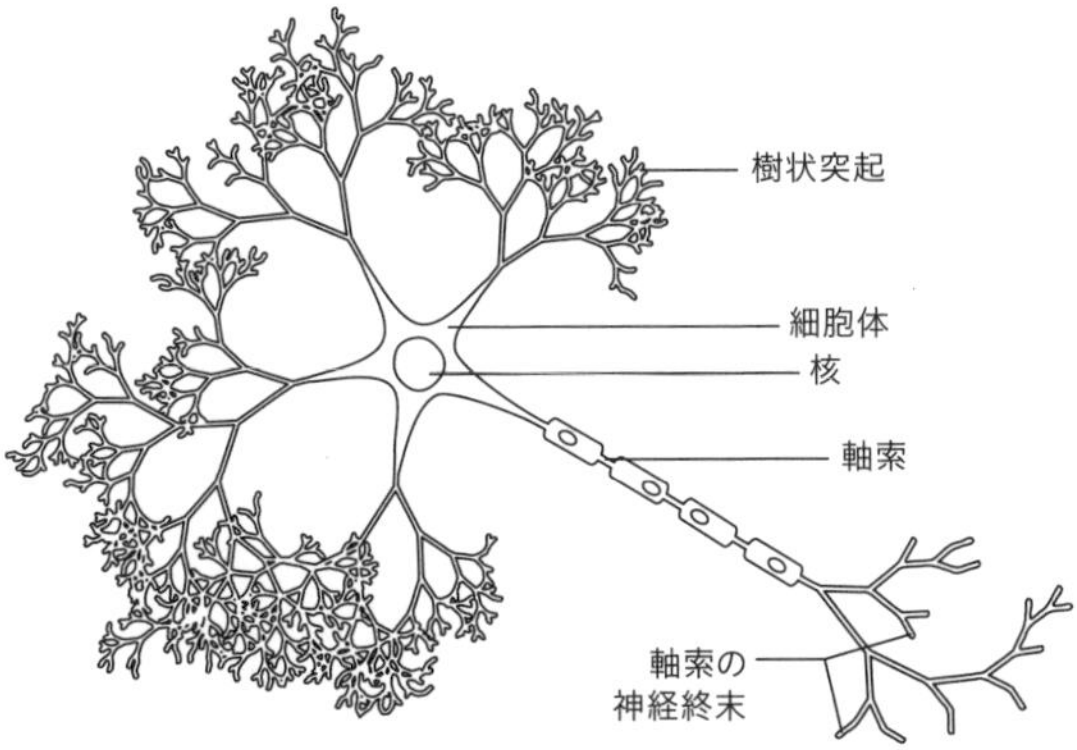

神経細胞は、決まった接続方向にしたがって相互に接続している。軸索の神経終末が〝差し込み口〟にあたり、この神経細胞から来る情報を収集するために、そこに他の神経細胞の樹状突起が〝差し込まれる〟。こうして形成される接続を「シナプス」と呼ぶ。

ある神経細胞に含まれる情報は、その状態である。休息しているか、興奮しているかのどちらかだ。興奮しているとは、つまり神経終末まで電気的刺激が伝わり、そこで「神経伝達物質」と呼ばれる分子が放出されるという意味である。

この神経伝達物質は下流の神経細胞の樹状突起によって感知され、上流の神経細胞の興奮状態を下流に知らせる。

休息したままでいるか、刺激を始動するかを決めるため、神経細胞は樹状突起に対して一種のアンケートを行う。上流の神経細胞の刺激を感知する樹状突起が十分に多ければ、その神経細胞は自分で刺激を起こし、シナプスを通して下流にある神経細胞の樹状突起にその刺激を伝えることに決める。

要するに、ひとつの神経細胞は上流にある神経細胞の興奮状態をとおしてのみ世界を知覚する。十分な数の上流神経細胞が興奮していれば、神経細胞は反応し、自分も興奮する。そうでなければ休息状態を維持する。

それだけだ。

なぜ賢くなれるのか

神経細胞の働きを初めて説明してもらったとき、私はまるで興味がわかなかった。何の役にも立たないと思ったのだ。神経細胞がそれほど原始的なら、私たちはどうして賢くなれるのか？人間の知能のメカニズムは、脳内の特定の場所に理由を求めようとするかぎり理解できない。知能は、「創発特性」と呼ばれるものである。神経細胞は、ひとつひとつは原始的で融通が利かないが、多数の神経細胞が集まった集合としては信じられないほど高度な動きを「創発」する。このとき、どの神経細胞が原因とは特定できない。私たちが「知能」と呼ぶのは、こうした集団レベルの動きである。

これは渋滞に少し似ている。車を1台ずつ調査しているかぎり渋滞は理解できないが、それでも渋滞は存在するし、しかも渋滞を構成するのは車だけだ。

個々の神経細胞のふるまいと脳の全体的な機能を隔てる溝はとてつもなく大きい。長いあいだ、この溝は大きすぎて、その全貌を理解できることなどないと考えられていた。

だがいまは違う。視覚の謎はすでに大部分が解明された。

神経学のほうでは、神経細胞が相互にどう配列されているかを特定することができた。人間についても動物についても、リアルタイムで個々の神経細胞や脳の特定の領域の活動を追跡することも可能になった。とはいえ、このアプローチには限界がある。脳画像ツールの空間・時間分解能は大きく進歩したものの、たとえばゾウの感知に関係するすべての神経細胞を同時に追跡できる状態にはほど遠いし、生涯にわたる学習プロセス全体について神経細胞を追跡できる状態にはさらに及ばない。

この分野で最も目覚ましく、最も説得力のある成果は、情報科学という別の学問領域から得られた。1950年代以降、心理学者と情報科学者は神経細胞の働きと大脳皮質の構造をヒントにして〝人工知能〟のシステムを構築しようと模索してきた。彼らは脳のつくりを模倣するのだから、このシステムの挙動によって人間の脳内で起こる現象が明らかになるというわけだ。

このアプローチの草分けのひとり、フランク・ローゼンブラット（1928〜1971年）は、単離神経細胞の最初の数学的・情報科学的モデル化の土台をつくった。残るは、人間の視覚を模倣する複雑なネットワークの挙動をモデル化するだけだったが、テクノロジーは数十年にわたって足踏みし、熱狂と失望が繰り返された。それでもジェフリー・ヒントン、ヤン・ルカン、ヨシュア・ベンジオという3人の科学者はその可能性を信じつづけた。歴史は彼らが正しかったことを証明した。

2000年代末には、彼らによる「ディープラーニング（深層学習）」のアルゴリズムが大幅な進歩を遂げたため、ゾウの存在を感知するなど画像認識の高度な問題を解決できるまでになった。

知能とアルゴリズム

2010年ごろ、私はディープラーニングについて学びはじめた。このアルゴリズムの理解プロセスは、私が長年抱いていた理解の感覚と一致するものだったので、心から感激した。脳の可塑性、人間の言語に必然のあいまいさ、問題解明の取り組みにおける時間と試行錯誤の役割、あとになって得られる自明性の印象。こうした大きな力をもつ不思議な現象に私はずいぶん前から興味をひかれ、この本でも冒頭から話題にしてきたわけだが、それが一気に明白で具体的になった。

なんだかよくわからない黒魔術を引き合いに出さなくとも、そうした現象を語れるようになったのだ。

私はこのテーマに夢中になり、それが高じて数学者としてのキャリアに終止符を打つ決心をした。ちょうど代数と幾何の研究に大きな区切りをつけたところだったので、自分のこれまでの体験を解明できるかもしれないまったく新しいテーマに取り組む好機だと思えた。

私は人工知能の企業を立ち上げるという、より実践的な方法でこのテーマに取り組むことを選び、研究者としてのキャリアを手放した。

私たちの知能の性質と思考のメカニズムを理解するには、私が知るかぎり、ディープラーニングのアルゴリズムがたとえとして最適である。

概念はどこから生まれてくるのか

ディープラーニングのアルゴリズムによって解決できた最初の謎は、概念がどのように出現するかという謎である。つまり、何千年も前から形而上学の最も手強い議論に数えられていたものが、実験にもとづく疑う余地のない現実に裏づけられた、具体的で物的な現象にいきなり変わったのだ。概念的思考は、画像の流れなど生のデータを受けた神経細胞の大集合から自然発生的に出現するのである。

そのしくみを大雑把に説明すると次のようになる。ディープラーニングのアルゴリズムは、人間の大脳皮質を何層もの神経細胞で形成されるネットワークとしてモデル化する。第1層は生の画像、すなわちピクセルを表す神経細胞の方眼だ。第2層を形成する神経細胞は、樹状突起が第1層の神経細胞に接続している。第3層を形成する神経細胞は、樹状突起が第2層の神経細胞に接続している。これが以下同様に続く。「ディープ」ラーニングといわれるのは、ネットワークが複数の層を重ねた構成になっているからである。

神経細胞の興奮を決定するしくみの説明で、私は重要な細部を省略した。神経細胞が興奮するべきかどうかを判断するために樹状突起に対して行うアンケートは、じつは〝加重された〟アンケートである。つまり、ある神経細胞とその上流神経細胞との接続には、それぞれの票の重みを決める一定の「係数」がそれぞれに適用される。

生の画像の流れにさらされたネットワークは、神経細胞間のすべての接続の係数を少しずつ調整するのだが、そのしくみについては数ページ先で説明しよう。

この係数調整のプロセスによって、ネットワークは「学習」し「賢くなる」。

たとえば、インターネット上で手あたりしだいに収集した無数の写真について「学習」させたりして、ディープラーニングのアルゴリズムを働かせてみると、それぞれの神経細胞が特定の「概念」の感知に少しずつ特化することがわかる。

第1層の概念は非常に原始的なのに対し、深層の概念はずっと高度になる。たとえば第2層の神経細胞は、画像左下の垂直線の感知や、画像の別の部分に認められるわずかな明度の変化具合の感知に特化するかもしれない。この神経細胞はこうした要素が存在するときだけ興奮することになるのだ。

第3層では、概念はもう少し高度になる。たとえばある神経細胞は、画像のある領域に位置する2本の線分がつくる、ある種の角度を感知できるようになるかもしれない。

ネットワークのなかを進むにつれ、概念は充実と抽象の度を高めていく。しだいに「ディープ」になるわけだ。

第5層になると、一部の神経細胞はたとえば三角形やある種の曲線の感知に特化できるかもしれない。

第20層では、ある神経細胞がゾウ——本物でも絵でも——の感知に特化できるかもしれない。

この提示の仕方は意図的に単純化してある。現実は情報科学の観点からも生物学の観点からも、もちろんこれより複雑である。

脳内でゾウの概念がある特定の神経細胞に対応するという主張はひとつの要約である。この要約は完全に正しくはないが、使える程度には正しい。ものごとをわかりやすく思い描く方法だ。

そもそも生物学の観点からは、問題は完全に決着したわけではない。いくつかの実験から示唆されるように、たとえば画像のなかにみなさんがよく知っている有名な俳優がいる場合だけ反応する特定の神経細胞が現実にある。だが一部の科学者は、概念は個々の神経細胞ではなく一群の神経細胞に対応すると考えている。情報科学のシミュレーションでは、ある個別の神経細胞がゾウのような複雑な物体の感知に特化する様子を目にすることができる。その一方で、このような感知が(単一の神経細胞ではなく)むしろ少数の神経細胞の活性化によってなされる場合もある。

こうした微妙な差は、この先で提示する結論に何の影響も及ぼさない。だから、ゾウに対応する神経細胞が本当にあるものとしておこう。そうすればものごとを単純かつ直観的に、そして多くの場合において正しく語ることができる。

「これはゾウだ」とわかるには

ゾウに対応する神経細胞には数千の樹状突起が備わる。ということは、あなた個人のゾウの定義は数千の基準を含むわけだが、その基準自体がかなり高度な抽象概念である。たとえば「動物である」「鼻が長い」「耳が大きい」「灰色である」「体が大きい」「特有の鳴き声をあげる」「象牙の牙が生えている」「肌がざらざらしている」「これこれの方法で移動する」などだ。

それぞれの基準には固有の加重係数がある。「鼻が長い」の係数は間違いなく高いだろう。ゾウの神経細胞は、神経細胞が活性化した各基準の係数を加算することで、たえず「ゾウらしさスコア」を計算している。

このスコアが一定の閾値を超えると、脳は対象をゾウだと判断する。この閾値より下には、まずそれがゾウかどうかよくわからない（そして人によって意見が異なるかもしれない）グレーゾーンがあり、その次に明らかにそれはゾウではないというゾーンがある。

ゾウ感知システムの信頼性と性能は、介入する多数の基準によって保証される。ゾウらしさスコアは予想外の状況でも的確に判定し、ありとあらゆる異常を容認できるよう、十分な標本にもとづいているのだ。

正確な定義は当然ながら書けない。本をまるごと1冊書いても足りないだろうし、そもそも適切な言葉を見つけられないだろう。

ウィトゲンシュタインが言った「クモの巣」とは、したがって神経細胞の無数の接続のもつれだったのだ。このもつれをほどこうとするなど考えられない。一方、これをほどかなければ、何であれ本当の意味で定義できる可能性は皆無である。

ディープラーニングのアルゴリズムは、最大限に強力で高度なものでも、人間の脳のつくりを大雑把に単純化したものにすぎない。人間の視覚野は実際に層構造になっているが、情報科学のモデルにおけるほど厳密ではない。「ゾウ」神経細胞は「長い鼻」神経細胞の状態を探るが、「長い鼻」神経細胞の方も「ゾウ」神経細胞の状態を探るのは間違いない。定義の循環性は排除できないのだ。

私たちの脳がそれぞれ完全に分離した専門ゾーンに分かれているという想像も、同じく単純化である。ゾウの定義は、視覚的な基準だけにもとづくわけではないのだから。

長い鼻を持たないゾウに出会ったら

残るは、学習プロセスそのものを記述することだ。神経細胞は上流神経細胞との接続の「係数」を見直すためにどのようなメカニズムを使うのだろうか？

「ゾウ」神経細胞を例にとってみよう。この神経細胞はたえず上流神経細胞の状態を分析することで、興奮するか否かを判断する。この挙動によって、私たちは世界をリアルタイムで分析できるわけだ。もっとも、「リアルタイム」と言うと語弊がある。いかなるシステムも本当の意味ではリアルタイムで機能しないからだ。神経細胞が反応するには約500分の1秒かかる。

第11章ではこれを〝システム1〟と呼んだ。直観にもとづく〝瞬間的な〟思考であり、光速で考えたかのような印象を与える思考である。

これと並行して、はるかに目立たない、しかも直接には知覚できない現象がもうひとつ起こる。この現象はもっとゆっくりした時間尺度で展開する。もはや光のたとえは似合わず、いってみれば植物が育つような有機的成長のプロセスに近いだろう。これが私たちの学習プロセスである。この本で〝システム3〟と呼んだもの、つまり世界を思い描く方法を少しずつ修正する能力のもとだ。

ある日、長い鼻を持たないゾウに遭遇したら、みなさんは驚くだろう。

では「驚く」とはどういう意味だろうか？　それは、みなさんの世界観が想定していなかった事象が起こったという意味だ。それでも、見えたものが理解できないわけではない。みなさんはきっと何かが変だと強く感じながらも、それはゾウだと理解するだろう。

ディープラーニングのシステムを数学的にモデル化する場合、ある状況に直面した際の「困惑」を測る数値を定義することができる。学習するシステムとは、困惑を和らげるために係数を調整するシステムのことだ。

直観的にいうと次のようなものだ。ゾウらしさスコアのなかでは、「鼻が長い」の係数は高い。たとえ長い鼻がなくても、ほかの上流神経細胞が補ってゾウが「見える」ようにすることはできる。だが、それは異常な事態であり、私たちは意識する・しないに関係なく〝身体で〟その異常を感じ取る。

「ゾウ」神経細胞はそのような感覚を考慮に入れ、長い鼻にかかわる係数を下げる。その後も長い鼻を欠くゾウに何度も遭遇するようだと、最終的にこの基準はほとんど考慮されなくなる。

現実には、神経細胞が加重係数を修正するためにここまで大きな異常は必要ない。神経細胞は刺激を受けるたびにほんの少しずつ、常に調整しているのだ。生理学的にいうと、これはシナプス接続を強化したり緩和したりする能力にあたる。新たな接続が生まれたり、ほかの接続が消滅したりするわけだ。脳内の回路はこうして常に再構成されている。

脳の可塑性は、個々の神経細胞がスコアの一貫性を強化しようとして行う分散型アプローチ以外の何ものでもない。

最大の驚きは——ディープラーニングのアルゴリズムを用いた実験によってすでに完全に証

明されたことだが――これほど単純なメカニズムが、接続と係数が偶然に選ばれている状態から出発して、ゾウなどの抽象的で高度な概念を少しずつ出現させるということだ。

私たちは、ゾウを感知する神経細胞を持って生まれてくるわけではない。初めてゾウを見たときの困惑は大きかった。「動物」神経細胞と「注目に値する巨大なもの」神経細胞、および私たちが認識できたいくつかの特性に対応するほかの多数の神経細胞が興奮したのだ。だがこの強烈で複雑な印象には名前がなかった。私たちは注意深く眺めることによって、その対象に浸り、学習した。

私たちの頭のなかでは、ゾウは最初、数千億個あるうちの多数の神経細胞を動員する複合的な物体でしかなかったが、初めてゾウを見たときに興奮したそのうちのひとつの神経細胞には特別な運命が待ち受けていた。その細胞は、少しずつ接続を調整することで、このような動物の認識に特化したのである。この神経細胞が最初に何に反応したかはともかく、いまではゾウの神経細胞に〝なった〟のだ。

概念はこうして層状ネットワークのなかで、世界にさらされることが生む効果のみによって形成される。海の波が風の作用だけで形成されるようなものだ。波は水面のわずかな不規則性が増幅されて生まれるが、この際に作用する物理法則はミクロレベルでは単純なのに、規模が拡大するとはるかに複雑な現象を出現させる。

抽象的でやわらかいもの

これらの事象が科学とテクノロジーと哲学にもたらす意味は、この本が扱う範囲を大幅に超えている。本書のテーマに必要な部分をまとめておくと、次のようになるだろう。

人間の脳は、すべての動物の脳と同様、たえまなく抽象概念をつくりだす知覚マシンである。私たちは神経細胞の接続のもつれによって具体化された世界の表象を構築し、維持する。この世界の表象は抽象化を次々に積み重ねたものであり、非常に深いレベルでは概念としての性質を備える。

概念的思考は人間だけのものではなく、人間の言語と文化の表れでもない。ここで私は「思考」という言葉を、知能の基盤を構成する神経細胞のプロセスを指すために非常に広い意味で用いた。どんなライオンも概念を用いて考え、頭のなかにゾウを感知する神経細胞を持っている。

人間の言語が抱える弱さは、その神経学的基盤の反映でしかない。私たちが言葉に割り当てる意味は知覚にもとづく。私たちはゾウを見ればそうとわかるが、それがどういうものかを本当の意味で定義することは絶対にできない。

すべての定義は近似したものにすぎない。言葉の意味は常に不明瞭であいまいで変化する。

私たちの頭のなかにある世界は、抽象的でやわらかいのだ。

第20章　大いなる数学のめざめ

私自身は数学が好きで、数学の勉強や研究は楽しかったが、これまで数学に取り組んできたあいだ、この学問の本当の意義は別のところにある気がしていた。私にとって本当に重要だったこと、私に動機を与え、続けたいという気にさせたものは、私が証明できた一部の専門家の興味しか引かない定理ではなく、はるかに奥の深い普遍的な何かだった。

私は、その何かが非常に重要なものだと思っていた。一人ひとりの個人にかかわり、理解のプロセスをめぐる人間の課題に関係した何かだった。だが、私はまだそれに名前をつけられず、具体的なことも何もわからなかった。

私が抱いていたこの感覚は独創的な数学者にはなじみ深いものだった。なんだか奇妙で不鮮明で、あいまいではっきりと説明がつかず、何なのかよくわからないが、どの方向に掘り下げればいいかはだいたいわかる——そういう感じだ。

私は、数学の研究がその何かにアプローチする最良の手段だと思った。まるで、地図にもはっきり示されておらず、そこで何が見つかるかもよくわからない未知の大陸の発見に乗り出す探検家みたいだった。だが探検家はそういうとき、自分が自分自身の発見に乗り出すことを十分に自覚しているのだ。

この本は私がくぐり抜けてきた体験を語ったものである。身をもって体験したから語れるのだ。

当時は奇妙で不明瞭だと思えたこの何かに、現在の私なら言葉を当てはめることができる。それがこの最終章のテーマである。

数学化されてゆく世界

博士課程の学生だったころ、自分の研究分野が何の役に立つのかを問われて、苦し紛れに「1000年後の物理学に役立つさ」と言い返したことがあった。

当時は現代の数学研究の実用性を疑っていたのだが、この20年で私の意見は変わった。私たちが操作するあらゆるテクノロジー機器や、通信・情報処理・自動化のすべてのプロトコルは、数学的抽象概念を積み重ねた上に成り立っている。世界と生活の数値化プロセスによって、科学技術においてすでに数学が果たしていた中心的な役割は驚くほど大きくなった。毎日のように、数学には思いがけない新たな用途が見つかる。それは、長きにわたって「役に立たない」と評価されてきた代数と幾何など、いわゆる「純粋」数学についても当てはまる。疑いようもなく、数学はテクノロジーに役立つのだ。数学はすでにテクノロジーの進歩に多大な貢献をしているし、その重要性は日ごとに高まっている。

とはいえ、人類の長い歴史に照らしてみれば、科学技術による世界の数学化は最近の現象である。デカルトと、その直前のガリレオから始まる現象なのだ。ガリレオの「宇宙の『本』は『数学の言語で書かれ』ているだろう」という言葉はいまでもよく知られている。

17世紀以前、科学には数学が利用されておらず、数学にはほとんど用途がなかった。高校と大学ではよく、数学は科学に役立つツールだが、どこまでも非人間的でそれ自体では価値がないと紹介される。こんな言い方をされては、数学とその歴史がまるで理解できなくなる。

数学者はどのようにして宇宙の言語を発見できたと言うのだろうか?

数学は奇跡のように天から降ってきたとでも言うのだろうか？

数学がまだ何の役にも立たなかったこの数千年のあいだ、何がその発展の動機になったのだろうか？

ギリシャの哲学者が、宇宙の言語を知りながらそのことを自覚せず、それでいてその言語を哲学研究の前提にできたのはなぜだろうか？

数学は世界の理解を広げる

数学は鋭利で冷たい外部のツールだと言われたら、数学は私たちにとって永久に異質なものでありつづける。数学は冷ややかで残酷で、決して好きになったり欲したりする対象にはならないのだ。

数学者は、数学とそんなふうには付き合ってはいない。

私は本書のなかで、自分がどのように直観を利用して数学の力を伸ばしたかを説明した。とにかくその数学の力を伸ばすというのが、初めのころに、すなわち重要なのは数学の本に書いてある公式な数学だと思っていたころに私が目指していたことである。

大人になり、私はむしろそれが逆方向に機能していることに思い至った。数学を使って直観を発達させていたのだ。

数学の真の目的は人間的な理解である。テクノロジーへの応用という、数学が不可欠な存在であることを十分に示す用途のほか、数学にははるかに奥が深くて強力な第二の秘められた用途がある。

適切な想像の練習を積めば、数学は直観的に身構えずに理解できるようになる。私たちは数学を自分のものにし、自分の体の延長にすることができる。

それが真の数学である。数学は、私たちを取り巻く世界の直観的理解を広げる。

この内なる数学はすでにみなさんの手が届くところにある。みなさんは頭のなかで円を操作できる。9億9999万9999という数が目の前に存在すると感じられるし、まわりを眺めれば数と幾何学図形がいたるところにあるとわかる。

頭のなかでは、数学的概念の動きはほかの概念の場合と異なる。数学的概念の学習のほうがはるかに難しいのだが、いったん飲み込めば、はるかに明確で安定したものになる。

これが数学的真理と形式主義の知られざる力である。これらのツールを使うと、ほかとは比べものにならないほど明確な脳内イメージを構築することができるのだ。

私たちは子供のころ、ゾウとは何かを学んだ。それからゾウには2つの異なる種類があることを、それは耳の大きさを見れば見分けられることを学んだ。いまでは、ゾウには少なくとも3

つのはっきり区別できる種が存在することを知っている。

この種のやっかいごとは、2という数については決して起こらない。数学的真理の役割は、数学的概念を相互に結びつけることで、一貫性と安定性にすぐれた心象地図を作成することだ。2という数が実際のところ何なのかを説明するのは難しいが、2＋2＝4であることはわかっているし、それは動かない。

数学的直観は完璧にはならないが、生涯にわたり、論理と数学的真理によって磨きをかけ、調整し、成長させることはできる。

たとえ自分は数学がまるでできないと思っていても、真の数学によってあなたの頭のなかにすでに形成されている概念表には、あなた自身の世界観が強固に根付いている。数も、円も、正方形も、3次元空間の概念も、点と軌跡の概念も、座標も、距離と速度と加速度の概念も、直線は無限に延長できるという考え方も、確率の概念も、足し算とかけ算の概念も、計算の概念も、真理と論理的推論の概念もなかったら、私たちのまわりの世界は突然あいまいで不安定になってしまい、ロボトミー［前頭葉白質切截術］を受けたような気がするだろう。

ある数学を理解すると現実が拡張され、そこに驚異的な明瞭さの層が加わる。それによって私たちの頭は冴えわたるのだ。

時とともに、その数学は具体的かつ明白なもの、つまり「現実的」なものになる。すると、ほかの数学——まだ理解できていない数学——は抽象的でくだらない「想像上」の数学に思える。

ただし、あなたのなかに深く根付いている「現実的」な概念は、最初からずっとあったものではない。信じがたいことだが、整数ほど簡単なものでも、過去の人々が思考力を駆使して、人智の及ばない領域で必死に探し求める必要があったのだ。彼らはまず、そうした概念を実態のない直観のなかで感じ取り、それから苦労してその概念に言葉を割り当てた。彼らの努力のおかげで、そうした言葉はいま、誰にとっても明白で扱いやすいものになっている。現在の数学者の頭のなかには、ふつうの人が学校で習ったことの1000倍の知識が詰まっている。

数学は宇宙の言語ではない。数学は私たちが指さして示せないものを明確かつ正確に語るための言語である。推論と科学への取り組みを可能にする言語だ。数学は良きにつけ悪しきにつけ、人間を人間たらしめている言語である。

数学を、脳をプログラムし直し、人間の知覚を拡張するテクニックとして捉えるという考え方は、かなり最近になって一般に認知されてきた。長いあいだ存在していた見方だが、わざわざそれを明確にし、一般の人が利用できるようにしようとは誰も考えなかったのだ。

サーストンは2010年に書かれた3ページのすばらしい文章でそのことを力説している。

ここに一部を引用しよう。

「数学は往々にして、普遍的真理の探究に取り組んでいると想像されるが、そのような動機の裏づけとなる特定の文脈はいっさいない。だが、より深いレベルでいえば、数学の目的は世界を見て考えるための、〝人間〟にとって最良の方法を開発することである。数学は私たちを変貌させる体験であって、この体験における進歩は、私たちが発見する外部の真理にではなく、私たち自身の考え方の変化によって測られる」

なぜ数学は難しいのか

最後に重要な1点、おそらくこの本で最も重要な点を取り上げよう。

数学を探求しているあいだ、私がずっと頭を悩ませていた奇妙で不明確な疑問は、当然ながら「数学は何に役立つのだろうか」というものではなかった。

そんなふうに自問する人はそもそも数学に取り組まない。数学に取り組む人は、数学が何かの役に立つこと、少なくとも自分が楽しめて、自分の進歩に合わせて世界が目の前で明らかになっていく不思議な感覚をもたらしてくれることをきちんと知っている。

だが、数学の本当の意義は人間的な理解だと気づいても、巨大な謎が手つかずのまま残っている。なぜ数学はこれほど共有するのが難しいのか、なぜこれほど多くの人が理解できないのか、というものだ。

その答えがわかっていれば、数学がまったくできないという人はいないだろう。

数学的アプローチのいちばんやっかいな点は、「本当には」存在しないのに想像する手立てを見つけなければならないものごとを、常に基準とすることである。

あたかもそうしたものごとが目の前にあって手で触れられるかのようにふるまうこと——それが、数学を理解したい人に贈れる最も単純かつ基本的な助言、私がこの本でずっと繰り返してきた助言である。

数学がまったくできないというのは、じつは不信のひとつの形である。「存在しないものごとを想像すると何かに役立つ可能性がある」と信じるのを拒む態度である。

そんなことを信じるように言われてもとまどうだろうが、実際のところ、数学に意味を与える唯一の方法は、問題となっているものごとが本当に存在すると想像することだ。グロタンディークは、すでに引用した以下の文章でこのことをみごとに言い表している。

「私はこれまでずっと、数学の文献についてはそれが取るに足らないものであれ単純化されたものであれ、数学的なものごとをめぐる自分の体験という形でその文献に〝意味〟を与えられないかぎり、つまりその文献が私の内に脳内イメージ、あるいはその文献に命を吹き込む直観をもたらさないかぎり、文献を読むことができなかった」

ここまでで見てきたように、こうした脳内イメージはとくに壮大でも高度でもない。幼稚で単純化されたイメージばかりだ。数学者が球を思い描くときも、だいたいみなさんと同じように思い描く。

数学者も人間である。数学的対象は、人間的な〝間違った〟解釈と近似、および数学用語から人間の言語への翻訳を通じてしか理解できない。

第一、数学者はこの遠回しな手段を介してこそ、私たちに有益な効果をもたらせる。数学は〝人間的な〟ボキャブラリーと〝人間的な〟知覚に磨きをかけるのだ。

その一方で、数学者は自分の脳内イメージが真理に近似したものでしかないことを常に念頭に置いており、その脳内イメージがどう間違っているのかをたえず知ろうとしている。

本当の球は「ほかの場所」、つまり一種のパラレルワールドに存在する。このパラレルワールドが本当に存在するかどうかを探るのは不毛なことだ。どちらにせよ行き着けない世界なのだから。とはいえ、パラレルワールドが存在すると確信する数学者もいれば、存在しないと確信する数学者もおり、さらに私のようにまったく気にしない数学者もいる。

唯一重要な（しかも実にやっかいな）点は、このパラレルワールドが「存在するかのように」ふるまわなければならないことである。なぜならパラレルワールドの存在がなければ、数学は紙上の解読不可能な記号以外の何ものでもないからだ。

だから数学者は、大多数の人が〝数学的抽象概念〟と呼ぶものを指すのに〝数学的対象〟という言い方をすることにこだわる。

つまり、実用的観点から見ると、数学はフィクションと区別がつかないわけだ。数学の学習は純粋な想像活動である。私たちは思考力で頭のなかに数学を取り込み、数学は頭のなかである謎の材料の凝集力によってまとまりを維持する。その材料はいってみればフィクションの主人公であり、焦点である。つまり数学的真理だ。

あらゆる数学的概念のなかで、真理は最も単純であると同時に最も説明が難しい。2という数を説明したければオレンジを2個見せればよい。三角形とは何かを説明したければ三角形を見せればよい。しかし、数学的真理が何かを説明したい場合は何を見せればいいのだろうか？

数学者は、数学的概念というフィクションを利用して現実の問題への新たな取り組み方と新たな思考方法を発展させるわけだが、こうした方法が発揮する力ともたらす実りの豊かさは歴史を通じて証明されている。

フィクションの対象は、具体的かつ直観的に具現化されることによって、私たちの世界の理解を深める新たな概念になる。まるで対象物がフィクションの枠から出て「現実の」形あるものになるような感じだ。2つのオレンジを見て2という数が目の前で形を取るのと同じである。

この現実への回帰プロセスでは、どのような数学的対象もその完成度は損なわれるが、フィクションのなかで価値を発揮していた基本的な特徴は維持される。たとえば、オレンジは本当の意味では球ではないかもしれないが、それでも丸いことは確かだ。

ただし例外がひとつある。真理は、フィクションの世界に閉じ込められたままだ。この現実世界に、数学者がいう「正しさ」を備えるものはひとつもない。

フィクションの世界が消えると、数学的真理は――まるで巨人が瓶のなかに吸い込まれるように――一瞬のうちに消滅するのである。

想像上の友人

私はこのアプローチに慣れきっているため、もはや奇妙だとは思わない。

それでも外から眺めたつもりになってみると、やはり奇妙なアプローチだと認めざるをえない。私が知るかぎり、人間の活動で現実と想像の世界をこれほど乱暴に行き来して機能するものはほかにない。このような見方をすると、このアプローチ全体が不安定なものに思える。

たとえるなら、数学者が想像上の友人との会話をもとに、この世界の秘密を解き明かすようなものだ。そんなことがうまくいく可能性が少しでもあるとは思えない。

想像上のこと、あるいは現実のことに関する根強い誤解は、数学がこの世に誕生して以来、この学問への理解を妨げてきた。

もちろん、いわゆる「想像上の」数はある。それはいわゆる「現実の」数より現実性に乏しい（あるいは富む）わけでもなく、この「現実の」数もいわゆる「合理的な」数より現実性に乏しい（富む）わけではない。

新たなタイプの数は、導入されるたびに、一般の人々だけでなく、その新しい数を導入した本人を含む数学者のあいだにも大きな不快感をもたらした。

19世紀には、負の数は絵空事でしかないと本気で主張する数学者がまだいたし、15世紀と16世紀には、負の数の提唱者はそれを〝不条理数〟と呼んでいた。だがそれ以降は現実そのものが変質したようである。かつて不条理だった数は具体的で自明な数になり、私たちの日常を飲み込んだ。負の数は絵空事でないと納得するには、銀行口座を開けば済むようになったのだ。

カントールは無限を冷静かつ正確に説明できたために、「ペテン師」「裏切り者」「若さに任せて学問を堕落させる者」と評された。じつは、カントールが非難された理由は、捉えどころがないままにしておくべきだったものを触知できるものにしたことだった。神学の観点から見ると、数学は不正な競争をしているのだ。

「数学の本質はその自由だ」とカントールは言った。数学者の自由とは、「想像上の」ものごとを、それが「真理」になった瞬間からあたかも「現実」のものとして扱うことである。しまいには、数学者はそれが「具体的」だと考えるまでになる。

このアプローチは非常にすぐれていることが明らかになっている。当然、数学者はこれほどすぐれた成果に通じる道で立ち止まろうとはしない。彼らは自分たちがつくりあげた構成の超自然的な、あるいは奇跡的な性質を相変わらず楽しんでいる。「イデアル」や「スペクトル系列」や「忘却関手」を操作し、19万6883次元に住む〝モンスター〟なる謎の対象物を研究するのだ。代数には「アイレンベルグの詐欺」という構成まで存在する。

人間的な現実

数学の理解のプロセスだけをとりあげてもじゅうぶん奇妙である。しかし、発見と創造のプロセスはさらに奇妙だ。このプロセスはあまりにも変わっていて面食らうような体験なので、誰かに話したら間違いなく幻でも見たかと思われる。

なかでもやっかいな点は、ほとんどいつも、努力もしないのに思いがけず急に考えが浮かぶことである。グロタンディークの表現を借りるなら、「無から呼ばれたかのように」現れるのだ。

ロバート・トマソンとトーマス・トロボーが書いた非常にまじめな研究論文を読むと、2番目の著者（すでに死去していた）の貢献は、1番目の著者の夢に現れて解決方法を示しただけだったとわかる。

名前は明かせないが、すぐれた数学者である親しい友人のひとりが最近、次のように教えてくれた。彼のキャリアでもとくに重要な思いつきについては――わざわざ話したことはないが――彼は頑として神の存在を信じていないにもかかわらず、神から直接それとなく告げられたことをはっきり感じたというのだ。

私としては、そんなふうに感じたことは一度もない。ただ宙を浮揚し、壁を通り抜けられるような気がしただけである。

＊＊＊

本当に奇妙なのはそこだった。私が力を伸ばすにつれ、数学の奥深くに入り込むにつれ、真の理解と独創性の発揮を可能にするテクニックを使いこなせるようになるにつれ、それは錬金術や黒魔術に似ていった。

デカルトの考えによれば、数学者は自分たちの秘密が盗まれることを恐れるがゆえにその事実を隠している。だが、本当の理由はおそらくもっと単純だ。彼らは頭がおかしいと思われるのを恐れているだけなのだ。

私自身、数学者にならなかったら、数学者は宇宙の言語を話せる超人たちだと信じていたかもしれない。

しかし、そうではないことが私にはよくわかっていた。私は元の自分を知っていたし、どうやって自分の能力を伸ばしたかもわかっていた。重要な段階のひとつひとつは、いつも、ためらいを克服する新たなテクニックや想像力を働かせる新しい方法の、程度に差はあれ偶然の発見だった。

実際、数学はハードサイエンスとはあまり関係がない。むしろ心理学に属する一種の難解な応用分野と言えるだろう。

数学的創造を前にすると、自然を超えた魔法の現象が起こっているという感覚に包まれる。これは否定できない。しかし、その背後には必然的に超自然でも魔法でもない人間的な現実がある。

私が本当に心を揺さぶられ、簡単に説明できそうだと感じるまで数学を追求したいと思ったのは、「あまりにももったいない」という印象を抱いたからだった。

人間にかかわるいかなるプロジェクトにも、数学のプロジェクトが備える威光、正当性、知的権威はない。数学者が自分たちのアプローチを説明すると必ずシャーマンの儀式のような印象を与えてしまうとしても、実際にシャーマンの儀式だということにはならない。それは単に彼らの使う言葉が不適切であり、私たちが何か本質的なことを見落としているということだ。

数学を教えることはできるのか

なぜ数学教育はあらゆるレベルで、しかもこれほど長いあいだにわたってこうも正しく機能していないのだろうか？　なぜ創造のメカニズムはここまで「非合理的」なのか？　なぜ数学の理解の経験を語り、共有することがこれほど難しいのか？

私が数学を勉強したのは、どうして数学を理解できるのかが理解できなかったからである。私は〝なぜ〟理解できるのか、〝どのように〟しなければならないのかを説明してもらえると期待していた。だが、説明はとうとう得られなかったうえ、話題にも上らなかったのだ。

別に、ひとりで学ぶことができなかったわけではない。だが、ほかの多くの人がそうするように、数学という学問のなかで自分にとって最も価値があった部分を隠すのは嫌だったのだ。

自分の研究成果を教えたり説明したりする状況に置かれるたびに、私は2つのレベルの話を重ね合わせようとした。公式レベルには厳密な定義と的確な文章を用い、直観レベルにはそれにふさわしいたとえ、絵、声の抑揚、手振りを用いた。

この2つのレベルは相互に補完し合う。動機づけがなく直観を共有しない公式レベルの話は一種の暴力である。だが、どんな形式にもあてはまらない直観にのみもとづく話もうひとつの暴力であり、ここに数学が大衆に受け入れられるにあたっての限界がある。公式な数学を排除するやいなや、直観は拠り所を失う。形式主義を棚上げして数学を教えたいなど見当違いである。形式的定義のない数学は存在しない。そんなものがあったら、数学の世界は勝手なことを言う人であふれかえるだろう。

研究職を離れる直前、私は自分のキャリアで最も興味深い授業をする幸運に恵まれた。それは高等師範学校で文学と哲学を専攻する学生に向けた数学入門のクラスだった。

私にとってそれは、「数学を常に頭のなかに入れておく技術を教えることはできるのか?」という、長年にわたって心を苛んできた問いに正面から取り組む機会だった。

私は伝統的に数学〝基礎論〟と呼ばれるもの、つまり形式論理学と集合論にふたたび没頭した。自分がこの分野を間違って捉えていたことに気づいたのはこのときである。それは数学の〝基礎〟ではなく、数学の〝分科〟なのだ。たしかに歴史的・概念的に重要ではあるが、数学が何であるかを理解するにも、ましてや数学を教えるにも役立たないものだ。

本書でとりあげたいくつかの考え方と例は、当時の私の授業用のメモが直接のもとになっている。ただし、当時は不可欠な要素がひとつ欠けていた。

私は授業での会話の位置づけがよくなかったという気がしていた。まるでいちばん大事なものを逃したような気分だった。私は自分の内に生きている数学が好きだったが、ほかの人が理解できる言葉では説明できなかったのだ。

このようなことを考えて、私は研究者としてのキャリアに終止符を打った。この種の決断は決して簡単に下せるものではない。説明になる要因をひとつだけ見つけられると思ったら世間知らずというものである。それでも、さまざまな要因のひとつがこの不満だった。私は数学を自分にとって意味のある方法で教えることができなかったのである。私は壁に、つまり自分でつくりだして自分で囚われたタブーにぶつかったような気がしていた。

私は自分の講義ノートがいずれ本になると確信していたが、当時はまだそこまで大きな仕事はできないと感じていた。いったん数学と距離を置き、ほかのことを学び、ほかの人に出会い、ほかの生き方を見つけ、世界の問題に取り組む必要があると感じていたのだ。

魔法でも超常現象でもない

エウクレイデス（ユークリッド）の『原論』は、2300年前に書かれた最も古い公式数学の論文に数えられる。この時代以降、数学は論理的推理の科学とされてきた。頭のなかの目に見えない動作にかかわる歴史のもう一方の部分は隠されてしまった。

数十年前まで、自分自身の知能の働きを思い浮かべる満足のいく方法はひとつもなかった。実際、利用できた唯一のモデルは機械的な演繹的推論モデルだった。これは古代から存在するモデルで、たとえていえば〝計算〟である。この言葉は「小石」を意味するラテン語の〝calculus〟に由来し、当時のそろばんに使用された小石をイメージしている。数世紀を経て、このたとえはさまざまな有形物の形を取った。まずはそろばん、次に歯車がついた機械、そして現在ではマイクロプロセッサである。こうして少しずつ数学と合理性の、ひいては知能そのものの同義語になっていった。

まさにこの大きな誤解によって、私たちは数学を人間の平凡な経験に結びつけることができなくなったのである。

言うまでもなく、人間の知能がそのようなものに単純化できないことは以前からわかっていた。私たちは、〝才気〟〝直観〟〝第三の目〟〝第六感〟といった超常現象を持ち出さなければ思い浮かべられないものがあることを知っていた。

私たちが利用できた数少ないモデルは、自分で制御できない魔法の超自然的な存在であって、そうした存在と交流できるのは特別な才能に恵まれたエリートだけだった。そして、このモデルは有史以前からほとんど進化していない。

私たちの言語自体も謎めいている。誰が言葉を発明したのか？　どうやって文章の意味を理解できるようになったのか？　概念の性質はどのようなものだったのか？　以上の問いはほとんど科学の対象ではなかった。これらは形而上学と神学の領域に属していたのである。

ところが、数学において何よりも重要なのは脳の可塑性である。数学を理解するとは、自分の直観をプログラムし直すことだ。ベン・アンダーウッドが舌打ちで世界を見ていたテクニックが超常現象でなければ、数学者の秘密のテクニックも超常現象ではない。

頭のなかの活動が魔法のように思えているうちは、数学は根本的に説明できない。

この本が書けるようになったのは、ディープラーニングのアルゴリズムと出会ったからである。このアルゴリズムのおかげで、私は自分の証言に価値があると確信できるようになり、自分の主観的な体験を私的な会話の枠を超えて語れるくらい「合理的な」ものに結びつけられるようになったのだ。

私の数学入門の講義に欠けていた材料は、人間的な経験だった。人間的な理解が数学の本当の意義であれば、この理解のメカニズムは教育に組み込まれていなければならない。この人間的な側面は、非公式な方法で逸話的に扱われる付属のテーマであってはならないのだ。

だが何千年ものあいだ、この人間的な側面を語ることは不可能だった。計算のたとえによっても魔法のたとえによっても、これを落ち着いて取り上げることはできなかった。

これをディープラーニングの枠組みで解釈すると、数学の理解を取り巻く奇妙な現象は、私にとって奇妙なものではなくなる。そう、すでに述べたとおり「無から呼ばれたように」考えが不意に現れ、しかもそれが当たり前のことになる。そう、可塑性は感じ取れない緩慢なメカニズムで、はっきりした動機がなくても、特別な努力をしなくても、私たちが適切なイメージにさらされれば起こる。大事なのは〝まだ理解できなくても〟想像しようと努めることなのだが、それができる人はごくわずかだ。そのため、とまどいを感じる細かい点に注意を払うことはとてつもなく重要である（デカルトの懐疑のテクニックは、学習アルゴリズムの収束を加速させるために使われる「敵対」テクニックに奇妙なほど似ている）。

頭のなかの概念はパラレルワードからやってきた超自然的な実体ではなく、自分の脳が構築した脳内表象である。神経細胞を介した学習プロセスによって世界を解釈し、世界を「見る」ことが可能になるわけだが、その学習プロセスの成果がこの表象なのだ。

頭のなかにある数学的概念は、ほかの概念と同じくらい抽象的で同じくらい現実的である。唯一の違いは、数学的概念が物質世界の直接観察によってではなく想像の努力によって生まれたことだ。それはこの文脈では――そしてこの文脈においてのみ――想像上の存在といえる。いったん理解できたら、数学的概念もゾウと同じくらい明白なものになる。

運命を決するほどの想像の方法

こうして何千年ものあいだ、描写のされ方が悪かったせいで、数学は大多数の人々にとって理解できないものだった。だが幸いにも、いまでは別の方法で数学を語ることができる。

数学の学習は、泳ぎ方や自転車の乗り方といったほかの学習と同じように、大多数の人々にとって手の届く精神運動学習であるべきだ。だが、言語と思考の働きに対する私たちの間違った思い込みが、このような単純かつ直接的な教育を邪魔している。この思い込みが学習につながる動作を妨げるのだ。

「自分の直観と現実の知覚は決まった情報であって、プログラムし直すことはできない」と信じ込んでいる人に、どうやって数学を教えればよいのだろうか？　自分の体の密度は石並みだから水に入ったら溺れるだろう、と信じ込んでいる人に泳ぎ方を教えるのと同じくらい難しい仕事だ。

どんな教育でも、成功の前提条件として間違った思い込みを遠ざけられなくてはならない。だからこそ、私はこの本を目覚めと解放をもたらす本として書いたのである。本書は数学そのものと同じくらい、私たちの身体とその働き、および身体を使って実現できることについても語っている。

私は頭のなかで起こることをできるだけ冷静に話すように心がけた。人間の具体的な現実、個人的な経験、身体的・感覚的体験、実用的な側面、人が〝本当に〟していること、それがどのようにしてうまくいくのか、なぜうまくいくのか——どれも教育に含まれていたためしがない。

ところが、すべてを決めるのは明らかにこの部分である。うまくいくテクニックとうまくいかないテクニックがある。驚くほどうまくいくテクニックもある。

それは私にとって疑う余地のないことだ。独創的な数学者は生物学的に異なるのではなく、ただ単に隠されていた効果的な頭脳の使い方を「解放する」手段を見つけただけだ。しかも、本人にはその自覚がなく、そのことをあまりうまく人に伝えられていない。

この本を書いているあいだ、私を導いてくれたのはこの仮説である。私は自分が理解していることに、したがってこのテーマのほんの一部に集中した。

幸運にもデカルト、グロタンディーク、サーストンの物語を拠り所にすることができた。彼らの物語は、同じ物語を3つの異なる視点から語ったかのようによく似ている。これらの物語は私が自分自身で体験できたものとも一貫するため、私は自分の物語を昔からあるもっと強力で十分に裏づけのある伝統に組み込むことができた。

先人たち自身もすべての鍵を手に入れていたわけではない。デカルトは、自分の精神は身体から切り離された、本質的に超自然で非物質的なものであると仮定することでしか、自分の身に起きることを説明できない。グロタンディークは神が耳元で囁き、自分の頭のなかで夢を見るのだと確信している。サーストンは3人のなかで最も現代的かつ実際的な考えの持ち主で、おそらく最も冴えている。

彼らの率直さと細部に対する気配りは私たちにとってありがたい。彼らは自分がどんな体験をしたと考えるか、自分の成功で何が重要な役割を果たしたかを語ってくれている。最初から最後まで、彼らの証言で話題になるのはほとんど想像力ばかりだ。それぞれが新しい想像力の使い方を述べるのだが、その方法は本人が偶然に発見したのであって、習ったこととはまったくつながりがない。

グロタンディークは、自分の業績が特異なのはタブーを犯したためだと考える。「私が『夢』や『明晰夢』と呼ぶものを、2000年以上前から絶対的な禁忌として扱うのは、あらゆる自然科学のなかでも数学だけのようだ」

サーストンは同じことを、より控えめだがやはり衝撃的な表現で述べる。次に引用する原文の英語ではさらにそれが際立って見えるだろう。「I have decided that daydreaming is not a bug but a feature」（「私は、夢はバグではなく便利な機能だと判断した」）。

以上の鍵を握るのは明らかに想像力である。私たちは何千年も前から想像力の性質と役割を勘違いしており、その結果、本当の意味で想像を真に受けることができなくなっている。想像は抑圧すべき余計な活動ではない。かつて抑圧されていたマスターベーションがそうすべきでないのと同じだ。想像は、逆に知能を発達させるうえで中心となる活動なのである。

つい最近まで私たちは、望むものを望む方法で想像しても、現実には何の影響も及ぼさないと考えていた。ところが〝頭のなかで〟見て行うことは、〝本当に〟見て行うことと同じように、神経細胞にもとづく学習に役立っている。

私たちは想像するという行為を通して現実に対する認識を育て上げる。ところが、想像に取り組むために何をすればいいのかは誰も説明してくれなかった。想像の仕方は無数にあるが、それを区別する方法も、ましてやそれに名前をつける方法も習っていない。「考える」「思いをめぐらす」「熟考する」「視覚化する」「分析する」「空想する」「推論する」「夢想にふける」――これらの言葉は、その意味をはっきりと知らないまま、共通点を見極めることもなく適当に使われる。それでこのあいまいさのなかにあらゆる誤解が滑り込むのだ。

だが、それはあいまいなだけでは済まない。光が届かない深い穴であり、文化と教育の完全な行き止まりである。

想像の方法が私たちの運命を決める。どの方法を用いるかによって、私たちは愚かにも、気がおかしくも、驚くほど賢くもなる。

数学者のテクニックは、現存するあらゆるテクニックのなかで最も効果的だといえる。このテクニックを表舞台に引き出そうではないか。

エピローグ

1913年初め、英国ケンブリッジ大学の傑出した数学者、G・H・ハーディは、インドのマドラスから送られた奇妙な手紙を受け取った。

差出人はシュリニヴァーサ・ラマヌジャンという知らない人物である。23歳の彼は貧しい一介の事務職員で、高等教育はまったく受けておらず、空いた時間をひとり数学の勉強にあてているという。手紙には、彼が見つけたといういくつかの定理が添えられていた。インドの数学者に「驚くべき手柄」と評されたものらしい。彼としてはハーディの意見を聞きたいとのことだった。

ハーディは紙面にすばやく目を走らせた。最初はいたずらかと思ったが、書かれたものをめくるにつれてとまどいは増すばかりだった。そこに書かれた定理は信頼できるばかりか、奥行

きがあり、斬新かつ驚異的で、ハーディは茫然自失に陥る。

それらの定理には証明がなかった。ハーディ自身、証明できなかったが、それでも、「定理はきっと正しいに違いない。正しくなかったとしたら、それを思いつくだけの想像力をもった人など一人もいないはずだ」と考えた。

ラマヌジャンが傑出した数学者であり、偉大な数学者たちと並んで歴史に名を残すことになるということは、ハーディにとって明白な事実だった。

形式主義と直観

ハーディとラマヌジャンの出会いと友情の物語はあまりにも信じがたい展開を見せるため、フィクションから引用したのかと思うくらいだ。

この物語は次のように社会的寓話として読むことができる。英国による植民地支配の絶頂期、2つの世界が衝突する。ハーディは西洋の知的傲慢の産物そのもので、これ以上なくエリート主義的なサークルの一員として、象牙の塔に安楽におさまっている。一方、ラマヌジャンは独学のアマチュア数学者でサリー商人の息子である。

ハーディはラマヌジャンをケンブリッジに招き、ラマヌジャンは1914年から1919年までその地に滞在するが、重い病気に罹ったためインドに帰国し、翌年32歳で死去した。ハーディはキャリアの末期になって数学に対する自分の最大の貢献は何かと尋ねられ、ためらいなく「ラマヌジャンを見出したこと」と答える。

彼が誇らしく思うのにはわけがある。ハーディはラマヌジャンの並外れた才能を即座に見抜くことができたのだ。確立された規範に立ち向かわなければならなかったときも、その発見に見合った行動をするだけの勇気があって公明正大だった。こうしてラマヌジャンはインド人として初めてトリニティ・カレッジの〝フェロー〟(特別研究員)に選ばれ、王立協会の最年少〝フェロー〟となった。

また、この物語は数学的寓話として読むこともできる。本書で取り上げてきた主要なテーマが繰り返されるので、エピローグでとりあげるのにふさわしい。

この本では冒頭から、数学がどのようにして矛盾する2つの力、つまり形式主義の非人間的な冷淡さと直観が秘める驚くべき力のあいだの緊張を糧にしているかを話してきた。学校の練習問題の理解であれ、人間の知識の限界に挑む研究であれ、数学のすべての作業は形式主義と直観の絶え間ない対話にもとづくのだ。

この対話の位置づけは人によって異なる。ほかの人より本能的に「形式主義的な」数学者もいれば、より徹底的に「直観的な」数学者もいる。それでも各人が、前進するには反対側に手を差し伸べなければならないことを知っている。

ハーディとラマヌジャンという緊迫感の漂うコンビは、それぞれが両極を完璧に、ほとんどカリカチュアともいえるほどに体現しているだけにいっそう興味を引かれる。

ハーディは当時を代表する数学者のひとりで、20世紀初めに数学を統合して証明の概念を確固たるものにした形式主義革命の、偉大な立役者に数えられる。

ハーディは、思想史上最も非人間的な著作、『数学原理』〔『プリンキピア・マテマティカ序論』(岡本賢吾他訳、哲学書房、1988年)として日本でも刊行されている〕の(アルフレッド・ノース・ホワイトヘッドとともに)共著者であるバートランド・ラッセルと親しかった。妄想に近い超形式主義的なスタイルで書かれたこの集合論の大論文(タイトルはニュートンの大論文と同じものを採用)は、カントールの最初のビジョンにそれを補強するための公理にもとづく根拠を与え、その際に数の概念を集合の概念から再構築できることを証明する。

この堂々たる成果は数学の様相を変えた。永遠に通用することを見込んで書かれたが、たちの悪い生まれつきの欠陥によって、不幸にもその出来は損なわれた。まともな人にはまったく解読できないという欠陥だ。この本のなかに1＋1＝2の証明を見つけたいなら、［原書の］379ページを参照するといい。

『数学原理』が出版された際は、ハーディ自身が『タイムズ』紙の文芸付録に同書の一般向けの書評を書き、そこに「数学を専門としない読者は本書の技術的な難解さを過大評価し、ごく自然なこととして怖気づいてしまうかもしれない」というハーディらしい英国的なユーモアを込めた。

ラマヌジャンのほうは、歴史上でこれ以上ないくらいに直観的な数学者である。私たちのボキャブラリーが追いついていないため、おおげさな表現を使わずに彼について話すのは難しい。「天才」という言葉すら弱すぎるように思える。

ラマヌジャンの仕事のスタイルは理解を超えていた。彼は自分のアプローチをいっさい説明せず、紙に「定理」と書いた下に公式を記して満足していた。

ハーディが厳密な証明を書く必要をしつこく強調しても、ラマヌジャンはそれが何の役に立つのかわからないと答えていた。彼には自分の公式が真理を伝えていることがわかっていた。氏神のナーマギリが夢で明かしてくれた公式だからである。

ハーディは断固たる無神論者で熱烈な合理主義者である。そのハーディがラマヌジャンからそんなことを主張されたときの顔が見てみたかった。

ラマヌジャンは短いキャリアのなかで3900以上の「結果」を生み出した。それらにどんな地位を与えればいいのだろうか？　ふつう、証明のない定理は定理ではない。それは予想にすぎないのだ。ともかくそれが公式の見解である。

ラマヌジャンの死から1世紀、総決算はそれでも驚異的だ。ほぼすべての公式が正しいと判明したのである。証明の研究は数学のあらゆる面で発展を後押しし、高度な概念ツールを新たに考案する必要性につながった。こうした作業には、何十年にもわたって第一線の数学者たちがかかわってきた。いま、ようやくその成果の一端が見えはじめたところである。

ラマヌジャンはどのようにして公式を見つけたのだろうか？　彼にとっての公式の見え方は証明の初め、ひいては言葉によらない完全な証明ではなかったのか？　彼には女神を引き合いに出さずにそれ以上のことを言う手が本当になかったのか？

それでもラマヌジャンは、ハーディの影響を受けて「アカデミックな」数学の基本原理に適応することができた。学位論文を提出し、本当の証明を含む論文をいくつか執筆したのだ。だが、自分の研究方法はとうとう説明できなかった。もっと長生きしていたら、最終的に頭のなかで形成されるイメージと、その色彩や構造、味わいや質感を、そしてそれらを活用する術を

$*54\cdot42$. $\vdash :: \alpha \epsilon 2 . \supset :. \beta \subset \alpha . \exists ! \beta . \beta \neq \alpha . \equiv . \beta \epsilon \iota `` \alpha$

Dem.

$\vdash . *54\cdot4 . \quad \supset \vdash :: \alpha = \iota `x \cup \iota `y . \supset :.$

$\beta \subset \alpha . \exists ! \beta . \equiv : \beta = \Lambda . \vee . \beta = \iota `x . \vee . \beta = \iota `y . \vee . \beta = \alpha : \exists ! \beta :$

$[*24\cdot53\cdot56 . *51\cdot161] \quad \equiv : \beta = \iota `x . \vee . \beta = \iota `y . \vee . \beta = \alpha \quad (1)$

$\vdash . *54\cdot25 . \text{Transp} . *52\cdot22 . \supset \vdash : x \neq y . \supset . \iota `x \cup \iota `y \neq \iota `x . \iota `x \cup \iota `y \neq \iota `y :$

$[*13\cdot12] \quad \supset \vdash : \alpha = \iota `x \cup \iota `y . x \neq y . \supset . \alpha \neq \iota `x . \alpha \neq \iota `y \quad (2)$

$\vdash . (1) . (2) . \supset \vdash :: \alpha = \iota `x \cup \iota `y . x \neq y . \supset :.$

$\beta \subset \alpha . \exists ! \beta . \beta \neq \alpha . \equiv : \beta = \iota `x . \vee . \beta = \iota `y :$

$[*51\cdot235] \quad \equiv : (\exists z) . z \epsilon \alpha . \beta = \iota `z :$

$[*37\cdot6] \quad \equiv : \beta \epsilon \iota `` \alpha \quad (3)$

$\vdash . (3) . *11\cdot11\cdot35 . *54\cdot101 . \supset \vdash . \text{Prop}$

$*54\cdot43$. $\vdash :. \alpha, \beta \epsilon 1 . \supset : \alpha \cap \beta = \Lambda . \equiv . \alpha \cup \beta \epsilon 2$

Dem.

$\vdash . *54\cdot26 . \supset \vdash :. \alpha = \iota `x . \beta = \iota `y . \supset : \alpha \cup \beta \epsilon 2 . \equiv . x \neq y .$

$[*51\cdot231] \quad \equiv . \iota `x \cap \iota `y = \Lambda .$

$[*13\cdot12] \quad \equiv . \alpha \cap \beta = \Lambda \quad (1)$

$\vdash . (1) . *11\cdot11\cdot35 . \supset$

$\vdash :. (\exists x, y) . \alpha = \iota `x . \beta = \iota `y . \supset : \alpha \cup \beta \epsilon 2 . \equiv . \alpha \cap \beta = \Lambda \quad (2)$

$\vdash . (2) . *11\cdot54 . *52\cdot1 . \supset \vdash . \text{Prop}$

From this proposition it will follow, when arithmetical addition has been defined, that $1 + 1 = 2$.

$*54\cdot44$. $\vdash :. z, w \epsilon \iota `x \cup \iota `y . \supset_{z,w} . \phi(z, w) : \equiv . \phi(x, x) . \phi(x, y) . \phi(y, x) . \phi(y, y)$

Dem.

$\vdash . *51\cdot234 . *11\cdot62 . \supset \vdash :. z, w \epsilon \iota `x \cup \iota `y . \supset_{z,w} . \phi(z, w) : \equiv :$

$z \epsilon \iota `x \cup \iota `y . \supset_z . \phi(z, x) . \phi(z, y) :$

$[*51\cdot234 . *10\cdot29] \equiv : \phi(x, x) . \phi(x, y) . \phi(y, x) . \phi(y, y) :. \supset \vdash . \text{Prop}$

$*54\cdot441$. $\vdash :: z, w \epsilon \iota `x \cup \iota `y . z \neq w . \supset_{z,w} . \phi(z, w) : \equiv :. x = y : \vee : \phi(x, y) . \phi(y, x)$

Dem.

$\vdash . *5\cdot6 . \supset \vdash :: z, w \epsilon \iota `x \cup \iota `y . z \neq w . \supset_{z,w} . \phi(z, w) : \equiv :.$

$z, w \epsilon \iota `x \cup \iota `y . \supset_{z,w} : z = w . \vee . \phi(z, w) :.$

$[*54\cdot44] \quad \equiv : x = x . \vee . \phi(x, x) : x = y . \vee . \phi(x, y) :$

$y = x . \vee . \phi(y, x) : y = y . \vee . \phi(y, y) :$

$[*13\cdot15 \quad \equiv : x = y . \vee . \phi(x, y) : y = x . \vee . \phi(y, x) :$

$[*13\cdot16 . *4\cdot41] \equiv : x = y . \vee . \phi(x, y) . \phi(y, x)$

This proposition is used in $*163\cdot42$, in the theory of relations of mutually exclusive relations.

どうやって身につけたかを、もっとうまく語る手を見つけたかもしれない。

魔法や超能力に恵まれた超人の存在を本気で信じたい人は、ラマヌジャンの物語を聞けばイメージが膨らむだろう。

私としては、存命する数学者のなかでは屈指の存在であるミハイル・グロモフ（２００９年にアーベル賞を受賞）の意見に同意する。グロモフは、ラマヌジャンの才能を凡人の体験とはかけ離れた一種の異常や特異性のせいにするのは間違っていると考え、次のように述べた。

「ラマヌジャンの奇跡は、何十億人もの子供たちが母語を学習できるのと同じ普遍的な原理を力強く指し示している」

グロモフは自身の経験を踏まえて、つまりグロモフ自身の独創性——それ自体かなり奇跡的である——のメカニズムを個人的に理解した経験を踏まえてこう主張するのではないかと思う。

このエピローグもあとわずかなので、グロモフのような指摘に驚かず、むしろそれが当たり前に感じてほしいのだが、あなたはどうだろうか？

あなたや私と同じような人

ハーディによる『数学原理』の書評では、英国的なユーモアの裏に、病的なエリート主義という彼のあまり好ましくない人柄の一面が垣間見える。

というのも、書評の対象は『タイムズ』紙の一般読者なのに、読んだ人が怖気づくようなテーマを論じるからだ。それはラテン語の題名をつけた（本文のほうは何語かわからない言語で書かれている）666ページの大著（これはあくまで第1巻であり、全部で3巻ある）で、論理、数学、人間の思想にとって新たな出発点になると主張する代物である。

ハーディは、彼自身がその本にどっぷり浸って楽しんだのかと思わせるおどけた調子で、同書の哲学的重要性と歴史的特徴を強調する。

彼は「全体的な印象は数学が中心」「難解ではないとは言えない」と認めつつも、専門家以外の人も敬遠しないようにと呼びかけ、「いくつかの冗談は本当によくできている」とまで断言している。

ハーディは、謎を解く鍵、つまり第6章で紹介した、友人のラファエルが私にくれた貴重な助言は決して明かさない。『数学原理』を前にしたら、「数学の本は決して読んではいけない」

というこの助言は精神的健康を保つために欠かせないのだが。

ハーディにとって数学は、入会を許された人だけが参加できる一種の会員制クラブである。彼の有名な自伝的著作『ある数学者の生涯と弁明』〔柳生孝昭訳、丸善出版、2014年〕は昔からよく言及されてきたが、いま読むとそのエゴイズムとげとげしさにショックを受ける文章である。そのなかでハーディは次のような恐ろしい呪いさえ放っている。

「実行するものが説明する者に対して抱く軽蔑ほど深い、そして正当な軽蔑はない。」

大昔から存在する数学者のエリート主義については、言うべきことが多々あるだろう。大学の世界では、数学者がキャリアと地位を築くために必要なのは自分が論証する新たな定理だけである。予想自体が有名になり特別な威光を示す珍しい例を除き、それ以外はあまり重要ではない。

このシステムには利点がある。自由裁量の占める割合を減らし、数学を甘えや身内意識から守るのに役立つ。永遠の真理を扱う学問の場合、キャリアの評価は単純になるのだ。しだが盲点もある。ハーディにとって注釈と説明は「二流の人たちに向けた」活動である。しかし幸いなことに、数学界はこの点で大きく変わった。数学界は教育・普及活動をもう〝そこまでは〟軽蔑しなくなったのだ。とはいえ、まだまだ道は長いが。

秘密の数学、つまり人間的な理解を扱う数学が、公式な数学の厳密さと客観性を備えることはまずない。だから秘密の数学は相変わらず「まじめな」テーマとはみなされない。それでもこの「まじめではない」テーマは、大半の数学固有の問いよりも慎重な扱いを要するように思える。

それは何らかの時点で数学の学習に向き合うすべての人――つまり私たち全員――にかかわるテーマだ。数学者自身が熱中し、彼らの会話でしょっちゅう話題にのぼるテーマである。このテーマは、人間の知能と言語と脳の働きに関する根本的な問いを投げかける。

それを科学の遠景、私的な会話、引退した数学者の自伝に追いやるとしたら、あまりにももったいない。また、それを数学の領域から追い出し、神経学に委ねるのも残念なことだ。

このテーマを数学の意義の中心に位置づけられないのは、数学の性質そのものを取り違えているからだ。

つい最近まで、たしかにこのテーマを建設的に取り上げるためのツールと枠組みはなかった。みんなで、「地球上の一部の人は並外れて数学に秀でているが、その理由を理解しようとしても始まらない。それは単なる奇跡であり、天賦の才なのだ。何も理解できない人については仕方がない」という運命論に囚われ、消極的な姿勢から抜け出せなかった。

この慎重に扱うべき「まじめではない」テーマがまさに本書のテーマである。私はごく簡単な入口を起点として、私なりのやり方で取り上げようと試みた。私が経験したとおりの数学を、それは〝本当のところ〟どのようなものなのか、人は頭のなかで何をしているのか、〝具体的には〟どうやって始めるのか、といった切り口でできるだけ単純に語ったのだ。

ハーディがラマヌジャンに適切な問いを投げかけていたら、すばらしい学びがあったかもしれない。それでも幸いなことに、私たちにはデカルト、グロタンディーク、サーストン、そしてもちろんアインシュタインの証言がある。

彼らが書いたものの価値は計り知れない。彼らのメッセージのなかで最も大きなとまどいをもたらし、それでいて強力で、しかも目から鱗が落ちるようなものは、次のとおりである。「数学的知能は、自分自身でごくふつうの人間的な手段により、想像力と好奇心を用いて真摯に構築するものだ」

グロタンディークはこう書いている。「火を発見して使いこなした最初の人は、あなたや私と同じような人だった。〝英雄〟やら〝超人〟やらといった言葉を連想させる人ではない」

デカルトとアインシュタインも別の言葉で基本的には同じことを言っている。私たちは彼らの頭蓋骨を博物館に収めたり脳を輪切りにしたりしたにもかかわらず、彼らの言うことには耳を傾けようともしなかったのだ。

私たちに何ができるか

私は本書を、学生のときに自分を導き、勇気づけ、ためらいを押しやるために傍らに置いておきたかった本、要するに座右の書として書いた。この本があったら私はおおいに助けられていただろう。この本がみなさんの助けになることを願っている。

私の狙いは数学を簡単な学問にすることではない。数学は誰にとっても簡単にはならないだろうし、簡単になるべきものでもない。ただ単に数学を〝手の届くもの〟にしたい、つまり数学を自分のものにしたいと思う人が、望みと意欲に応じてそうできるようにしたいのだ。

いつだってほかの人よりはるかにすぐれ、洞察力と情熱があり、冒険好きな人はいる。しかし数学に取り組むには特別な才能が必要だという主張は嘘である。数学は人間に共通する特質だ。自分についても他人についても、数学がもたらす麻痺状態や意欲喪失を受け入れる理由はない。

私が自分の体験で得た重要な教訓のひとつは、「何も理解できないという感覚に立ち向かわないかぎり、何かを理解することはできない」ということだ。きっと、このわからないという感覚によって生来の学習能力が最大限に発揮されるのだろう。

数学において難しいのはまさにこの部分である。数学には、たとえ劣等感に押しつぶされそうになっても、自分の力が及ばないものを直視し、興味をもち、想像し、言葉を当てはめる作業が求められる。走って逃げだしたいと反射的に思うときでも、そうしなければならないのだ。デカルトは、数学の体験によってのみ本当に「理解する」の意味を理解することができると考える。

この意見には私も個人的に同意する。数学は、口のなかの奇妙な味に、何かがしっくりこなくておかしいという印象に、常に注意を払うことを教えてくれた。数学は新しい考え方を認識し、それに気を配り、耳を傾けることでそれを大きく育てる術を教えてくれた。数学は自分の感情に耳を傾ける術を教えてくれたのだ。

いまの私には、自分の感受性と信じやすさが最大の知的武器だとわかっている。数学的アプローチは自分自身を統合し、ずれを解消する手段である。

私はこうして身につけた習慣をずっと守っている。本質的に直観に反するものがあると思うことはもうない。「直観に反する」または「矛盾する」とされたものは、間違っているか、適切な説明がされていないかのどちらかである。

一貫性を欠いた理解できない世界で生きなければならない理由は何もない。適切な習慣を取り入れ、自分の〝想像〟能力と〝形式化〟能力を発達させれば、人の頭脳は継続的に成長させられる。

私たちが数学を子供たちに教えるのは、数と形について話すためというより、そのような方法で世界の問題に取り組む機会を与えるためである。

理解することは、人生における大きな喜びのひとつである。ただ、この喜びはときとして「もっと賢ければずっと前に理解できていたのに！」という後悔の念と、時間を無駄にしてしまったという思いで台なしになる。

私はこのような思いに何度もかられてきたおかげで、もう気にしなくなった。木を植えるのに最適な時期は20年前だったが、2番目に適した時期はいまである。

自分は数学がまったくできないと感じていたが、この本を読んでもう一度チャンスを試したいと思った方がいたとしたら、次のことを覚えておいてほしい。ヒマラヤ制覇をめぐるすぐれた話はいくらでもあり、簡単に読めるが、実際の練習に勝る学びはない、ということだ。初心者なら、数メートルの壁をよじ登るだけでかなりの訓練になるだろう。

私からの助言は、いちばん下から、つまりよくある初歩的な実地指導から始めることを恥じてはならない、ということだ。自分が本当に理解できているかどうかはわかりにくいため、自分より知識のない人や子供に説明してみるといい。

ほかの人に説明しようとすると、往々にして自分の見解と言語はまだ十分に明確ではないと自覚できる。不愉快でみじめな気分になるものだが、それは乗り越えられるものであって、乗り越えるからこそ前進できる。

私がものごとを理解する唯一の方法は、まるで自分が子供であるかのように、できるだけ単純な言葉で自分自身に説明することだ。この本を書くために使ったのと同じ原則である。

私が気に入っている数学者の定義は、サーストンのこの言葉だ。「数学者とは、数学に対する人間的な理解を高める人間である」

それこそまさに、私が目指したことである。

謝辞

まず、寛大さと熱意と洞察力を発揮してくれた最初の読者、エレーヌ・フランソワに感謝する。本書は彼女に負うところが大きい。

ファルーク・ブセキン、ミシェル・ブルエ、ニコラ・コーエン、エレーヌ・ドゥヴァンク、マリオン・グジェ、バジル・パヌルジアス、ジェローム・スビランは、執筆中ずっと私に寄り添い、助言を惜しまなかった。彼らも多くの点で私を助けてくれた。

際立った明晰さと信頼と決断力をもって本書を担当してくれた編集者ミレイユ・パオリーニに感謝を捧げるとともに、熱意を見せてくれたアドリアン・ボスク、ユーグ・ジャロン、セヴリーヌ・ニケル、支えとなってくれたエマニュエル・ビゴ、ミュリエル・ブラニ、ベネディクト・ジェルベ、ジョゼフィーヌ・グロス、ヴィルジニー・ペロラズ、その他スイユ出版のチームのみなさんにもお礼を申し上げる。入念に挿図を整えてくれたエレオノール・ラモリアにも感謝する。

アルダヴァン・ベギ、ファブリス・ベルトラン、シモン・ボワシノ、エマニュエル・ブルイヤール、オリヴィア・キュステー、リュカ・デルノフ、マクシム・デルノフ、ニコラ・フランソワ、アルテム・コジェヴニコフ、ヴァンサン・レヴィ、フランソワ・ロゼー、ラファエル・ルキエ、ヴァンサン・シャシュテー、クロディア・セニク、マルグリット・スビラン、サラ・ステーヌ、ソラル・ステーヌ、マクシム・ヴェルネー、アガット・ヴェルナンには本書を読んでもらい、彼らからコメントをもらったおかげで本書はずっとよいものになった。

文献調査を手伝ってくれたソフィー・クコヤニスとガリマール出版（グロタンディークの引用）、スティーヴ・クランツ、マイク・ボスリーにも謝意を表する。

タイニークルーズ社のチームからは信頼と支えをいただいた。お礼を申し上げる。

そして最後に、私に考える術を教えてくれたすべての人たちに感謝を捧げたい。

Logic)」と題されている。1911年9月7日の『タイムズ文芸付録』に掲載されたこの書評は、「おそらく英国でこの本を読むのはせいぜい20〜30人くらいだろう」という文で始まる。

ラッセルが次のような悪夢を見たと語った相手はハーディである。遠い未来のこと、『数学原理』は立派な大学図書館に保管される1冊しか残っていない。図書館の職員が書架を見回り、無用になった本を探している。破棄して場所を開けるためだ。職員は最後の『数学原理』を手に取り、ためらう。

その非人間性に加え、『数学原理』の基礎となっている形式主義プロジェクトは、論理的な問題をもはらんでいる。クルト・ゲーデル(1906-1978年)はその有名な不完全性定理をもって、『数学原理』のような形式体系は常に「決定不可能な」立言、つまり真とも偽とも証明できない主張を含むことを証明した。

高等師範学校の1年目に私が好きだったのはグザヴィエ・ヴィエノの授業である。この授業では「直観的な」対象物(レゴやテトリスのブロックに似たもの)を使って「計算する」方法を習い、この方法のおかげでラマヌジャンのいくつかの成果が「視覚的に自明」だと思えるようになった。このすばらしい授業で私はおおいに刺激を受け、ラマヌジャンの公式のような難解な公式が、単純でありながら捉えにくい直観をどうやって記号化できたのかが理解できた。このアプローチに対するすぐれた手ほどきは、ヴィエノが2019年にチェンナイ(かつてのマドラス)で行った「言葉のない証明——ラマヌジャンの連分数の例(Proofs Without Words; the Example of Ramanujan Continued Fractions)」と題する発表である。資料(http://www.xavierviennot.org/coursIMSc2017/lectures_files/RamanujanInst_2017.pdf)と動画(https://www.youtube.com/watch?v=jQchTFnKBQs)はオンラインで閲覧できる。

この章で引用したほかの著作は以下のとおりである。

Alfred North Whitehead et Bertrand Russel, *Principia Mathematica*, vol. 1, Cambridge, Cambridge University Press, 1910.
Misha Gromov, 《Math Currents in the Brain》, in R. Kossak et P. Ording (dir.), *Simplicity: Ideals of Practice in Mathematics and the Arts*, Cham, Springer, 2017.
G. H. Hardy, *A Mathematician's Apology*, Cambridge, Cambridge University Press, 1992 [1940].

では、この問題は「普遍論争」の名で知られる激しい議論の的となった。とくにピエール・アベラール(1079-1142年)とオッカムのウィリアム(1285-1347年)が概念論を支持する唯名論の立場を取ったことで論争が激化し、彼らの主張は教会から糾弾された。ある意味では、ディープラーニングがアベラールらの主張が正しかったことを証明したといえる。

神経細胞の特化については、『ネイチャー』誌に発表された有名な論文で、「ジェニファー・アニストン細胞」、つまり写真に写るこの女優の存在だけに反応する神経細胞があることが実験で明らかになったと述べられている。R. Quian Quiroga, L. Reddy, G. Kreiman et al.,《Invariant Visual Representation by Single Neurons in the Human Brain》, *Nature*, n° 435, 2005, p. 1102-1107を参照。

マサチューセッツ工科大学のディープラーニング入門コース(「MIT 6.S191, Introduction to Deep Learning」)にはオンラインで自由に参加できる。

第20章

ウィリアム・サーストンの2つの引用文の出典は、*The Best Writing on Mathematics 2010*, édité par Mircea Pitici, Princeton, Princeton University Press, 2011に寄せた彼自身の序文である。

グロタンディークの引用文の出典は『収穫と蒔いた種と』である。

ロバート・トマソンとトーマス・トロボーの論文は次のとおりである。《Higher Algebraic K-Theory of Schemes and of Derived Categories》, *The Grothendieck Festschrift*, vol. III, Boston, Birkhäuser, p. 247-429。

エピローグ

シュリニヴァーサ・ラマヌジャンは、G・H・ハーディに宛てた1913年1月16日づけの最初の手紙に自分は23歳だと書いている。1887年生まれのラマヌジャンは当時25歳だったのだが、このずれの理由は見つけられなかった。

ハーディによる『数学原理』の書評は「新たな記号論理学(The New Symbolic

第18章

「種の問題」、つまり動物種とは何かを厳密に定義できないことは、何度となく議論されてきた有名な認識論上の問題である。

人間の言語が抱える弱さを示すほかの古典的な問題としては、「砂山のパラドックス」（ギリシャ語で「砂山」を意味する“*sorōs*”から「ソリテス・パラドックス」の名でも知られる）が挙げられるだろう。これは、「砂山から1粒の砂を取り除いても、砂山であることに変わりはないが、砂粒を取り除きつづけると、ある時点でそれはもう砂山ではなくなる。境界線はどこにあるのだろうか？」という問題だ。この問題は、「禿げ頭のパラドックス」（ハゲでない人から髪の毛を1本抜いてもその人はハゲにならないが、だとしたら、ハゲの人とハゲでない人の境界を本当に定義することはできるのか？）と同じく、一般に紀元前4世紀のギリシャの哲学者エウブリデスが考え出したとされている。

ルートヴィヒ・ウィトゲンシュタインの引用文は、『哲学探究（Recherches philosophiques）』（Paris, Gallimard,《Tel》, 2014）の第106・107段落からの抜粋である。この著作は1949年ごろに完成し、死後の1953年に出版された。ただし、ウィトゲンシュタインの前半生は、『哲学探究』の関心事に反してバートランド・ラッセルの論理主義的立場に近かったように思われる（本書エピローグを参照）。ウィトゲンシュタインの後年の作品は、本章と第19章のよい補足となる。最も入手しやすいのは、おそらく彼の手記を死後にまとめた短い選集、『確実性の問題（De la certitude）』（Paris, Gallimard,《Tel》, 1976［1969］）だろう。

第19章

抽象的概念の起源の問題は、哲学では「普遍概念問題」の名で知られている。「実在論」は、普遍概念が「実在の」事物である、つまり人間のまなざしとは無関係に存在する、という立場を取る。「唯名論」（とその変形である「概念論」）は、普遍概念は言語上の約束事（または頭のなかに存在する事物）であるとする。歴史的には、実在論の立場が長いあいだ支配的だった。中世ヨーロッパイトで閲覧可能（https://www.washingtonpost.com/wp-srv/national/longterm/unabomber/manifesto.text.htm）。
・テロと捜査の詳細について――カリフォルニア州サクラメント地方裁判所で2014年11月19日に行われ、C-SPANが撮影・放映した記者会見（https://www.c-span.org/video/?322849-1/unabomber-investigation-trial）。
・ウィリアム・サーストンが捜査で果たした役割はスティーブン・G・クランツによって明らかにされた。Steven G. Krantz, *Mathematical Apocrypha. Stories and Anecdotes of Mathematicians and the Mathematical*, The Mathematical Association of America, 2002。

グリゴリー・ペレルマンのものとされる最初の（おそらく虚偽の）引用文（「私はすでに宇宙を制御できるのに100万ドルで何をしようと言うのだ？」）は、ペレルマンと親しく、彼に関するドキュメンタリーを準備していると主張する「ジャーナリスト兼プロデューサー」が伝えた話を、ロシアのタブロイド紙『コムソモリスカヤ・プラウダ』が報じたものである。このドキュメンタリーは結局、日の目を見ず、情報源は疑わしい。

ペレルマン2番目の引用文（「お金と栄誉に興味はない」）の出典は2010年3月24日のBBCニュースの記事、「Russian Maths Genius Perelman Urged to Take $1m Prize（ロシアの数学の天才ペレルマン、賞金100万ドルの受け取りを迫られる）」である。オンラインで閲覧可能（http://news.bbc.co.uk/2/hi/europe/8585407.stm）。

数学に関するインタラクティブなサイト「MathOverflow」上でのウィリアム・サーストンとムアドの議論は、こちらで閲覧可能（https://mathoverflow.net/questions/43690/whats-a-mathematician-to-do）。なお、サーストンが書き加えたコメント、「私は自分にとって現実だと思えることを書こうと努めている。いまでは、私は批判されることを恐れない。そのほうが楽だからだ」は、エピローグで取り上げたテーマ、「人間的な理解の体験について語るために、『まじめではない』テーマに対する数学界のためらいを払拭しなければならない」に重なる。

われたこの発表は、一般向けのものではないが、現代の研究の「生きた」現実がどのようなものかを示している。

8次元と24次元において、球体を最も高密度なかたちで充填するにはどうしたらいいだろうか。最も高密度な充填方法を特定できるかどうかは、それぞれの次元に固有の、特別に高密度な充填方法を生む例外的な幾何学構造の存在によって説明される。マリナ・ヴィアゾフスカが使用した方法は、それぞれの次元に固有の手法である。

8次元の場合、その例外的構造はE_8の幾何学構造である（ポリトープの分類に関する第9章の注釈を参照）。これに対応する球の充填では、隣接する球どうしの接点（「接吻数」と呼ぶ）が240になる。

24次元の場合、充填の幾何学構造は「リーチ格子」という、24次元に固有の例外的な構造になる（https://en.wikipedia.org/wiki/Leech_lattice）。なお、「接吻数」の19万6560を見ると、第20章で「モンスター」に関連して言及した19万6883次元が思い浮かぶが、これは偶然ではない。数学者は、このような「数秘術的」な奇妙さが往々にして深い部分につながることを知っている。非常に興味深い数学的対象のひとつであるモンスターは、ほかの多数の例外的構造に結びついているのだ（とくに「モンストラス・ムーンシャイン」理論を参照（https://en.wikipedia.org/wiki/Monstrous_moonshine）。

第17章

ユナボマーに関する主な情報源は、非常に網羅的な英語版ウィキペディアに加えて以下のとおりである。

・セオドア・カジンスキーの幼少期について――弟デイヴィッド・カジンスキーのテレビ・インタビュー（https://www.youtube.com/watch?v=K2oH5pFWEjo）。

・日記の抜粋について――David Johnston, 《In Unabomber's Own Words, A Chilling Account of Murder》, *The New York Times*, 29 avril 1998。

・アメリカン航空444便のテロについて――Stephen J. Lynton et Mike Sager, 《Bomb Jolts Jet》, The Washington Post, 16 novembre 1979。

・「ユナボマーのマニフェスト」――『ワシントン・ポスト』紙などのサ

例によってこの「裏ワザ」に見えるものは、現象を理解するためにもっと奥の深い方法が存在するという印である。残念ながら私個人はこれを簡単には説明できない。二言三言では伝えにくいある種の直観が必要なのだ。

自明な結び目の複雑な絵については、ウェブサイト「MathOverflow」上で1998年にフィールズ賞を受賞したティモシー・ガワーズが始めた会話「複雑を極めた自明な結び目は存在するのか？ （Are There any Very Hard Unknots ？）」を参照のこと（https://mathoverflow.net/questions/53471/are-there-any-very-hard-unknots）。

この章に載せた自明な結び目の「複雑な」絵には「ゴルディアスの結び目」というあだ名がついている。これは1928年生まれのドイツ人数学者、ヴォルフガング・ハーケンによるものだ。ハーケンはケネス・アッペルとともに有名な「四色定理」を証明したことで知られる。

「ハーケンのゴルディアスの結び目の動画（Haken's Gordian Knot Animation）」と題された短いYouTubeの映像を見ると、なぜこの絵が自明な結び目を表しているかがわかる（https://www.youtube.com/watch?v=hznl5HXpPfE）。

ケプラー予想について――トーマス・ヘイルズの証明は、コンピュータによる膨大な量の計算によって成り立っているが、同時に深遠で独創性に満ちた「概念的な」要素も含む。予想を「有限数の」計算に帰着させられること、その計算が「実際に」コンピュータで実行できることは、見たところまったく自明ではない。

コンピュータを援用した証明は数学界でも論争の種になることがある。誰も読んで理解できないものを本当に証明とみなすべきなのだろうか？　どうしたらソースコードに間違いがないと確信できるのだろうか？

最初の証明ののち、トーマス・ヘイルズは「形式的」証明を打ち立てる意欲的なプロジェクトに着手した。コンピュータを使って証明自体の有効性を検証するというものだ。このアプローチは成功を収め、「ケプラー予想の証明を形式化する（Formalizing the Proof of the Kepler Conjecture）」と題する研究発表でも説明された。この証明はオンラインで閲覧可能である（https://www.youtube.com/watch?v=DJx8bFQbHsA）。2014年にパリのアンリ・ポアンカレ研究所で行推論の大筋は次のとおりである（詳細は前述のゴダンとケフェレックの論文を参照）。2つの結び目が異なることを証明する戦略は、その2つを区別する「不変量」を特定することだ。結び目の不変量は2つの絵がどんなに複雑でも共通する特徴である。

不変量の例を挙げよう。結び目の絵は、絵の「道」（道とは絵の見えている部分で、交点の下を通る紐は2つに切れていると考える）を異なる3色を使って塗り分けられるとき、「3彩色可能」だと言う。この場合、道1本につき1色とし、各交点でその交点にかかわる3本の道（「上」を通る道1本と「下」を通る2本）は異なる3色か同じ色かのいずれかになるというルールを守らなければならない。

一見しただけでは明白ではないが、たしかに不変量だと証明できる。どの絵を選んでも、結び目が3彩色可能であるという事実は変わらないのだ。これを証明するには、「ライデマイスター移動」と呼ばれる基本変形の連続によって1番目の絵から2番目の絵に移行できる場合に限って、2つの絵が同じ結び目を表している事実を根拠とし、ライデマイスター移動が3彩色可能性を保存することを示す。

たとえば三葉結び目は3彩色可能だが（下図を参照）、自明な結び目はそうではない（道が1本しかないため、異なる3色を使うことはできない）。

三葉結び目と自明な結び目が同じものだったら、どちらも3彩色可能か、またはどちらも3彩色可能ではない。このように2つを区別する不変量を提示することで、この2つの結び目が異なることが証明できた。

こうして結果を証明できるとしても、3彩色可能性の定義は、1から100までの整数の和を計算するための例の「裏ワザ」と同じくらい恣意的に見える。

スウェーデン駐在のフランス大使だっただけでなく、デカルトの親しい友人でもあった。

デカルトによる3つの夢の話は、今日では失われた手記『オリンピカ』に記されていたという。この手記は、デカルトの最初の伝記を書いたアドリアン・バイエ(1649-1706年)が『デカルトの生涯』(1691年)に収録したものしか残っていない。バイエは多数の手記の原本と直接の証言を利用できたため、バイエの記述は現在、デカルトの生涯と業績のさまざまな側面を知るための唯一無二の参考資料とされている。

1619年11月10日から11日にかけての晩に関する引用文、および『剣術』の記述はバイエの著作から抜粋した。同書には第6章で取り上げたテーマに重なる次の一文も含まれている。「とはいえ、彼があまり本を読まなかったこと、少ししか本を持っていなかったこと、死後に財産目録作成で見つかったそれらの本の大半は友人からもらったものだったことを白状しなければならない」

『精神指導の規則』の原文はラテン語である。提示した抜粋部分については、読みやすさを考慮して、よく参照される従来のフランス語訳を少しばかり現代風に書き換えた。

第15章

カントールに関するエピソードの出典はhttps://en.wikipedia.org/wiki/Georg_Cantorである。

無限の大きさについては、アルテで放送されたドゥニ・ヴァン・ウェレベーケ監督の非常にわかりやすいシリーズ、『数学の世界への旅(Voyage au pays des maths)』の「無限の道(Sur la route de l'infini)」の回(2020年)も見るとよい。

結び目に関するセクションの補足としては次の論文がうってつけである。Thibault Godin et Hoel Queffelec, 《Une famille infinie de noeuds》, Images des Mathematiques, CNRS, 2020, オンラインで入手可能(http://images.math.cnrs.fr/Une-famille-infinie-de-noeuds.html)。CNRS [フランス国立科学研究センター]が運営するサイト「Images des Mathematiques」は、数学を普及させるためのフランス語の情報源として非常にすぐれている。

でも読む価値はまったく損なわれていない。

インターネット上で公開されているエリオット・マキャフリー監督のドキュメンタリー、「目がなくても見える少年（The Boy Who Sees Without Eyes）」（2007年）を見ると、ベン・アンダーウッドの能力がどのようなものか見当がつく。人間の反響定位に関する研究によれば、目が見えない人の場合、この能力には健常者が視覚情報を処理する脳の領域が使用されると考えられる（出典はhttps://en.wikipedia.org/wiki/Human_echolocation）。

第11章

ダニエル・カーネマンの引用文は、*Systeme 1 / Systeme 2. Les deux vitesses de la pensée*, Paris, Flammarion, 2012［英語原典Thinking, Fast and Slow、邦訳『ファスト＆スロー』］からの抜粋である。

第12章

ウィリアム・サーストンに関するエピソードは、先に引用したDavid Gabai et Steve Kerckhoff (coord.),《William P. Thurston, 1946-2012》に発表された伝記資料に記録されている。

第13章

ピエール・ドリーニュの引用文の出典は、第9章の注釈で挙げた2014年公開の鼎談である。

第14章

「ゾウやヒョウのように……」――第3段落の引用文はデカルトがピエール・シャニュに宛てた1649年3月31日づけの手紙からの抜粋である。シャニュは

(https://www.youtube.com/watch?v=MkNf00Ut2TQ)。2014年　に『Notices of the American Mathematical Society』に掲載された書き起こしはこちらで閲覧可能(https://www.ams.org/notices/201402/rnoti-p177.pdf)。

「彼は私よりすぐれている」──ドリーニュについてグロタンディークがこう述べたのは、ジョージ・モストウ(1923-2017年)との会話のなかでのことだ。私はモストウと個人的に話した際に本人から教えてもらった。

第10章

ウィリアム・サーストンの幼少期が語られているのは、David Gabai et Steve Kerckhoff (coord.),《William P. Thurston, 1946-2012》, *Notices of the American Mathematical Society*, vol. 62, n° 11, décembre 2015, p. 1318-1332および vol. 63, n° 1, janvier 2016, p. 31-41。オンラインで入手可能(http://www.ams.org/notices/201511/rnoti-p1318.pdfおよびhttps://www.ams.org/publications/journals/notices/201601/rnoti-p31.pdf)。

「私が4次元や5次元を視覚的に把握できることは、人には理解されない」──サーストンの発言の出典は、Leslie Kaufman,《William P. Thurston, Theoretical Mathematician, Dies at 65》, *The New York Times*, 22 aout 2012。

サーストンの幾何学的直観について理解したい人は、彼の証明のひとつをもとにミネソタ大学の幾何学センターが製作した動画『Outside In』、および1996年にエルサレムのヘブライ大学でサーストンが行った連続講義「ランダウ講義」をぜひ見てほしい。いずれのコンテンツもオンラインで自由に入手できる。

色覚異常について──男性の8%という割合は北ヨーロッパの人口に関する推定値である(出典はhttps://en.wikipedia.org/wiki/Color_blindness)。色覚異常は遺伝情報の欠陥によってあるタンパク質の発現が妨げられる現象で、劣性遺伝する変異である。この遺伝子はX染色体上にあるため、女性における色覚異常の割合は男性の割合の2乗になる。

1798年に発表されたドルトンの元の論文「色覚に関する異常な事実(Extraordinary Facts Relating to the Vision of Colours)」によると、このやりとりがあったのは1794年10月31日である。論文は驚くほどよく書けており、現在

トに宛てた手紙のなかで『収穫と蒔いた種と』がいかに重要な作品かをあらためて語っている。この手紙の引用元は、Ching-Li Chai et Frans Oort,《Life and Work of Alexander Grothendieck》, *Notice ICCM*, vol. 5, n° 1, 2017, p. 22-50である。これが「自分の数学者人生に対するこの考察と証言は、たしかに読みづらいが、私にとっては大きな意味がある」という引用の出典である。

第8章

凹凸を用いて触覚の理論を記述したページは、本物の数学研究の文献に似ている。読者のみなさんがこの部分を気に入ったのなら、公式な数学も同じように気に入るに違いない。

第9章

3次元では、凸である正多面体(つまり、すべての面が同じ正多角形からなる)が5つある。正四面体(4面)、正六面体(6面)、正八面体(8面)、正十二面体(12面)、正二十面体(20面)だ。このリストは何千年も前から知られており、なかでもプラトンの対話編のひとつ、『ティマイオス』に登場することで有名だ。プラトンは、ずっと前からある知識を再録したにすぎないが、その後この正多面体は「プラトン立体」という名で呼ばれるようになった。

正多面体の概念は任意次元に広げられ、その場合は「ポリトープ(超多面体)」と呼ぶ。任意次元における正ポリトープの分類は、スイスの数学者ルートヴィヒ・シュレーフリ(1814-1895年)のおかげで一般に知られるようになった。正多面体は、偉大なカナダ人幾何学者、H・S・M・コクセター(1907-2003年)が最も力を注いだ研究テーマでもあった。この分類によって、8次元できわめて特異な現象が現れる。「E_8」という特殊で例外的な対象物である。これについては下記の第15章の注釈であらためて取り上げる。

ピエール・ドリーニュの引用文の出典は2人の数学者、マーティン・ラウセンおよびクリスチャン・スカウとの鼎談である。オンラインで視聴できる

(https://www.youtube.com/watch?v=pOv-ygSynRI)。

グロタンディークの伝記の入門書としては、アリン・ジャクソンによる2部構成の論文、Allyn Jackson,《*Comme Appelé du Néant* – As If Summoned from the Void : The Life of Alexandre Grothendieck》, *Notices of the American Mathematical Society*, vol. 50, n° 4, p. 1038-1056, et vol. 51, n° 10, p. 1196-1212を推奨したい。オンラインで入手可能(https://www.ams.org/notices/200409/fea-grothendieck-part1.pdfおよびhttps://www.ams.org/notices/200410/fea-grothendieck-part2.pdf)。

『収穫と蒔いた種と』(副題は「数学者のある過去についての省察と証言」)からの抜粋は、2022年1月に3巻構成で出版されるガリマール社の「テル」コレクション版[実際には2巻構成で出版された]が出典。1980年代、グロタンディークはクリスチャン・ブルジョワ社からの出版を予定し、序文も執筆していたが、結局出版には至らなかった。

これほど重要な著作が長年出版されないままになっていた理由は、文章の難解さ以上に、グロタンディークによる根拠のない誹謗が問題視されたからだ。とくにグロタンディークは、学生たちが自分の成果を使用しなかったと非難しているが、ひどい言いがかりである(この点についてはセールがグロタンディークに宛てた1985年7月23日づけの手紙に書いた返答を参照)。さらにひどい誹謗も含まれていたので、もし出版されていたら出版社は名誉棄損で訴えられたかもしれない。

2000年代、グロタンディーク・サークルというグループが多数の未完の原稿を編集し、自由に閲覧できるようにする事業に取り組んだ。原稿のなかには『収穫と蒔いた種と』だけでなく、難解ではあるが注目に値するもうひとつの著作『夢の鍵』も含まれる。

だがこの努力は、2010年1月3日づけでグロタンディークが「非公開の意思表明」を発表したことを受けて中断された。グロタンディークは次のように表明した。「私はいかなる形であれ、自分の著作を公開したり公開し直したりするつもりはない。[……]過去に私の許諾なく行われた、またはここに明記する私の意志に反して将来、私の存命中に行われるそのような著作の刊行や掲載は、私から見れば不法である」

ところが、一月後の2010年2月3日、グロタンディークはフランス・オール

第5章

写真のイルカは、ビリーの友人のウェーブ。この写真の出典は学術論文、M. Bossley, A. Steiner, P. Brakes et al.,《Tail Walking in a Bottlenose Dolphin Community : the Rise and Fall of an Arbitrary Cultural "Fad"》, *Biology Letters*, vol. 14, n° 9, septembre 2018（オンライン：http://dx.doi.org/10.1098/rsbl.2018.0314）である。簡単にアクセスできるこの短い論文には、事実にもとづく詳細な説明がいくつも盛り込まれている。

「目的は勝つことではなく、ただ負けないことだった」――フォスベリーのこの文章は、オンラインで見られる2014年のビデオインタビューから引用した。https://www.youtube.com/watch?v=g-GqQXDkpgss

「今後、多くの子供たちが私の方法で跳ぼうとすると思う」――この文章の出典は、Joseph Durso,《Fosbury Flop Is a Gold Medal Smash》, *The New York Times*, 22 octobre 1968である。

第6章

論 文、William P. Thurston,《On Proof and Progress in Mathematics》, *Bulletin of the American Mathematical Society*, n° 30, 1994, p 161-177はオンラインで入手できる（https://arxiv.org/pdf/math/9404236.pdf）。

第7章

「やっかいな原稿」についての手紙が登場するのは、Alexander Grothendieck et Jean-Pierre Serre, *Correspondance Grothendieck-Serre*, éditée par Pierre Colmez et Jean-Pierre Serre, Paris, Société mathématique de France, 2001。

セールの引用文は、2018年11月27日にコレージュ・ド・フランスのユゴー財団でアラン・コンヌを相手に行われた非常に興味深い対談から抜粋した（コンヌも一流の数学者であり、1982年にフィールズ賞を受賞している）。グロタンディークとセールの人柄に関する異例の証言はオンラインで入手できる

——2004年にギャラップが実施したアンケート調査で、回答した米国の若者1028人のうち37%が最も難しいと考える教科。Lydia Saad,《Math Problematic for U. S. Teens》, Gallup, 2005年5月17日（オンライン：https://news.gallup.com/poll/16360/math-problematic-usteens.aspx）を参照。

——2004年にギャラップが13歳から17歳までの米国人785人を対象に実施した調査によると、米国の若者の23%が最も好きな教科で、英語（13%）を大きく引き離している。Kiefer,《Math = Teens Favorite School Subject》, Gallup, 2004年6月15日（オンライン：https://news.gallup.com/poll/12007/Math-Teens-Favorite-School-Subject.Aspx）を参照。

——多くのアンケート調査によると、対象集団を問わず最も嫌われている教科。

第4章

4000年前に、つまりローマ時代のはるか以前に考案されたバビロニアの60進法なら、9億9999万9999という数は簡単に書けただろう。この記数法の説明は、Mickael Launay, *Le Grand Roman des maths. De la préhistoire à nos jours*, Paris, Flammarion, 2016の第2章にある。

ローマ数字で数を表記するのは難しいが、数の計算は「アバカス」を使って簡単にできる。アバカスはローマ人が使っていたそろばんの一種で、明らかに10進法の概念にもとづいてつくられている。問題は、そろばんの「外に」わかりやすく書き換えるのが難しいということだ。

古典時代を経て、ローマ数字には100万、10億などを表す記号が加わったが、それでも9億9999万9999を表記しようとすると多数の記号を使う必要があり、やっかいなことには変わりない。「900万」だけでも100万を表す記号が9個必要である。

理解を深めるために

この注釈セクションには、補足と参照文献をまとめてある。

外国語引用文は著者のフランス語訳にもとづいて翻訳者が訳した。

第1章

「99.9999%」という表記法について――本書では国際的に最も普及している用法に合わせ、小数点として(コンマではなく)ピリオドを使用する。コンピュータ・プログラミングでは今日、この用法が世界標準となっている。

「私には特別な才能などいっさいない。ものすごく好奇心が強いだけだ」――元の文章、「Ich habe keine besondere Begabung, sondern bin nur leidenschaftlich neugierig」は、アインシュタインが自分の伝記の作者であるカール・ゼーリヒに宛てた1952年3月11日づけの手紙から抜粋。

「数学が苦手だからといって心配はいらない。私のほうがずっとひどかったからね」――アインシュタインがバーバラ・ウィルソンという中学生に宛てた1943年1月7日づけの手紙から抜粋。

「私は直観とインスピレーションを信じる」――1929年10月26日の『サタデー・イブニング・ポスト』誌に掲載された、ジョージ・シルヴェスター・ヴィーレックによるアインシュタインのインタビューから抜粋。

あちこちに出回っているアインシュタインの引用文の多くは偽物あるいは歪曲されたものである。本書で引用しているものは、出典を明記した引用選集、Alice Calaprice, *The Ultimate Quotable Einstein*（Princeton, Princeton University Press, 2011年）で確認してある。

第2章

数学は次のような教科である。

図版クレジット

写真

その他の図版

イラスト図版：Éléonore Lamoglia

著者

ダヴィッド・ベシス

David Bessis

1971年生まれ、フランスの数学者。高等師範学校Ecole normale supérieure (Ulm) を卒業後、イェール大学の助教授を経て、フランス国立科学研究センター（CNRS）の研究員に。現在は、人工知能を専門とする会社を経営。

訳者

野村真依子

Maiko Nomura

フランス語·英語翻訳者。東京大学大学院人文社会系研究科修士課程修了。訳書に『フォト·ドキュメント 世界の母系社会』、『カバノキの文化誌』（ともに原書房）など。

こころを旅《たび》する数学《すうがく》

直観と好奇心がひらく秘密の世界

2023年3月30日　初版
2023年7月10日　3刷

著者　ダヴィッド・ベシス

訳者　野村真依子

翻訳協力　株式会社リベル

発行者　株式会社晶文社
東京都千代田区神田神保町1-11　〒101-0051
電話（03）3518-4940（代表）・4942（編集）
URL　http://www.shobunsha.co.jp

印刷・製本　株式会社太平印刷社

ISBN978-4-7949-7358-0　Printed in Japan